旧工业建筑再生利用项目运维管理

武　乾　李慧民　张　扬　著

中国建筑工业出版社

图书在版编目（CIP）数据

旧工业建筑再生利用项目运维管理／武乾，李慧民，张扬著．—北京：中国建筑工业出版社，2020.7

ISBN 978-7-112-25064-6

Ⅰ.①旧… Ⅱ.①武…②李…③张… Ⅲ.①旧建筑物—工业建筑—废物综合利用—项目管理 Ⅳ.①X799.1

中国版本图书馆CIP数据核字（2020）第072692号

本书是对旧工业建筑再生利用项目运维管理的系统论述。全书分为8章，剖析旧工业建筑再生利用项目运维管理与传统项目运维管理的区别，介绍旧工业建筑再生利用项目运维的管理体系，探讨旧工业建筑再生利用项目的运行管理、维护管理和成本管理，并深入分析其运维效果和特有的档案信息管理内容，还对智慧运维技术与应用进行了介绍，力求使读者对旧工业建筑再生利用项目运维管理有更深的认识。

本书适合土木工程建造管理专业师生、旧工业建筑再生利用领域研究人员阅读，也可供相关专业规划、设计、施工、管理人员及高校师生参考。

责任编辑：武晓涛
责任校对：赵 菲

旧工业建筑再生利用项目运维管理
武 乾 李慧民 张 扬 著
*
中国建筑工业出版社出版、发行（北京海淀三里河路9号）
各地新华书店、建筑书店经销
北京点击世代文化传媒有限公司制版
北京建筑工业印刷厂印刷
*
开本：787毫米×1092毫米 1/16 印张：14½ 字数：309千字
2020年12月第一版 2020年12月第一次印刷
定价：**48.00**元
ISBN 978-7-112-25064-6
（35801）

《旧工业建筑再生利用项目运维管理》

编写（调研）组

组　　长： 武　乾　李慧民　张　扬

成　　员： 胡长明　陈　旭　张　勇　黄　莺　武增海

华　珊　杨战军　王守俊　李冬元　张兰兰

李　辉　赵　浩　高书华　万　猛　胡　鑫

魏　芳　王利华　高亚男　常文广　李卢燕

王　冲　郑德志　武晓然　佘晓松　师小龙

王松辉　宗一帆　刘　涛　刘江帆　张特刚

孔繁熙　王凤清　何旭东　杜明明　于　露

贾春艳　王雅兰　张强强　刘　岩　崔瑞宏

左丽丽　张　旭　王　力　孙俊娜　杨　凡

李　娜　卢安琪　李　雍　丁小燕　孙梦奇

李佳昱　李　莉　耿　婧　黄太兴　戴维雅

向　锐　孙　敏　林　皓　李芋霏　王　航

时　晨　赵　烨

前言

课题组对旧工业建筑再生利用基础理论研究始于20世纪90年代初期。2002年以西安建筑科技大学科教产业集团收购原陕西钢厂为契机，课题组全面主持了原陕西钢厂旧工业建筑再生利用科学研究项目。20余年间，团队先后七次对全国七大地区30个城市的旧工业建筑进行了深入的实地调研，整理出其中较为典型的148个再生利用项目；主持和参与了大华·1935、昆明871文化创意工厂、风雷仪表厂、太原钢铁厂、西北大学公寓楼等项目的技术咨询、规划设计、检测鉴定、项目管理等工作，累计参与改造项目近89万平方米，获取了大量基础数据资料，取得了丰富的科学理论成果和改造实践成果。

以上述理论与实践成果为基础，课题组完成了多项国家级、省部级科研项目，发表核心以上期刊论文百余篇，发明实用新型专利2个，培养博士、硕士研究生百余人；已出版《旧工业建筑再生利用危机管理概论》《陕西旧工业建筑保护与再利用》等10余部著作；完成《旧工业建筑再生利用技术标准》《旧工业建筑再生利用示范基地验收标准》《旧工业建筑绿色再生技术标准》《旧工业建筑再生利用工程验收标准》《旧工业建筑再生利用价值评定标准》《旧工业建筑再生利用项目管理标准》《旧工业建筑再生利用规划设计标准》《旧工业建筑再生利用实测技术标准》共8部标准，待出版《旧工业建筑再生利用性能评定标准》《旧工业建筑再生利用安全控制标准》《旧工业建筑再生利用运营维护标准》等标准。已形成一套科学系统的特殊建筑再生利用标准化研究思路，为其他特殊类型建筑系列标准的建立提供参考借鉴。

项目有期，运维无界，已有研究鲜有涉及再生利用项目运维管理的内容。本书是对旧工业建筑再生利用项目运维管理的理论与实践研究，全书共分为8章，系统地论述了再生利用项目运维的独特之处。其中第1章分析了旧工业建筑再生利用及其运维管理的基础内容，包括基本理念、发展沿革和现状，归纳总结再生利用项目运维管理的内涵、特点、存在的问题及内容；第2章介绍了运维管理的管理体系，包括组织结构、权责设定和考核制度；第3～6章剖析了再生利用项目与传统项目的区别，探讨其运行管理、维护管理和成本管理的相关内容，并深入阐述再生利用项目运维效果，使再生利用项目实现可持续发展；第7章论述了再生利用项目特有的档案信息管理内容，使旧工业建筑文化资源得到合理开发和有效利用；第8章介绍了再生利用项目的智慧运维技术与应用。

本书由武乾、李慧民、张扬著，其中武乾负责第1、5、6章，李慧民负责第2、3、4章，张扬负责第7、8章。中建八局西南分公司王力对本书的组织与统稿做了大量的工作，孙俊娜、杨凡、李娜、卢安琪、李雍、丁小燕、孙梦奇，研究生李佳昱、向锐参与了本书的编写与校对，研究生李莉、耿婧、黄太兴、向锐、戴维雅、孙敏进行了资料收集和文字整理工作。

本书的编写得到了多方面的支持与帮助。感谢国家自然科学基金面上项目“绿色节能导向的旧工业建筑功能转型机理研究”（批准号：51678479）、国家自然科学基金青年科学基金项目“生态安全约束下旧工业区绿色再生机理、测度与评价研究”（批准号：51808424）、住房和城乡建设部项目“基于绿色理念的旧工业区协同再生机理研究”（批准号：2018-R1-009）、陕西省自然科学基础研究计划面上项目“陕西省旧工业建筑文化研究与保护”（批准号：2018JM5129）、陕西省教育厅自然科学项目“面向文创产业的旧工业再生利用绿色评价指标体系研究”（批准号：18JK0458）的支持。特别是在调研过程中不仅得到了来自西安建筑科技大学、西安华清科教产业（集团）有限公司、西安世界之窗产业园投资管理有限公司、陕西申新纱厂、宝鸡文化艺术中心、徐州创意 68 文化创意园、大连 15 库、751D · PARK 北京时尚设计广场等项目所属单位的技术与管理人员提供的宝贵建议与案例，而且得到了陕西省住房和城乡建设厅、宝鸡市城建档案馆、汉中市城建档案馆、榆林市城建档案馆、延安市城建档案馆、安康市城建档案馆、咸阳市科学技术协会、黄石市文物局（华新水泥厂旧址）以及其他调研项目所在城市的住建局、规划局、档案馆等相关单位提供的资料支持与帮助。在编写过程中还参考了许多专家和学者的相关研究成果，如上海申都大厦等优秀案例的文献资料，在此一并向他们表示诚挚的感谢！

由于作者水平有限，书中不当之处甚至错漏在所难免，敬请广大读者批评指正，并提出宝贵意见。

目录

第 1 章　旧工业建筑再生利用项目运维管理基础

1.1　旧工业建筑再生利用现状

1.1.1　基本概念

（1）旧工业建筑

狭义的旧工业建筑指因各种原因失去原有使用功能、被闲置的工业建筑及其附属建（构）筑物；工业遗产指具有历史、技术、社会价值，同时兼具建筑和科学价值的工业文化遗迹，包括建筑、机械、厂房、工厂矿所和生产作坊以及加工提炼遗址等；而广义的旧工业建筑是包括狭义的旧工业建筑、工业建筑遗产及其所在环境的总的集合 [1]，如图 1.1 所示。

与正在使用中的工业建筑不同，旧工业建筑本身具有较高的历史价值和文化意义，更是工业生产辉煌过去的象征和印记。已经丧失原有功能的旧工业建筑通常会有三种命运：一是功能置换，重获新生；二是就地拆除，原地新建；三是原状保存，成为遗址。也正是功能置换的命运使得整个建筑有机会在经过改造后以另一种身份服务于社会，方便于大众，使得旧工业建筑的价值得以体现 [2]。

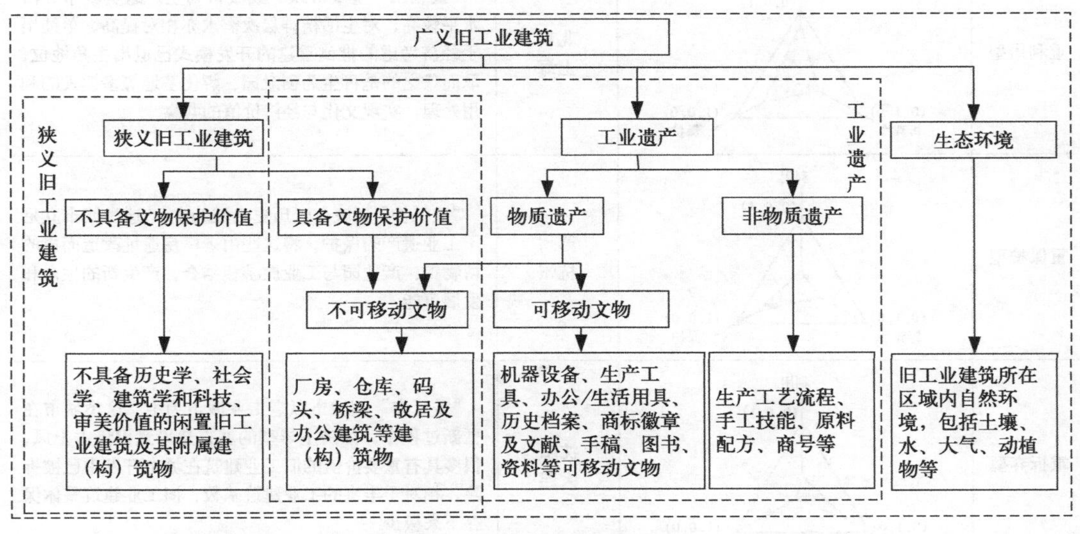

图 1. 1　旧工业建筑的概念

（2）再生利用

再生利用就是在非全部拆除的前提下，对旧工业建筑赋予新的使用功能的过程，在功能转换的基础上，起到节约资源、改善环境以及传承文化等作用[1]。

1.1.2 现状分析

课题组多次在全国多个重点城市内以全面调研和重点项目调研的方式进行调研，调研的对象包括各城市与旧工业相关的政府部门、设计研究单位以及各个再生利用项目等，基于调研情况分析总结我国的旧工业建筑再生利用现状。

（1）城市发展特征

旧工业建筑进行处理时，分为改变功能后重新利用（简称“利用”）、对原建筑进行保护修复（简称“修复”）、拆除放弃在原土地上重新进行建设（简称“拆弃”）三种方式。在我国不同城市，受到区域经济、文化水平以及外来文化的冲击影响程度的不同，旧工业建筑的处理方式也各有偏向，带有明显的地域特征。以经济人口水平、城市定位等不同特征为主线，不同类型城市的旧工业建筑处理手段具有明显的特点，主要可分为四种类型，见表 1.1。表图中坐标根据调研典型项目的原建筑面积进行确定，再生过程中对原建筑以复原、修复为主，以保护原建筑为主要目的进行的，即定义为“重保护”型；再生过程中，以再生后功能为设计导向，未着重进行原建筑保护的即为“重利用”型；对原工业建筑进行拆除的即为“重拆弃”型。统计按各处理方式对应的原工业建筑的面积进行计算，进而确定对应坐标值。

旧工业建筑再生利用项目城市分布特征　　表 1.1

发展特点		典型城市	原因剖析
重利用型	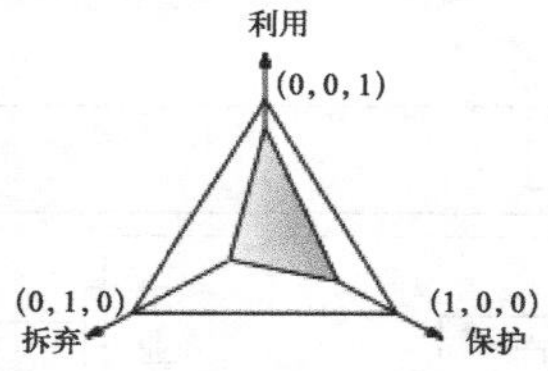 利用 (0, 0, 1) (0, 1, 0) 拆弃 (1, 0, 0) 保护	北京 上海	“重利用”型城市以一线城市为主。这类城市经济水平较高，对生活精神层次需求亦相对提高。单纯出于经济考虑的推倒重建的开发模式已退出主角地位，取而代之的是再生为创意园、孵化基地等多模式的利用处理，实现文化与经济价值的共赢
重保护型	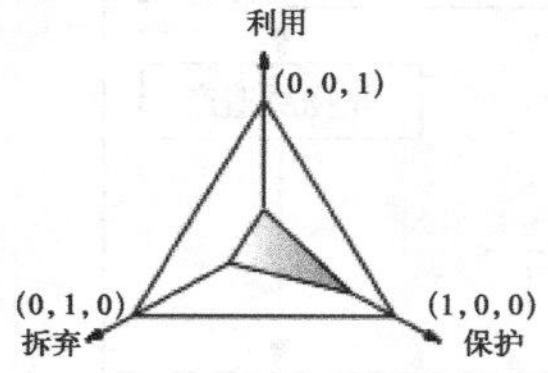 利用 (0, 0, 1) (0, 1, 0) 拆弃 (1, 0, 0) 保护	苏州 杭州	“重保护”型城市以历史名城为主。这类城市立足于工业遗产的保护，将这些由老厂房遗址改造而成的博物馆、产业园与工业旅游相结合，产生新的生命和发展可能
重拆弃型	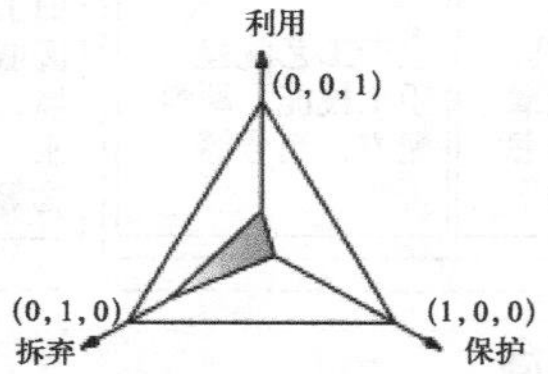 利用 (0, 0, 1) (0, 1, 0) 拆弃 (1, 0, 0) 保护	沈阳 大连	“重拆弃”型城市以老工业城市为主。这类城市在更新过程中，经济主导型的城市建设意识仍占上风，很多具有重要价值的旧工业建筑在城市开发中已被拆除，相对于丰富的工业建筑基数，旧工业建筑整体保存下来极少

续表

发展特点		典型城市	原因剖析
均衡型	利用 (0, 0, 1)；(0, 1, 0) 拆弃；(1, 0, 0) 保护	西安 温州	“均衡”型城市以二三线城市为主。随着城市发展进程加速、工业结构调整，在城市内出现大量工业建筑的闲置。同时吸收其他城市旧工业建筑再生利用的相关经验，合理规划，得到了不错的发展

注：图中坐标根据调研获得的各地代表性旧工业项目统计，根据不同处理手段对应的典型项目的原建筑面积确定。图中数据基于调研项目确定，不涵盖调研城市内所有旧工业建筑的处理情况。

（2）项目单体特征与典型项目

在对我国旧工业建筑再生利用项目调研考察的基础上，对国内旧工业建筑再生利用项目不同角度现状特征进行整理分析。

1）年代分布与结构类型

由于我国工业发展的特殊历程，存在闲置的旧工业建筑在各年代不均匀分布现象；随着建造技术的改善，建筑结构类型也随着地区、年代有一定的变化。如图 1.2 所示，国内旧工业建筑多为 1979 年以前的建筑，占调研项目总数的 84%。这类再生利用建筑的典型特点是：①年代较远，在建筑属性和历史文化层面有丰富的内涵底蕴。②多采用“修旧如旧”的原则进行保护修缮，以再生利用的方式进行留存。③再生成本高。这类建筑由于年代久远、建造材料技术相对落后、因历史原因保护不当等因素的影响，建筑本身结构性能存在一定的安全隐患，需要修缮加固，相对于其他旧工业建筑，改造工程量大、改造技术相对复杂，致使再生成本较高。④再生效果好。由于建筑历史文化内涵存在独特的吸引力，此类再生项目多兼具文化与商业价值，调研多个案例证明，这两个属性的叠加可以创造更大的经济价值。

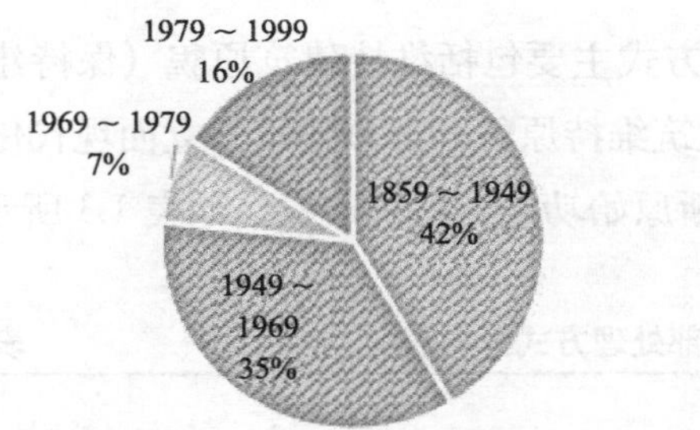

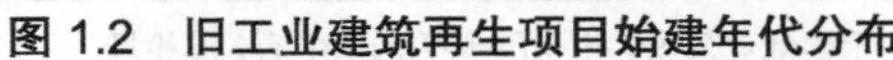
图 1.2 旧工业建筑再生项目始建年代分布

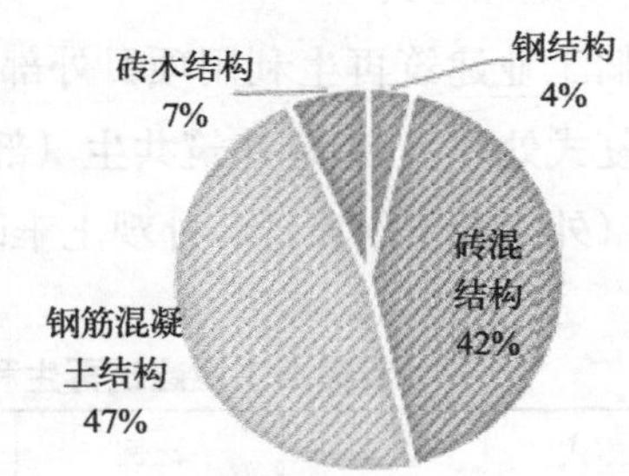

图 1.3 旧工业建筑再生项目结构类型分布

如图 1.3 所示，由于在同一个项目中可能存在不同结构形式的厂房，在划分时按照主体建筑的结构形式进行归类。根据表 1.2 可以看出，由于钢筋混凝土厂房（包括钢筋混凝土框架结构及排架结构）相较于其他结构类型具有坚固、耐久、防火性能好的优点，这类结构的再生占旧工业建筑再生项目整体调研项目的47.17%。再生时，相较于钢结构厂房的锈蚀和木结构建筑的腐化，混凝土厂房的保存效果往往最好，大大减少了改造再生的工作量；同时，由于旧工业建筑再生项目多为1979年以前的建筑，在当时建造技术的限制下，砖混结构较多，进而再生利用项目中，砖混结构所占比重也较大（占调研项目的42.45%）。

我国典型旧工业改造项目建筑结构类型分布表 表1.2

结构类型	数量	比例	代表案例
砖木结构	7	6.60%	无锡纸业公所；无锡北仓门生活艺术中心
砖混结构	45	42.45%	广州信义国际会馆；无锡中国丝业博物馆
钢筋混凝土结构	50	47.17%	苏州X2创意街区；上海8号桥时尚创意中心
钢结构	4	3.77%	沈阳铸造博物馆；沈阳重型文化广场

2）建筑规模与单位面积投资额

调研时对各个项目的建筑面积及单位面积投资额数据进行了初步搜集。调研发现，旧工业建筑再生利用项目的建筑面积在0.14万m^2到23万m^2之间，建筑规模差异较大；北京798创意产业园单位面积投资额为291.12元/m^2，华津3526创意产业园单位面积投资额为1724.14元/m^2，上海田子坊单位面积投资额为646.55元/m^2，温州LOFT7总投资达0.9亿元，单位面积投资额达到15000元/m^2。由于再生模式、投资主体经济实力、再生后的目标消费群体、配套设施等差异，不同项目的投资额差别较大，两极化明显；同时部分项目的单位面积投资额较大，远超当时当地同类型的新建建筑。

3）外部处理方式

我国旧工业建筑再生利用项目外部处理方式主要包括维持建筑原貌（保持建筑外立面，仅修复式处理）、新老建筑共生（部分建筑维持原貌，部分建筑外立面现代化更新）、全面更新（外立面重新设计，外观上难以判断原始功能）三种形式，如表1.3所示。

我国旧工业建筑再生利用外部处理方式分布表 表1.3

外部处理方式	数量	比例	代表案例
维持建筑原貌	36	33.96%	无锡纸业公所；北仓门生活艺术中心；苏纶场
新老建筑共生	50	47.17%	西安老钢厂创意园；上海8号桥时尚创意中心
全面更新	20	18.87%	上海无线电八厂

国内旧工业建筑再生利用的外部处理以维持建筑原貌或部分更新改造为主。其动因来自两个方面：一是简单维持原貌可以降低再生成本，如上海四行仓库的首次再生；二是维持建筑原有风貌以最大程度保护其建筑历史文化价值，如无锡北仓门、苏州的桃花坞和苏纶场等项目。

4）容积率与绿地率

通过对我国旧工业建筑再生项目占地面积、建筑面积、绿地面积的调研，计算得到我国典型旧工业建筑再生项目容积率和绿地率，见图 1.4。我国典型旧工业建筑再生项目的容积率在 0.1 ~ 4.0 之间，其中以容积率在 0.8 ~ 3.5 的项目居多。其容积率主要受原建筑结构影响，多层厂房及原厂多层办公楼类改造的项目容积率相对较大，单层厂房改造项目容积率一般较小，通常在 1.0 以下。

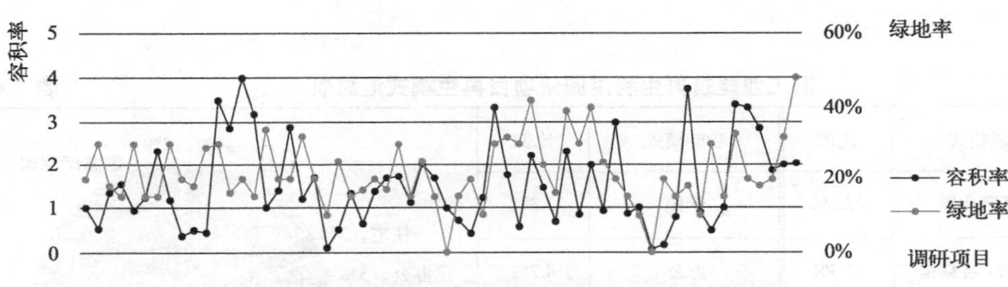

图 1.4　我国典型旧工业建筑再生项目容积率和绿地率

我国旧工业建筑再生项目绿化情况差异较大，大部分大型、知名的再生利用项目较重视建筑的绿化效果，除了采用传统的绿化手段外，还增加了垂直绿化和屋顶绿化，保证了项目较高的绿地率（图 1.5（a））；而其他简单再生项目的绿化效果明显较差，偌大的厂区严格上说没有一块完整绿地的，也并不少见（图 1.5（b））。

(a) 绿化效果较好的再生项目

(b) 绿化效果较差的再生项目

图 1.5　旧工业建筑再生项目绿化效果对比图

5）再生利用模式分析

再生利用模式即旧工业建筑再生利用后新的功能。我国旧工业建筑再生利用主要模式包括创意产业园、商业、办公、博物馆/展览馆、艺术中心、公园绿地、学校、住宅、宾馆等。受建筑特点和目标功能匹配度的影响，不同的建筑类型对应的再生模式有一定的规律可循。旧工业建筑再生利用调研项目再生模式分布情况如表 1.4 所示。其中再生为创意产业园项目居多，数量占到总调研项目数量的 42.5%。究其原因，创意产业、艺术类 LOFT 等本身追求特殊气质的工作场所，旧工业建筑独特的风韵充分迎合了功能需求，经过合理改造，往往可以迸发出别具一格的建筑氛围。突破常规、灵活多变的艺术空间特质与创意产业的创新精神、多变的空间需求不谋而合；结合国家对创意产业的政策支持，旧工业建筑自然地成为创意产业的主要空间载体，并得到了较好的使用效果和经济效益。

旧工业建筑再生利用调研项目再生模式汇总表 表 1.4

功能模式	比例	功能模式	比例
创意产业园	42.5%	学校	2.8%
博物馆/展览馆	11.3%	办公	4.7%
商业	7.5%	住宅	2.8%
公园绿地	6.6%	宾馆	13.2%
艺术中心	5.7%	其他	2.8%

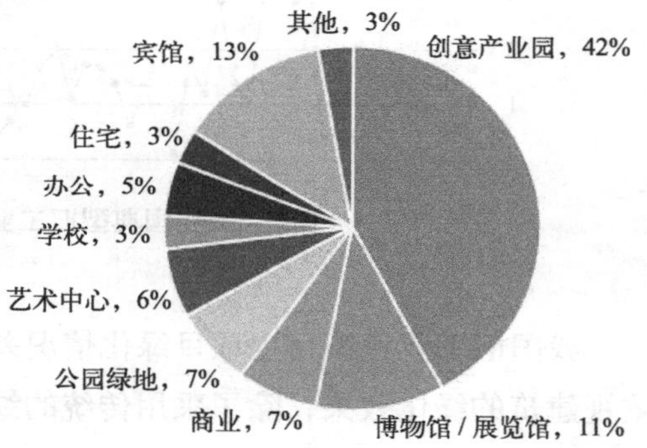

同时，旧工业建筑一般具备厂区体量大、占地面积较广的特点，随着人们对优质生活环境的追求，结合城市建筑密度大、绿地率低的现状，对闲置的工业建筑群进行适当的改造，打造环保主题公园成为旧工业建筑再生的新趋势之一。如广东中山市由原粤中造船厂改建的中山岐江公园、四川成都市由原成都红光电子管厂改造的成都东区音乐公园、上海市由原大华橡胶厂改造的徐家汇公园等，都是旧工业建筑再生为城市绿地主题公园的典型案例（见图 1.6 ~图 1.8）。

同"公园化"的再生模式相同，旧工业建筑的绿色再生也是一种能够改善建筑物理环境、提高绿地率，美化周边建筑环境的再生模式。在可持续发展意识、政府政策支持及经济补助、全寿命周期成本的降低以及使用性能的提高这四点主要推动力的激发下，政府大力推进、市场积极拉动以及第三方机构自主协动的绿色建筑发展模式逐渐萌芽，诞生了包括上海当代艺术博物馆、上海花园坊节能环保产业园等绿色建筑。其节能的改造效果、使用的舒适性预示了旧工业建筑绿色再生利用的必然趋势。

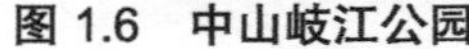
图 1.6　中山岐江公园

图 1.7　成都东区音乐公园

图 1.8　徐家汇公园

(3) 旧工业建筑再生利用项目存在的问题

课题组对国内旧工业建筑再生项目进行走访，取得基础资料的同时对利益受再生项目影响的各参与方展开深入调研。结合对相关政府机构，建设、设计、施工及监理单位，咨询公司，建筑使用者等的座谈访问，发现我国旧工业建筑再生项目在决策、实施、使用过程中，在安全、经济、社会、环境四大方面存在以下主要问题，见表 1.5。

我国旧工业建筑再生利用项目存在的问题　　表 1.5

主要问题	具体表现	原因分析
安全问题	抗震性能不满足规范要求	抗震设防标准逐年提高，原建筑设计不符合现行规范要求； 建筑年久失修，结构老化，检测加固工作不到位； 部分自发改造项目违规加层加盖，未进行正规结构承载力计算
	防火性能不足	首部《建筑设计防火规范》1974 年才开始施行，80 年代中后期防火设计才逐渐体系化，而目前的旧工业再生建筑多为 1979 年以前建造； 部分砖木结构工业建筑主体为易燃材料，线路老化，防火性能较差
	潜在污染影响	对原工业产业可能存在的污染未经有效检测和治理直接投入使用，部分棕地未进行处理，存在一定的安全隐患
经济问题	再生模式不合理	未能根据旧工业建筑特点、区位环境等因素选择最优再生模式
	改造成本偏高	改造中未能充分利用既有建筑结构和材料；设计不合理、过度装修
社会问题	原建筑保护与利用不足	再生中未能保护原建筑的历史价值，只是简单进行建筑功能改造，未进行合理装饰装修，建筑老化、工业污染遗迹等影响建筑美观；改造时装饰未能充分利用原建筑特点，采用大量装饰构件遮蔽既有建筑，改造风格怪异；使用不当造成建筑外观及结构的破坏
	配套设施不齐全	原建筑配套设施的缺乏在改造过程中未得到充分考虑，或原建筑结构构造限制，导致在卫生间、停车位、道路路灯等配套设施设置不齐；普遍忽略无障碍设计，未设置电梯，存在一定程度的使用不便
环境问题	建筑能耗高	建筑再生过程中，保温隔热层及室内构造改造不当，同时多数单层厂房属于大体量建筑，室内散热较快，冬季需更多能耗保证室内温度；另外，旧工业建筑的主要再生模式为出租型的创意园区，运营中产生的能耗费用一般按面积摊派给用户，因此节能积极性较差
	原建材利用率低	部分经检测仍具有结构可靠性的建筑被拆除，原有建材未得到充分利用；可被循环利用的材料未得到有效再利用

续表

主要问题	具体表现	原因分析
环境问题	物理环境较差	由于原工业建筑功能对保温隔热、通风照明要求特殊，往往不能满足改造后功能要求；建筑构造特殊，空间层高较高，保温效果差
	室外环境较差	周边环境差；绿地率低；对原有林木保护不足

上述问题部分可见于图 1.9 中。

(a) 外皮脱落，钢筋外露

(b) 墙体开裂

(c) 建筑观感较差

(d) 层高过高导致保温效果差

(e) 绿化不足

(f) 周边环境差，交通不便

图 1.9 旧工业建筑再生项目存在问题汇总

(4) 再生利用项目运维存在的问题

1) 管理组织方面

项目的良好运行离不开管理组织对项目所拥有资源的合理调配，管理组织对于项目的成功至关重要。区别于新建建筑，由于旧工业建筑再生利用项目在结构安全、成本以及档案信息管理等方面的特殊性，决定了其管理组织的工作内容存在较大不同，但目前相关工作内容的标准化程度还不够，尚未形成一个成熟的管理组织体系。

2）结构安全监测方面

旧工业建筑结构利用是对原有结构经过检测、鉴定、加固修缮进行再利用，但旧工业建筑设计使用年限具有不确定性，结构安全对于建筑至关重要。在运维阶段，存在结构安全重视不足，没有制定定期结构检测和加固的管理机制，维护工作不够细致全面等问题从而增加了风险，影响运维期间的使用舒适性甚至危及安全。

3）运维成本方面

成本是影响项目实施的重要因素，是控制主体选择价格策略和各类决策的重要依据。与设计和施工阶段相比，旧工业建筑再生利用项目运维占项目全生命周期比例较大，因而成本也较大，但目前研究集中在改造成本，缺乏对旧工业建筑再生利用项目运维成本管理的建议和对策，从而影响再生项目正常运行。

4）运维效果方面

再生利用项目的成功取决于是否在运维阶段达到其预期目标，但针对指导旧工业建筑再生利用项目达到预期运维效果的理论缺乏、实践经验不足等问题，如何合理规避运维期的风险，使项目可持续发展，让使用者满意并且制定运维效果提升策略成为运维期间要解决的重要问题。

5）档案信息方面

旧工业建筑是历史的产物，拥有工业时代的烙印，凝结着劳动人民的智慧，承载着感情寄托。旧工业建筑再生利用的档案信息管理工作对于旧工业建筑再生利用文化延续与传承起着至关重要的作用。再生利用项目的档案信息管理包括原始信息、改造信息以及运维期间的信息，这些信息在档案管理过程中存在以下问题：原始信息不完整或缺失；改造信息保管分散；运维期间的档案信息管理制度不完善。如何进行档案信息管理，以促进再生利用项目档案化保护工作的健康发展成为亟待解决的问题。

6）高能耗方面

旧工业建筑再生利用项目在运营维护期间内，由于改造后的旧工业建筑采暖设备布置不合理、保温隔热系统不完善或制冷设备能量空耗等原因，引发建筑物室内出现冬季采暖高能耗、夏季空调系统热量转换率低而产生高能耗的问题。由于工业厂房容积较大，暖风机及散热器采暖均面临一些问题，加之厂房缺乏部分围护墙体，造成散热器安装空间小且影响管网布置；改造后大量空间重塑，考虑节约成本而采取的常规冷凝除湿空调系统，在夏季大空间大送风量的环境下，大量能量空耗，能量转换率较低。

（5）实例分析：以西安某钢厂创意产业园项目为例

近年来，旧工业建筑改造工程的数量与日俱增。其中创意产业园改造模式约占所有改造项目数量的一半。创意产业园作为一种新型的、特殊的写字楼，是旧工业建筑生命延续的新方向。将旧工业建筑改造为创意产业园，既给艺术家提供适宜的工作空间，又给新生产业创造发展基地。但目前尚未形成统一的创意产业园运营管理模式，且缺少类似园区的安全运营与管理经验，因此，在运营阶段创意产业园暴露出许多棘手问题。以下以西安某钢厂创意产业园项目案例，分析旧工业建筑改造为创意产业园后存在的问题。

本项目将老钢厂内生产钢丝的全部厂房改造为设计创意产业园。厂房占地面积约 $3.34hm^2$，改造后总建筑面积约 $4hm^2$，项目总投资 1.2 亿元。园区以设计创意产业链为核心，整体规划为文化艺术交流、LOFT 创意办公、配套商业休闲和园林景观体验四大功能板块区。老钢厂设计创意产业园由 11 栋单层旧工业建筑与 1 栋新建建筑组成（表 1.6），改造后存在的问题主要如下。

西安某钢厂创意产业园改造情况统计表　　表 1.6

序号	厂房编号	结构形式	厂房面积	改造前用途	改造后用途
1	1 号厂房	排架结构	$605m^2$	水箱生拉钢丝车间	英泰行顾问公司
2	2 号厂房	排架结构	$907m^2$	异型工艺车间	定制式办公
3	3 号厂房	排架结构	$1046m^2$	钢丝磨麻加工车间	特色商业
4	4 号厂房	排架结构	$3231m^2$	拔丝车间	森科建筑工程设计咨询
5	5 号厂房	排架结构	$3850m^2$	拔丝车间	创意主题工作室
6	6 号厂房	排架结构	$4552m^2$	拔丝车间	设计主题工作室
7	7 号厂房	排架结构	$3176m^2$	包装车间	定制式 LOFT 文化工作室
8	8 号厂房	排架结构	$4640m^2$	包装车间	定制式 LOFT 文化工作室
9	9 号厂房	排架结构	$9193m^2$	热处理车间	定制式办公庭院
10	10 号厂房	排架结构	$4391m^2$	热处理车间	左右客主题酒店
11	11 号厂房	排架结构	$3459m^2$	酸洗车间	老钢厂建筑业艺术交流中心

1）排烟问题

因旧工业建筑改造项目业态的不确定性、未充分重视烟道设计问题、施工过程中赶工期、降成本等，导致在后期使用过程出现排烟问题。

以小型城市综合体思想为指导，对老钢厂创意产业园进行规划。将设计创意产业园中 5 号、7 号和 8 号厂房的一层规划改造为餐饮、超市等服务场所，二层及阁楼层规划改造为办公场所。设计方提供的设计方案为一户一烟道，烟道选用安装成品混凝土烟道，屋面安装无动力风机，以增加空气对流，加快热量散失。但在施工过程中，为节约成本，将烟道合并为三户一烟道。对烟道与墙体交界处的间隙进行灌浆处理，间隙一般为 2 ～ 3cm，灌浆较困难或无法直接灌浆。由于烟道数量过少，转角多，密封性差等原因，使得现有烟道不能满足餐饮业排油烟的需求。因此，一层餐饮部的油烟弥漫整栋厂房空间，严重影响二层的公司正常办公；5 号厂房改造时为降低成本，将拐角处早餐供应点的烟道口留在厕所里，导致厕所里充满油烟味，严重影响厕所的正常使用。

2）火灾问题

由于接通天然气管道施工周期长、成本高，因此大多数旧工业建筑改造工程没有与市政天然气管道接通。老钢厂设计创意产业园采用 BOT 承包模式，投资人只有 20 年使用权。为减少项目投资额，以尽快收回投资实现盈利，投资人选择不接通天然气管道的方案，由此造成的困难业主自行解决。但是园区内餐饮类企业约占入驻企业总数量的 10%。据实地调查发现，餐饮类企业选用电供热或甲醇燃料，满足日常营业的需求。甲醇属易燃易爆类危险品，操作人员没有接受过专业操作及安全培训，且自行储存甲醇，缺乏统一管理意识，这种现象存在极大的火灾安全隐患。

3）采光问题

一般情况下，工业建筑均存在自然采光问题。10 号厂房总长度为 134m，原有宽度为 34m，其自然采光性及通风性差。改造过程中，沿其南侧外围，砌 1.8m 花墙，为每户圈建起自身独立的小庭院；沿其北侧采用钢结构加建，以增加建筑面积。原有厂房进深较大，再加上新加建部分，严重影响室内自然采光。采用加气混凝土砌块分隔室内空间后，部分空间没有采光窗户，室内光线极差。7 号、8 号厂房同样存在采光问题，其总长度 109m，加建后总宽度达 36.8m。厂房东侧设计为异形加建，加建部分最宽处达 8.7m，严重影响原厂房空间的光线；厂房西侧部分沿南北走向分隔，房间内均无采光窗户。

4）漏雨问题

在老钢厂设计创意产业园运营过程中，5 号、7 号、8 号厂房的屋面均出现过漏雨现象。针对旧工业建筑改造工程的施工特点，分析这种现象的原因：①旧工业建筑改造工程，大多数并没有引起建筑工人的重视，他们仍将其视为简单的翻修工程，施工过程中可能存在懒散、怠慢现象；②单层工业厂房屋面面积较大，屋面防水工序或铺装瓦片工序耗时长，难免出现疏忽、遗漏现象；③旧工业建筑改造往往通过增设屋面天窗的方式来保证室内采光，厂房屋面天窗数量较多（如 7 号、8 号厂房屋面设 34 个天窗），天窗与屋面连接处出现漏雨现象的概率较大；④在厂房屋面处设置了多个通风机口，其与屋面连接处出现漏雨现象的概率较大。

5）通信问题

由于钢材自重轻，易于加工各种造型，安装方便，能满足改造工程项目的特殊要求。因此，许多旧工业建筑改造工程选用钢构件来完成项目的分隔、改建、加建等。如老钢厂改造时选用钢柱、钢梁及压型钢板等材料进行厂房的局部加层、加建工序。以 7 号、8 号厂房为例，耗钢量高达 209.84t。但由于厂房内部空间钢构件过于密集，形成了屏蔽系统，严重影响手机信号的接收，造成通信问题。这对园区入驻企业的日常生活、办公造成很大困扰。

1.2 运维管理的内涵、特点及内容

1.2.1 运维管理的内涵

（1）基本概念

1）运营管理

运营是“输入—转化—产出”的过程（图 1.10），即投入一定的资源，经过多种转化形式使运营价值不断增值，最后以某种形式的产出提供给社会的过程。运营管理是对组织中职能部门的管理，运营职能即生产产品与提供服务，是组织的核心，运营管理即是对这一核心的管理[4]。

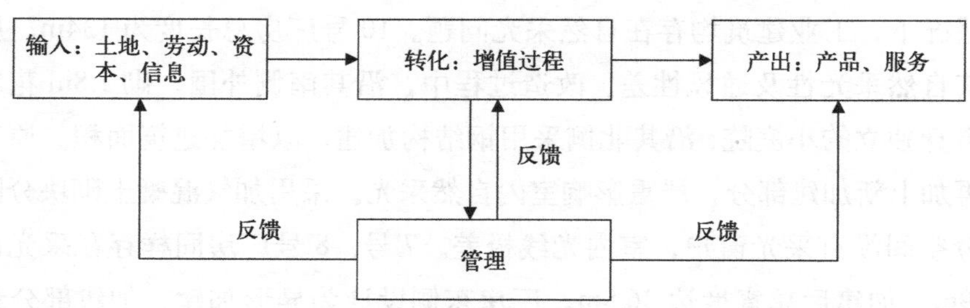

图 1.10　运营管理过程图

旧工业建筑再生利用的使用过程就是运营过程。运营管理就是对由输入到产出的转化过程进行管理，其主要任务是建立一个制造产品和服务的高效系统，为社会提供具有竞争力的产品和服务。运营管理的内容大致可分为三大部分：对运营系统设计、对运营系统运行和对运营系统改进的管理，如图 1.11 所示。

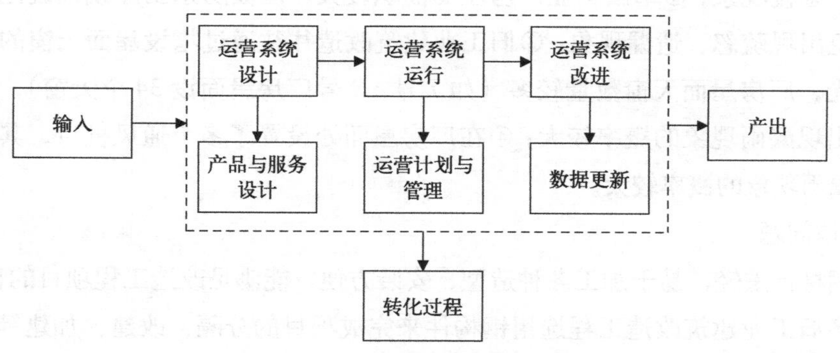

图 1.11　运营管理的运行过程

2）维护管理

维护是对建筑物、设施设备和场地等进行全面的保养与修理，使其恢复或改善每个

设施及其服务和环境达到当前可接受的标准，并维持效用和设施价值的状态。简而言之，建筑维护是尽可能地将建筑物保持在其最初的有效状态，以便其有效地达到功能标准。

维护管理是一种生产技术方式，同时也是企业经营、管理及运作的模式。维护管理包括技术集成、管理革新、方案设计、企业文化再造及人才培养等多个方面，既要充分考虑人的因素，还要综合考虑环境、资源、安全等因素。

3）运维管理

随着建筑实体功能多样化的不断发展，建筑结构更加复杂，运维管理发展成为一门复杂的科学，从简单的房屋修缮、物业管理到科学智能的运维管理，从对人员、财务、建筑的多因素管理到如今的包括空间、安全、设备、资产、能耗的建筑管理系统工程[5]。国内并没有关于运维管理（Maintenance Management）的完整定义，运维管理一词最早出现在 IT 行业，其定义是“帮助企业建立快速响应并适应企业的业务环境及业务发展的 IT 运维模式，实现基于 ITIL 的流程框架、运维自动化”。建筑行业没有运维管理的权威定义，建筑运维管理近年来在国内兴起较流行的称谓——设施管理（Facility Management，FM），又称整合工作空间管理或整合设施管理、企业不动产管理、物业资产管理，它是将地点、流程、人员、空间、资产及建筑设施等因素整合起来进行综合管理的过程。FM 面向企业，管理企业建筑维护、行政服务、房地产经营、建筑服务或工程服务、空间管理、健康与安全、财务管理等领域。

旧工业建筑再生利用项目的运维管理，是指利用健全的管理制度、科学的管理方法和技术等对其进行有效地管理、运行、维护、评价和改进的管理工作。即对投入使用后的再生利用建筑进行运营监管，并对建筑及相关设施设备进行维修保护，以达到保护建筑及其文化特色、提供舒适健康使用环境、降低经营成本、增加投资收益、延长建筑使用时间的综合管理。将管理科学、建筑科学、行为科学和工程技术科学等多种学科综合利用，将人、空间与流程相结合，通过技术手段对人类工作和生活环境进行有效的规划和控制，目标是保证高品质的活动空间，确保建筑物环境功能，提高投资效益，满足各类企业单位需求，是建筑运营和维护管理的结合。

（2）目的与意义

近年来，城市整体发展速度加快，城市旧工业区与城市发展之间的矛盾日趋突出，旧工业建筑的再生利用是可持续建筑实践的重要组成部分，尤其随着高新科技的飞速发展、绿色环保建筑的推进普及，越来越多的组织机构意识到科学高效的管理的重要性，运维管理更需要新技术来改善提高管理能力。运维管理的内容不再只是为了延长建筑设施的使用年限，保证建筑的正常使用，扩大投资收益、降低运维费用，也包括了为用户提供更加全面的服务。旧工业建筑再生利用运维管理的任务是改善生活、工作环境，为业主提供优质的服务，使建筑物保值增值。

1）运维管理信息化的必然要求

在知识经济时代，信息数据成为推动经济发展和科技进步的重要力量，建筑信息化对商业地产运维管理效率和水平的提升具有极其重要的作用。在长期的运维管理中，及时准确地获得建筑设施、设备、管线及人员的详细信息，是提升商业地产管理水平、提高消费体验的重要根本保证。

旧工业建筑再生利用项目的运维管理系统涵盖了建筑设备、管线等的全部数据和信息，是一个可实现信息共享的重要数据库。运维管理人员可以利用运维管理平台提供的完备信息，及时准确地进行决策，提高服务质量；而消费者则可以通过APP或者广播等途径获得必要的室内环境质量和安全等与其切身利益相关的信息，提高消费体验。

2）运维管理精细化的有力保障

信息化和智能化是精细化运维管理的基础，是实现精细化运维管理的有力保证。运维管理精细化的目的在于将管理工作做到细致入微，从而起到防微杜渐的效果。运维管理者可以提前发现大量传统运维管理模式下不能够发现的故障和隐患，从而做好维修或更新工作，确保建筑设施的可靠运行。在信息化和智能化的基础上，实现精细化管理，管理者不需要面对大量繁杂的基础数据，而是得到一个问题警告和可供选择的处理方案，管理者针对问题以及提供的处理方案进行决策和方案优化，处理效果更佳，处理效率也更高。

3）运维管理智能化的重要手段

随着科技的不断进步，智能家居、智慧社区和智慧城市等概念逐渐被人们所熟悉。智能化的运维管理将管理者从繁重的数据采集、处理和存档等工作中解放出来，将更多的精力用于制定战略和做出决策，从而使管理者提高管理水平。智能化的运维管理还能避免人工采集、处理数据的错误，运用精确化的数据，管理者和决策者可以获得充足的决策依据。消费者通过智能化的运维管理则可以享受到传统运维管理模式下无法得到的安全保障和消费体验。

1.2.2 运维管理的特点

再生利用项目基于智能化思想的运维管理更多借助现代信息技术，即BIM、Web互联网技术和数据库技术，将建筑智能化系统和物业管理系统集成于一体化的自动化监控和综合信息服务平台上，实现具有集成性、交互性、动态性的运维管理模式，为业主或用户提供高效率和完善、多样化的服务，以及低成本的管理费用。

（1）运维管理复杂化

运维管理的功能不仅需要结合建筑功能的多样性，而且要满足业主需求的多样性，所以运维管理是一个复杂的工程。为了满足原有特殊生产活动的温度条件，旧工业建筑的围护结构往往具有较差的保温隔热性能，对其进行改造必须采取措施。在施工阶段未考虑功能转型后建筑物使用性质，无法满足新的功能需求。在运维管理中，针对能耗与环境问题，需要综合考虑当地气候、建筑物的新功能以及旧工业厂房自身特点等各方面因素，对外墙、屋面、门窗等选择适宜性技术，降低建筑物的能耗、改善室内热环境、提高人们的舒适度。

特殊地，旧工业建筑再生利用项目运维过程中的安全性能管理是区别于一般建筑的。旧工业建筑结构安全自始至终都处于一个变化的状态，结构安全性和可靠性需要通过科学的维修制度来保证。目前，我国对工业厂房结构安全的检测和维护并没有统一的规定，主要依靠企业从自身角度出发，考虑结构安全、经济效益和管理层面等众多因素，制定检测、维护制度，确定适当的维修周期，以杜绝因日常检测工作疏漏而导致结构破坏发生安全事故。结构失检在日常维护工作中较为常见，而正确判断结构安全性需要专业的知识和丰富的经验，也是企业日常管理维护工作的难点。需综合考虑厂房实际使用情况，设立专门的检测、维护部门，加强结构监测管理，提高检测维护人员的技术水平，可以减少结构失检、误判引发的安全事故，从而预防渐发性事故的发生。

（2）运维管理信息化

与其蓬勃发展的实践活动相比，针对旧工业建筑再生利用项目的理论研究较少，关于其信息管理的研究更是不足。再生利用知识随着项目改造的完成而丢失。因此，保存和学习以往类似项目的系统性、全面性的知识信息，就显得十分重要。许多旧工业建筑再生利用项目都只能从零开始，形成不必要的浪费，造成不可挽回的损失。亟待建立一套科学、实用、符合旧工业建筑再生利用项目特点的信息管理系统来提高组织的知识使用频率和效率。

建立旧工业建筑再生利用项目智能化运维管理信息系统，要在网络集成、系统集成和数据库集成的一体化系统集成平台上完成。便于改变以往人工采集运维管理信息，进而通过网络自动化地实现信息的采集，获得动态数据，进行分析和处理、交换和共享。

（3）运维管理网络化

旧工业建筑再生利用的智能化运维管理与普通物业管理最大的区别，就是智能化思路下运维管理借助于再利用项目整体管理系统的自动化监控与信息处理的能力，并使得运维管理模式与建筑智能化系统运行模式相适应、互相协调与配合，实现运维管理网络化、信息化。

传统的物业管理是自成体系的独立管理模式，也可以称为“信息孤岛”。物业管理的信息传递采用派送表格人工填写、公告栏、广播等方式。智能化运维管理是通过网络来实现运维管理信息的传递和交互的，实现在旧工业建筑再生利用项目的建筑实体内部与 Internet 的连接。通过网络来发送运维管理通知，使用者可以通过网络实现建筑、设备和设施的保修、管理、投诉及查询有关资料。同时，运维管理公司也可以通过远程网络实现全面的管理，提高管理效率和优化管理水平，降低了运维管理的运行费用。

1.2.3 运维管理的内容

旧工业建筑再生利用项目的运维管理的内容主要包括运行管理、维护管理、信息管理，具体内容划分见图 1.12。

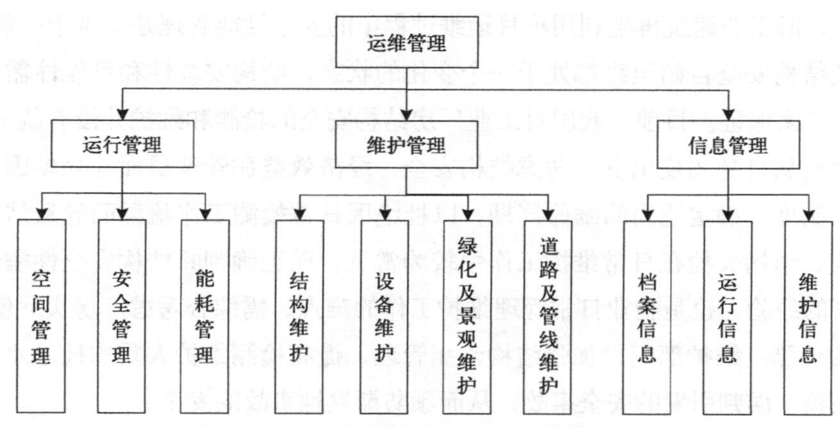

图 1.12 旧工业建筑再生利用项目运维管理内容

（1）空间管理

空间管理是建筑物为节省空间成本，有效合理的利用空间，满足空间方面的各种需求，计算空间相关成本，执行成本分摊等内部核算的活动。空间管理内容包括空间现状、空间重组、功能分配、空间使用。

（2）安全管理

安全管理主要通过监测手段对建筑的使用状况进行动态掌控，主要包括检测与监测、加固修复、安全评定、应急预案。为保证项目实施的安全，运用现代安全管理的原理和方法，分析潜在的不安全因素，采取针对性的防控措施，及时有效地消除和解决各种不安全因素，防止事故的发生。

(3) 能耗管理

能耗管理包括能耗检测、能耗计量与分析、围护结构保温隔热、用能设备管理。指在满足居住舒适度的前提下，使用隔热保温较好的墙体围护材料和照明、采暖等高能效比的耗能设备，节约能源。即通过合理地建筑方案设计、使用节能材料设备等减少建筑能耗。

（4）结构维护

运维阶段的结构安全性和可靠性需要通过科学的维修制度来保证。由于年代久远或受生产环境影响，现有结构状况与原设计存在偏差，影响建筑结构的安全性。通过日常巡检及监测、专业检测对建筑主体、地基基础、装饰装修及防水进行维护，对存在问题及时采取措施。建筑结构维护管理包括建筑主体维护管理、地基基础维护管理、装饰装修及防水维护管理和其他结构维护管理。

（5）设备维护

建筑设备包括给水排水、采暖通风、燃气消防及通信等设备，设备的管理不善会对建筑正常使用造成影响，甚至会导致安全事故发生。为避免产生不利影响，监控建筑设备系统及时了解各类设备的运转状况，并对设备故障及时处理。建筑设备设施维护管理包括给水与排水系统、空调与通风系统、供热与燃气供应系统、供配电与照明系统、弱电与自动化系统、消防报警系统、其他设备设施维护管理。

（6）绿化及景观维护

绿化及景观维护是对自然环境进行有意识的改造，包括对整体面貌的维护、绑扎修建、环境保洁、日常管理等。通过地形人工处理、景观设计等改造措施，使环境具有美学欣赏价值，同时保证日常使用功能和生态可持续性发展。

（7）道路及管线维护

道路及管线维护主要包含道路交通、地下管线、架空杆线维护管理。其关键在道路重要及合理部位设置沉降观测点，根据工程实际情况进行沉降观测，发现问题，及时采取相应加固措施。管线拆迁应保证管道的使用功能不受影响情况下，按照组织计划考虑城市总体规划和永临结合。

（8）档案信息管理

档案信息管理指建立一套科学、实用、符合旧工业建筑再生利用项目特点的管理方式。再生利用项目的档案信息管理主要包括原始信息管理、改造信息管理、推广信息管理以及对个别项目的申遗事项管理四个方面。管理人员借助信息技术处理信息数据，以提高组织的信息使用频率和效率，提升整个项目的标准化和价值化管理。

参考文献

[1] 旧工业建筑再生利用技术标准：T/CMCA 4001—2017[S]. 北京：冶金工业出版社，2017.

[2] 武乾，陈旭，张勇 . 陕西旧工业建筑保护与再利用 [M]. 北京：中国建筑工业出版社，2018.

[3] 张扬 . 绿色再生旧工业建筑评价理论研究 [D]. 西安：西安建筑科技大学，2017.

[4] 武乾，宗一帆 . 旧工业建筑改造为创意产业园后的潜在危机及应对策略 [J]. 工业安全与环保，2016，42（08）：44-46+79.

[5] 威廉 · J · 史蒂文森 . 运营管理 [M]. 北京：机械工业出版社，2016.

[6] 汪再军 . BIM 技术在建筑运维管理中的应用 [J]. 建筑经济，2013，（9）：94-97.

第 2 章 旧工业建筑再生利用项目运维管理体系

2.1 旧工业建筑再生利用项目运维管理组织结构

通常，组织总是针对一个特定的系统而言。一个系统可以是一个机构、一项任务或是一个整体。每个系统均有其一定的目标，也有一定的边界。任何组织都是有许多的要素、部门和成员，按照系统的目标，以一定的关联形式排列组合而成的。系统的目标决定组织内部各个要素相互联络的结构，学校、企业乃至于运维管理项目等各自的目标不同，它们的组合框架各有不同。与此同时，系统的组织又反作用于系统的目标，系统组织的好坏与适应性是影响系统目标能否实现的决定性因素。项目组织的策划和设计涉及两个方面，一是要建立一个项目系统的组织结构；二是需要在组织结构的基础上确定一个系统内部的工作流程组织，如图 2.1 所示。

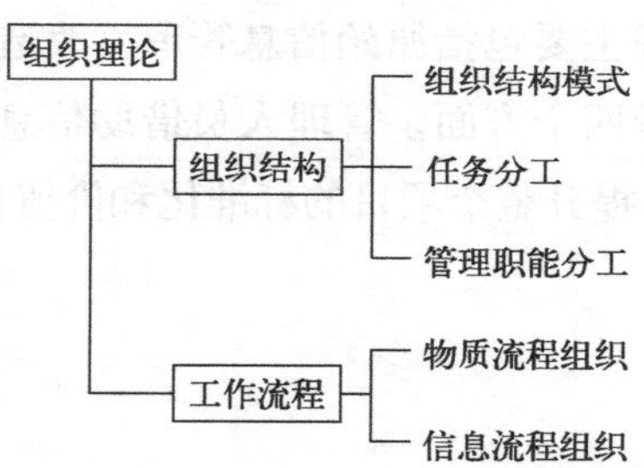

图 2.1 组织理论研究内容

2.1.1 运维管理组织结构概述

旧工业建筑再生利用项目的良好运行离不开运维管理组织对项目所拥有资源的合理调配，运维管理组织对于再生利用项目的运维管理成功与否起着至关重要的作用。旧工业建筑再生利用项目在结构安全、成本以及档案信息管理等方面的特殊性，决定了其管理组织的工作内容与新建建筑存在较大不同。但目前相关运维工作内容的标准化程度还不够，尚未形成一个成熟的管理组织体系。

（1）组织结构的概念

组织结构是组织内部各要素相互作用的方式，是系统内的各组成部分及其相互关系的框架，它是根据系统目标、任务和规模采用的组织管理架构的统称。

组织结构旨在实现组织目标，是指组织内各构成要素以及它们之间的相互关系，它是对组织复杂性、规范化和集成化程度的一种度量。组织结构的本质是组织分工协作，其内涵是组织成员在职能、责任、权利方面的结构体系。从这个定义中，我们可以得出以下几点：

1）设计组织结构的目的是为了实现组织目标；

2）组织结构的本质是处理好组织各部分间的分工关系和协作关系；

3）组织结构的内涵是组织成员在职能、责任、权利方面的结构体系[2]。

（2）运维管理系统概述

1）运维系统与运维管理

通常的运维管理系统指一个企业内部的管理，因此该系统表现出的特征大多是以企业为组织表现的以下几项：集合性、关联性、目的性、环境适应性。运维管理的实质是通过有效管理实现增值、技术可行与经济合理上的资源集成、满足顾客对产品和服务特定的需求。

近年来，随着我国国民经济的快速发展和城市化的建设，人们对于生活和工作环境水平的需求不断提升，建筑的实体和功能的多样化得到了跨越式发展，对运维管理也提出了更高的要求。如今，运维管理已然发展成为一门复杂的科学，从简单的建（构）筑物修缮、物业管理到科学智能的运维管理，从对人员、财务、建（构）筑物的多因素管理到如今的建筑管理系统工程，包括空间、安全、设备、资产、能耗等。

2）旧工业建筑再生利用项目的运维管理

再生利用项目的运维管理的工作需要对旧工业建筑自身日常维护与安全管理、物业管理、资产与资源管理等工作进行综合协调管理，需要土建、水、电、暖、安防、消防多专业配合。因此，为旧工业建筑运维管理组织提出了更高的要求，如何构建一个完整的、实用的、有力的运维管理组织，对建立和持续优化运维管理体系、实现运维管理战略发展目标有着极为深远的影响。再生利用项目的组织设计不能僵硬地套用常规组织结构，而是应当从需求出发，按照工作内容对运维管理组织进行设计。

（3）旧工业建筑再生利用项目运维管理保障手段

1）以完善的运维流程制度为基础。为保障运行维护工作的质量和效率，首先应当制定一套完善、可行的运维管理制度和规范，确定各项运维管理工作的标准流程，使运维人员在制度和流程的规范和约束下开展运维管理工作。

2）以先进的运维管理平台为手段。通过建立统一、集成的信息化运维管理平台，对各类运行维护信息进行采集、处理和分析，以实现高效地运行维护工作。运维管理平台一般包括运维流程平台和系统监控平台两大部分。

3）以高素质运维管理队伍为保障。人员是运维管理的根本要素，运维管理的顺利实施离不开高素质的运维管理人员，因此必须提高运维管理人员的专业能力，才能有效利用各类技术手段和工具完成各项运维工作。

2.1.2 运维管理组织结构设计

（1）组织结构设计的必要性

组织是人们为了达到某个目标而组建的，然而现实中有的组织可以高效率、低成本地实现组织目标，而有一些组织不仅不能促进组织目标的顺利实现，还会阻碍组织目标的实现。在影响组织目标实现的各种因素中，组织结构的优劣是一个重要的因素，这也凸显了组织结构设计的必要性。

1）落实组织发展战略，将实现组织目标所必须开展的各项工作落到实处。

2）明确各部门和岗位的功能，使组织成员清楚自己在工作过程中的职责，便于开展工作，并为后续的绩效考核和奖惩奠定基础。

3）对部门和岗位间的协作关系进行定义，将分散的个体凝聚为集体，保证组织运行的高效性，并充分发挥集体的智慧和力量。

（2）组织结构设计的基本原则

长期以来，为了将组织结构设计得更合理、更高效，管理者们进行了许多有益的探索，并总结出了在组织结构设计中应当遵循的一些基本原则。

1）目标原则

目标原则是指组织为了实现组织目标、完成组织任务，将组织内各层次、各部门乃至于各人的力量集中起来组成一个整体，而且使各自明确自己的任务，围绕着组织目标运转。

2）分工与协作原则

分工与协作是社会化生产的客观要求。分工是指按照提高管理专业化程度和工作效率的要求，把组织的目标和任务分解成各层次、各部门及各成员的目标和任务，明确他们应完成的工作。而协作则是明确各部门之间、各成员之间以及各项职权的协调与配合的方法。分工与协作相辅相成，缺一不可。

3）稳定性与适应性相结合原则

一般来说，组织结构是相对静态的，组织要进行有效的活动，就必须维持一种相对平衡的状态。但是组织是一个与环境有着资源、信息交换的社会子系统，任何一个组织都处于开放的社会系统之中，组织在活动过程中总是与其外部环境发生一定的联系和影响，因此必须具备一定的弹性以适应变化和调整的需要。

4）集权与分权相结合原则

为了保证组织的有效运行，必须处理好集权与分权的关系。实行局部管理权的下放，使各层人员有其权限，不仅能够调动工作积极性，提高工作效率，同时也可以减轻上级

工作负担。

5）精简效率原则

组织结构应当是精干的、有力的、高效的。应当在满足组织目标和任务的前提下，对管理组织进行精简，减少管理层次，从而提高工作效率，更好地实现组织目标。

6）有效管理幅度原则

有效管理幅度是指一个管理者能够直接且有效管理下属人员的数量。管理幅度受管理层次、管理者个人能力、管理水平、被管理者的工作内容和工作环境等的影响。在组织结构设计时，应当考虑这些影响因素对管理幅度的作用，在保证统一指挥前提下，保证沟通的顺畅。

(3) 组织结构设计的思路

组织结构设计的基本思路一般是遵循“因事设岗，因岗设人，以人成事”的原则而进行的。即按照组织目标和任务的需要进行部门划分、组建机构、设立岗位，然后再按照岗位的需要选择合适的人员来担负责任、行使权力落实工作，做到“因事设人，人得其位，各尽所能，扬其所长”。

一般来说，常见的组织设计思路有两种：

1）自上而下的设计思路

自上而下的组织设计思想：首先必须明确组织目标，并根据组织目标来确定组织的基本职能，即图 2.2（a）中的第一个层次；然后再以职能细分和归类为依据，设置相应的机构，并把各机构部门的任务和功能分解，设置相关的具体职务，即第二层次；最后以必要的职位与各种职务相对应确定编制，按照职位要求和编制配置合适的人员，即第三层次。其中，职位是根据组织目标为个人规定的一组任务及相应的责任。职位即岗位，它是人与事有机结合的基本单元，职位与个人是一一匹配的；职务则包括了一组责任相似或相同的职位，它是同类职位的集合，也是职位的统称。

2）自下而上的设计思路

这种设计思路多适用于设计全新的组织之中。其设计思路为：首先，在目标活动逐步分解的基础上设计和确定组织内开展工作所需要的职务类别和数量，依据职务分析来确定任职人员责任和素质，并形成职务规范；其次，依据组织所处的环境、所拥有的资源和一定的原则，并根据各职务工作内容的性质和与其他职务之间的关系，来进行组织

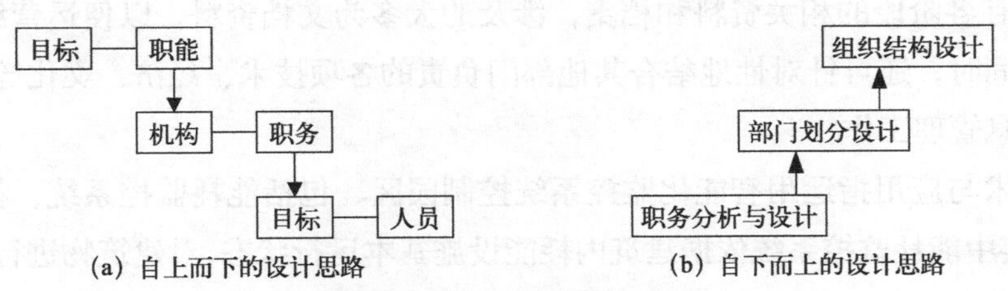

(a) 自上而下的设计思路　　(b) 自下而上的设计思路

图 2.2　组织的设计思路

的部门划分，对于划分后的各部门，还要对其工作内容和数量进行调整，从而达到设计的合理化；最后，根据各部门工作的性质、内容和需要，设计整体组织结构和纵向、横向组织关系，规定各部门之间的职责和权限，从而构成完整的组织结构网络。如图 2.2（b）所示。

（4）旧工业建筑运维管理组织结构设计的程序

相对于改造之前而言，旧工业建筑改造再利用后的运营和维护的工作内容有了较大的变化，因此需要重新构建新的运维管理组织体系，在原先的管理组织结构基础上常规性地保留并根据旧工业建筑运维管理独有的特点加入一些新的组织结构元素。鉴于旧工业建筑运维管理的特殊性和新颖性，目前尚未形成一个成熟的组织管理体系，目前的组织构建多按照上文中提到的自下而上的设计思路来完成对旧工业建筑再生利用项目管理组织结构的设计，按照这种思路设计的旧工业建筑运维管理组织结构能够从需求和实际工作内容出发，相对完整、清晰地表达运维管理的组织体系与系统。

1）目标分解

将旧工业建筑运营维护目标活动逐步分解为改造利用项目运行管理、维护管理、成本管理、档案信息管理、智慧技术与运用等多个方面。

2）职务类别和数量确定

根据旧工业建筑运维管理的业务开展需要，运维项目组将结构框架分为 4 个具体组成部门，分别为运行管理、维护管理、信息管理和智慧技术与运用。

运行管理从空间、安全、能耗展开研究，分别在不同角度下设定不同的人员职责。再生利用项目完成之后将会有不同的功能区，也有不同的部门分工和人员数量，因此空间的合理分配需要慎重考虑。同时能耗部分需要重点把握采光能耗、用电能耗、水资源能耗三方面能源资源的耗用量。

维护管理可再细分为建筑结构维护管理、设备设施维护管理、绿化及景观维护管理、道路及管线维护管理。以设备设施维护管理为重点，设备设施日常能耗、老旧厂房中保留的旧设备为核心。而对室外改造前未利用的场地进行绿化，增添景观设计感的同时也可起到环境清理、绿植保护的作用。道路及管线维护管理则分别以各系统为主体进行职责分配。

信息管理需要考虑项目原始信息、改造信息、推广信息、申遗管理。信息管理部门分类整理保存各阶段的相关资料和档案，涉及的大多为文档资料，以便运营维护阶段查找及利用。同时，还可针对性地结合其他部门负责的各项技术、经济、文化等相关内容，全面完善信息管理工作。

智慧技术与应用指运用智能化监控系统控制园区，包括能耗监控系统、楼宇自动控制系统等。其中能耗监控系统依据建筑内耗能设施基本运行状态，对建筑物进行能耗监测，并实施能耗控制策略，实现能源最优化使用，它分为管理应用层、信息汇聚层、现场信息采集层。楼宇自动控制系统具备对给水排水系统、消防系统、电梯系统、太阳能热水系统、喷雾降温系统、雨水回用系统、新风系统运行状态进行远程监测和控制的功能[3]。

针对运维管理组织中每项子系统包含的类别设置岗位职务，根据建筑物各部位维护难度安排人员数量，依据维护周期决定人员的阶段性责任。

3）组织部门划分

根据组织环境内各职务工作性质和与其他职务的关系，对旧工业建筑运维管理组织结构设置运行管理部、维护管理部、成本管理部、智能化监测部（包含能耗、档案管理）。由于档案管理涉及信息，因此可将档案的原始乃至推广信息均随项目运行维护过程进行实时记录。

4）组织结构网络构建

整理组织结构纵向、横向之间的旧工业建筑再生利用项目运维管理组织关系，对各部门之间的职责和权限进行定义和确认，确保每个人员担任的每项职务都能对项目的运营维护反馈问题及提供解答。即通过人员或智能化技术反馈问题，再经过组织中人员协调或对智能化系统进行人工改进，不断提高运营维护效果，并缩减运营维护成本。

2.2 旧工业建筑再生利用项目运维管理权责设定

大部分大型旧工业厂房等建筑在改造前与改造后的组织结构中，无论是在传统的纵向集分权职能权责设计中，还是引入横向协调机制后为适应新的权责关系设立的管理岗位，一个组织都必须能够保证权利职责的分化与整合的平衡[4]。

进行组织结构运维管理权责的设定，首先需要分析组织结构的框架，考虑旧工业建筑的改造模式、建筑主体、入驻企业或商家等独有因素，填充到组织结构图中，然后将分散的因素整合为完整的组织结构图，依据自下而上的思路，一一定位每个岗位的职责权利，进而达到统一的平衡状态。

2.2.1 运维管理组织框架分析及组织结构图

广义的组织结构是指企业组织为了有效地达到企业目标而筹划建立的企业内各组成部分的领导与配合关系，是结构与权力的有机结合。结构是否合理和科学，直接影响组织能否高效运转。而在旧工业建筑再生利用项目运维管理体系中，组织结构倾向于重点考虑各部门人员职务之间的联系与区别，相对淡化领导关系而强调配合与分工。对于旧工业建筑而言，分析组织结构的框架需要考虑如下因素：

1）旧工业建筑处于相对稳定而复杂的运营环境中，位置与主体不变但环境与功能随时都在变化。

2）大规模是旧工业建筑再生利用项目组织结构发展的方向，规模效率是组织设计需要考虑的问题之一。

3）在技术特点上，旧工业建筑再生利用项目是工业厂房功能置换为不同利用模式的再次开发利用。再生项目在运维过程中具有构件长期适用维护、拆除部位安全保障维护等特点，要求组织结构在保证效率前提下，还需要具备一定的灵活性。

4）目前旧工业建筑再生利用的规模化战略对组织结构的影响非常综合，项目运维管理阶段需要考虑横向和纵向两个层面的协调设计[4]。

按照组织机构人员配置及职责分工，旧工业建筑再生利用项目运维管理体系以专业管理部门和职能管理部门组成的八大部门体系为核心，每个部门设总负责人，负责统筹以上列举部门责任与义务。每个管理部门下详细安排到班组设置，将人员与职责一一对应起来，真正做到责任到人，强化管理体系的运作。通过以上工作分析相关理论，根据旧工业建筑运维管理工作特点，绘制组织结构图如图 2.3 所示。

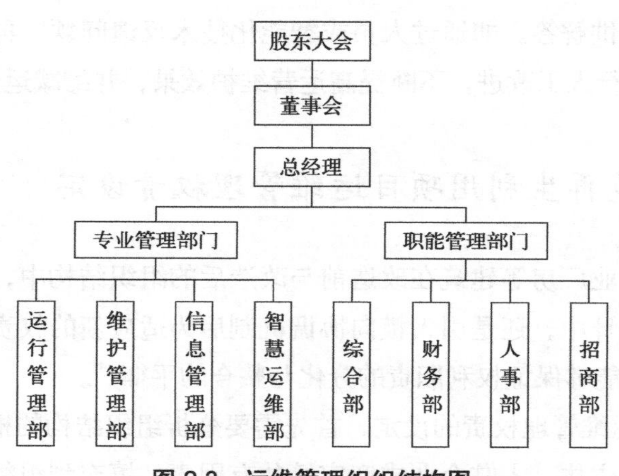

图 2.3　运维管理组织结构图

经营管理层：董事长 1 人；总经理 1 人，对董事会负责；运行管理部、维护管理部、信息管理部、智慧运维部以及综合部、财务部、人事部、招商部 8 个组成部门各设部门负责人 1 人。

由组织环境到组织结构再到岗位职责管理的思维逻辑，构成以文化为核心、以资源为支撑、以机制为纽带、以自驱为动能的赋能型岗位管理新模式。随着组织日趋庞大，大型组织基于科层制的组织结构模式特别容易引起组织结构僵化，无法适应新的信息化时代背景下对组织产品创新、服务及时响应等的要求。如今面临技术创新、用户需求、员工发展不断变化的新形势，企业越来越注重平等、开放、共享、共荣的生存发展新观念，组织变革呈现生态化、无界化、平台化、自组织化的趋势。所以对旧工业建筑再生利用项目运维管理权责设定的研究，从以上组织结构图的设定和权责划分两个方面展开，以此作为运维管理期间各部门明确职能，有效开展运维管理的保障[5]。

2.2.2　运维管理权责划分

为进一步加强项目内部管理，设置规范的法人治理结构和精干高效的经营管理机构，明确各部门工作职责，实行定员、定岗、定责，以提高工作效率。项目机构一般分项目建设和运营服务管理两大阶段，本章岗位职责划分主要针对第二阶段运营服务展开设置。在项目运维阶段遵循机构精简、扁平化原则。

(1) 管理工作内容

建筑项目在运维阶段存在较多显在及潜在风险，建筑项目全生命周期的安全稳定运作离不开风险管理。因此，旧工业建筑再生利用项目运维管理各部门职责就是依据运维阶段可能发生的风险因素设置，同时使得再生利用项目前期、中期阶段所做的工作发挥最大的效益，起到查漏补缺的作用，确保建筑项目全生命周期安全稳定运行。运维阶段存在着操作风险、信息不对称风险、政策风险、组织风险、团队风险、设施与设备管控风险、财务风险、市场与竞争风险、灾害风险等多方面、多领域的风险。与之相对应，操作风险、设施与设备管控风险、灾害风险构成了运行管理部、维护管理部管理人员权责的核心依据，而信息不对称的风险是信息管理部职责的核心来源，其他几项则分别一一对应职能管理部门中的人事部、财务部、招商部。

根据运维管理的业务特点，从运营与维护两个角度切入，可以划分为使用和维修两个同时进行的并列阶段。以旧工业建筑再生利用项目改造模式为划分依据，主要以创意产业园、工业博物馆、学校三种类型的改造项目为多。以创意产业园为例，优先根据旧工业建筑再生利用项目将组织结构纵向概括分为专业管理部门与职能管理部门。其中专业管理部门下设运行管理部、维护管理部、信息管理部、智慧运维部；职能管理部门下设综合部、人事部、财务部、招商部。横向划分定位于每个独立改造车间或厂房，展开平行管理。

纵向专业管理部门与横向结合形成矩阵式组织结构图，运行管理部门定位在建筑物的室内外设备运转是否正常；维护管理部定位在建筑物改造后主体结构的损坏防护与坏后修复；信息管理部重点负责建筑物改造前后的历史档案、资料以及前两个部门中遇到的问题与解决措施统计归档等；智慧运维部则突出运用智能技术系统监控及实时定位各子系统运行数据。同时，职能管理部门重点负责综合协调工作，高效管理人力、物力、财力等各方资源，为专业管理部门提供坚实保障。

(2) 组织机构人员配置原则

为加强工作管理，确保运维质量和安全，项目组织需要明确运维管理原则。

1) 项目机构的设置原则

①目的性原则

在整个项目规划基础上，按规模、不同难易等级设机构、定编制、设岗位。

②精干高效原则

以项目工作目标为导向，简化机构部门，提倡一专多能、一人多职的人员配置。

③业务系统化管理原则

严密的组织系统需要相对完善的组织部门划分、人员配置，合理分工协作、互通交流，有条不紊地达到组织目标。

2）管理人员配置要求

项目管理人员配置后，报责任管理单位审查备案；所有管理人员必须通过专业岗位培训合格；上岗前管理单位进行业务交底。

管理团队内人员可一人多职、由上一级管理单位人员代管，以能满足项目管理要求为原则。项目管理团队一旦运行，需要更换人员的，需提前报上一级主管单位批准。项目所使用的各岗位人员在工作过程中如遇岗位再教育、培训、有关会议等，项目部及责任管理单位应给予大力支持。

(3) 专业管理部门权责分布

就权责指挥而言，传统的双重领导管理体制容易造成横向综合部门与纵向职能部门决策执行两难的境地。当横纵部门发出的决定和命令不一致时，各工作具体执行任务往往陷入难以抉择的困境。假若执行综合部门的决定，可能会更多地站在部门预算和其他既得利益的角度考虑；若执行职能部门的命令，由于更倾向于做某一项运营维护系统中的具体工作，可能因履职不力而遭受综合部门的问责。然而，管理执行的时效性不容许各职能部门负责人耗费过多的时间进行博弈，避免出现效率低等问题。为缓解综合部门与职能部门负责人之间的矛盾，将其均设置为同级同向的部门，分为专业管理部门与职能管理部门，并以更接近哪一方管理内容为准，将专业管理部门与职能管理部门之间重合的权责明确分离，具体如下。

1）运行管理部

以空间为依据进行组织结构构建时，有必要按照内部空间、室外环境安排管理人员工作。旧工业建筑再生利用项目完成后将形成不同的功能区，针对相应需要完善部门分工并合理配置人员数量，慎重考虑最大化分配利用空间。对于空间的管理，明确划分为人员管理与智能技术管理更有助于全面准确获得运营维护中收集的数据。此部分内容仅针对人员管理的具体职责展开划定，而利用BIM这一平台进行运维管理，则是智慧运维部的管理人员权责要求。

①室内管理人员负责常规水、电、暖、通风等设备管线路连接正常。再生利用项目的设备管线多为改造时新增部分，为改造设计与施工提出了较高的要求。在运维阶段应建立巡查管理制度，定时定点对整个管线系统、末端巡视检查与清洗，消除各种设备隐患，保证系统的正常运转，并对设备的巡查、保养、清洗及维修过程建立完备记录档案。

②管理人员针对室外绿化系统及工业设施标志性建筑的保养及损坏修护进行管理。对于室外环境而言，由于旧工业建筑再生利用后室外环境有别于其他类型建筑，从绿化较少的状态调整为绿化型园区，对园区绿化也有了更高的要求；与此同时，工业建筑周

围常见的配套工业设施景观，作为工业文化的标志应当加强保护。

以资源消耗为依据进行组织结构构建时，则通过采光能耗、用电能耗、水资源消耗三方面对资源的耗用量展开职责描述。

①针对室内采光，尽可能多地借助改造设计利用自然采光，对无自然采光条件及自然采光不充分的空间采用人工照明，同时注意利用智能化系统监测人工照明带来的能耗并记录，借此寻找更为节能的材料或技术进行更换，从而达到节能的目的。

②用电能耗则主要以用电智能监控记录为主导，应分类、分区、分项进行能耗监管。根据工业建筑应用不同和能源利用比例不同，应设立不同的分级分项计量装置，对收集的数据进行分析总结，能够摸清建筑能耗特点及运行特点，以实现节能潜力的挖掘，提高设备用能效率。

③水资源的节约有多种方式，如通过雨污水及生活废水转为绿化环境用水，促进地下水资源循环重复利用等措施减少水资源的耗用。总的来说，以节约为主，监控为辅，协调推进。

2）维护管理部

集中进行建筑结构维护管理、设备设施维护管理、绿化及景观维护管理、道路及管线维护管理。

①重点修复建筑物承重构件及围护构件的破损，制定日常维护措施。针对建筑结构维护管理进行组织结构构建时，以实体特征即结构为主导，注重承重和围护结构。旧工业建筑承重结构牢固可靠，安全性优良，布置规则，特征标志物明显。由于年久失修，旧工业建筑围护结构破损主要表现在墙面墙体破损、窗体残缺以及屋面老化导致的防水保温性能下降。

②进行结构安全检测，包含可靠性能检测、抗震性能检测、危房检测、火灾后结构构件安全性检测、专项检测、交付使用后前期检测、重大灾害后或重大变更前检测、日常定期常规性检测。检测并记录是安全维护措施中最重要的一点。

针对建筑设备设施维护管理进行组织结构构建时，以日常能耗设备设施、老旧厂房中保留的旧设备为核心。

①对某些由遗留的无使用功能的钢铁器械改造而成的景观，维护管理人员需及时除锈。对旧设备管理的关键，在于其文化价值与使用价值，其中有一些只用于记录历史痕迹的设备，在运维阶段只作观赏用，则维护管理时须尽可能保护其旧的状态。

②对日常能耗设备设施管理的关键，在于其使用价值与经济成本，维护人员应随时查看记录水、电、暖及空调等设备运转是否正常，耗能多少，设备损坏或老化状况等问题，及时维护，保证其正常使用功能，阶段性统计其成本，尽量以最小的经济成本做好维护工作。

针对绿化及景观维护管理进行组织结构构建时，核心落脚于室外环境绿化及景观维护。室外绿化倾向于改造前未利用的场地，由于工业建筑的厂房特点及旧工业生产特点，改造之前未利用场地大面积空地较多。改造后的绿化景观维护管理人员重点关注环境清理、绿植保护、增添景观设计以及空间布局调整等。

针对道路及管线维护管理进行组织结构构建时，将其分为道路、管线两大系统展开管理人员及职责分配。

①道路管理涉及道路分布、道路安全、道路通行、道路使用等几大管理体系，每套体系下分配定量人员分段管理，分段统计并反馈。

②管线维护管理系统侧重于与设备设施相连的管线或因改造后加入城市地下综合管廊的部分管线，管理其线路布置、安全隐患、管线材料、管网系统优化等内容。此过程的维护管理需要专业管理人员，安全培训精准到位，才能更好地发挥维护管理的价值。

3）信息管理部

需要考虑项目原始信息、改造信息、推广信息、申遗管理。

①信息管理部门进行信息管理的工作内容与形式比较单一，涉及的基本都是文档资料，为运营维护过程提供信息查找及利用服务。项目原始信息是改造过程中留下来的一手资料，改造后加入的新信息及发生变化的一些信息形成了改造信息。在运维阶段对以上两种信息进行管理时，更多的是分类整理。

②将原始信息与改造信息整合之后，借此大力宣传改造项目，推广改造模式与经营管理模式，配备负责这个过程中的推广信息制作发布、宣传与后期归档整理。

③随时关注国家工业遗产划定标准，精准定位信息，通过补充与添加完善申遗资料，针对性地结合其他部门负责的各项技术、经济、文化等相关内容管理，研究旧工业建筑再生利用各项标准，循序渐进满足标准要求，进而完善申遗管理。

4）智慧运维部

重点强调智能化能耗监控系统、楼宇自动控制系统的管理。

目前智能技术在建筑物中的应用更多表现在利用BIM模型与建筑设备运维数据库之间的联系，通过可视化的设备模型以三维视图展示建筑设备及其部件的基本信息、维修保养记录等状态信息，使维护人员能够更清楚地了解设备信息，从而指导维护人员更精准地工作，减少和避免由于欠维修或过度维修而造成消耗。因此旧工业建筑运营维护的智能化管理需要充分利用BIM技术的信息集成和三维可视化，快速定位设备，查询相关资料信息。

智能技术管理是借助网络智能技术对以上三个部门的管理任务进行综合管理。智能化能耗监控系统、楼宇自动控制系统的管理是建筑物智能管理中常见的应用，目前正逐渐应用于旧工业建筑。管理人员须重点负责维护信息输出系统的安全稳定运转。

①统计旧工业建筑改造项目各单个建筑物各楼层当前商家或企业实际入驻数量及可分配给各个不同商家的楼层面积，并按需随时调整空间分配，以达到高效利用的效果。

②每次进行设备维护后，系统操作人员将系统中的最近检查时间更改为最后修改的日期，进入下一个运维管理周期，详细记录检查内容，以便后期查看分析数据。

(4) 职能管理部门权责分布

根据系统权变组织理论，项目组织是一种非线性系统，内外部的各种力量作用于组织系统是为了维持一种动态的平衡。因此很多大型工程项目组织成员之间以及组织成员与环境之间需要搭建桥梁沟通，并通过优化控制物质、资金、人员、信息和知识，使组织系统在时间、空间和功能上协同统一。

以“五流”系统原理思考，相关整体通过非线性交互作用，共同决定组织系统运行。物质系统是其他系统的基础；资金系统反映了项目资金的阶段性使用状况和价值动态；人员系统反映了项目管理人员不同工作状态下的流动形式。物质系统、资金系统、人员系统可进而演变为招商部、财务部、人事部。信息系统把物质系统、资金系统和人员系统联系在一起，反映了信息获取、处理和利用的流动形态，促使组织得到有序的协调和控制；知识系统影响组织系统成员的知识传递与共享关系。因此，设立综合部便于集中统筹运维各方面事务。在运维管理组织结构系统中，“五流”所述内容可理解为项目组织结构中各个综合性部门各司其职，共同促进组织系统由无序走向有序，提高项目整体运营维护效率。

1) 综合部

作为项目整体的综合管理部门，主要是负责建筑物运营维护管理涉及的日常行政及法律事务等工作，组织开展运营维护技术产品研发及与其他相关组织联系等职能。

①监督重要决策的落实情况，及时反馈工作进展和结果，协调各专业管理部门及综合管理部门有关工作运行，为各部门提供后勤保障。

②整理各项运营管理制度及重要工作信息，归档经营期间各类文件，不断为运营维护更新提供依据。

2) 财务部

通过对改造建筑物不同厂房运行过程进行会计记录、核算和分析，合理安排资金计划，动态追踪资金使用情况、职工基本工资发放及用于整个运营维护期间的其他管理费用，为总经理决策及分区运营管理控制做好财务准备。

①负责长期运维过程中资产管理、资金核算，依据旧工业再利用项目园区下一年发展目标做出财务预算并制定计划。

②能耗设备、道路管线等运营管理和维护管理，由专业部门按班组时间（日、周、月）记录能量消耗量及耗用成本，按周期定期结算上报财务部门。

③智慧技术运用侧重管理自身研发的技术及依托技术的设备。统计楼宇自动控制系统及智能化能耗监控系统所需设备的购置费用，以及进行信息管理的智能化网络平台的制作与运营费用，阶段性报财务部门。

3）人事部

各平行部门内部的岗位如何设定取决于部门自身的业务特点，前四个部门为专业性部门，有特定的人力需求。因此，若每个部门都把管理人力资源作为一项任务来做，项目所有部门的管理成本总和将会很大。

每个下设部门都有共性，如薪酬管理、归属管理等，也有其个性，如专业岗位管理。因此在进行人力资源管理时，需要融合其个性与共性，共性问题需要人事部和专业管理部门共同管理，而个性问题则交由各专业管理部门自行解决。可见人力资源管理需要通过人力资源管理部门与具体用人部门的协调互动完成。

①设计运营维护管理专业人力信息数据库结构，分析国家人事政策动态，研究人力资源的最佳配置。

②按专业管理部门与综合管理部门录入人员流动记录，记录人力分布，管理组织中人事劳资档案及工资薪金，上报财务部。

③配合各专业部门加强日常工作培训，人员流动交接培训。

4）招商部

招商一般指人与人之间的关系，即业主方面向一定范围发布自己开发的服务或产品，以招募一定量的商户共同发展。招商首先需要明确适合自己的目标招商群，接下来开始寻找适合的招商方式，以达到目标意愿。在旧工业建筑再生利用项目中，多数为创意产业园模式或艺术中心模式的改造项目，这两种模式下的改造项目多适合创新创意或第三产业的一些公司及商家入驻，因此需要招商部门负责调查研究的同时做好协调工作，引进投资商，完善旧工业建筑再生项目运营体系。

①进行市场调研，收集商业情报，在调查研究和情报成果的基础上提出具体招商规划方案，主要体现招商类别要符合旧工业建筑再生利用项目特点。

②获取商家资源，建立档案，分析目标商家品牌，研究其经营模式，形成主力以及辅助商家等方案，既可以体现旧工业建筑旧的特色，又兼具创新的优点。

③编制招商资料，制定并执行长、中、短期招商计划。

2.3 旧工业建筑再生利用项目运维管理考核制度

课题组在对国内的多个旧工业建筑再生利用项目进行的调研中发现，当前的运维管理团队在管理过程中，存在着管理混乱、对岗位认识不清晰、利益分配和人员激励混乱的情况。其重要原因是因为运维管理团队未能建立一套适合于再生利用项目运维的绩效管理体系，缺乏绩效管理对运维管理组织的指导。

再生利用项目运维组织的绩效管理主要服务于运维组织管理和再生利用项目发展两个方面，目的是增强运维管理组织的运行效率、提高管理人员和员工的专业能力，进而促进运维管理组织的良性发展，最终使运维组织和再生利用项目共同受益。

2.3.1 运维绩效管理概述

从组织管理学的角度来说，运维管理组织的绩效管理是运维组织管理的核心内容，是实现运行维护管理目标的基础和前提，是以运维组织成员和管理者间达成的协议为基础来实行的一个双向互动式的联系过程（如图 2.4 所示）。此协议明确了组织成员的工作职责和工作绩效，成员和管理者之间应如何维持、完善和提高工作绩效，成员的工作对组织目标实现的影响，并对影响绩效的障碍因素进行的识别与排除等方面做出了明确的要求和规定[6]。

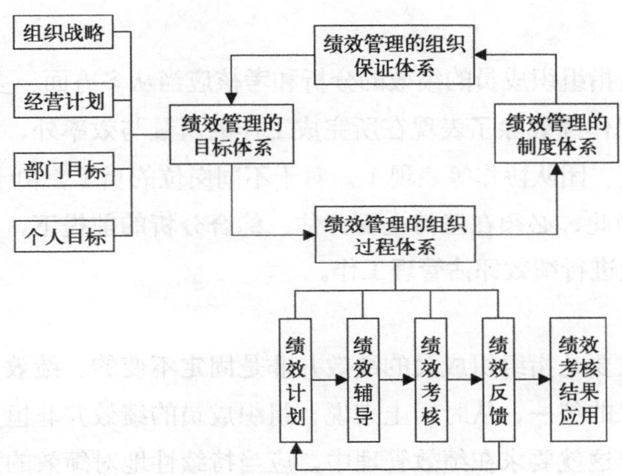

图 2.4　组织绩效管理体系

(1) 绩效的含义

绩效是管理活动中最常用的概念之一，目前主要从工作行为和工作结果两个角度来理解绩效的内涵。绩效结果观是一种传统的观点，这种观点认为绩效是成员行为的成果和产出，在绩效管理体系中成果和产出是关键部分，其含义应当根据组织内部目标以及外部的客户需求来界定。这种说法是早期人们对绩效理解的产物，是主要针对一线生产工人或体力劳动者而言的，他们的工作多为简单重复的体力工作，衡量他们绩效的标准就是其生产活动所完成的成果。另一方面，绩效行为观将组织成员的行为本身视为绩效，如坎贝尔认为绩效的本质在于行为的本身，即绩效是为实现组织目标所产生的所有相关行为的有机组合，无论是认知的、生理的、心理活动的或是人际的，这些都是能够观察到的行为表现形式。

在现代组织管理的实践中，通常综合采用行为和结果相结合的绩效概念。绩效综合观将绩效的行为观和结果观进行了综合，即绩效包括行为和结果两个方面。行为并不是简单的结果工具，其过程本身也是一个结果，是完成某项工作或任务所付出的体力和脑力劳动的结果。行为是任何绩效定义中的一部分，就像结果或成果能够在理论上与行为结合起来。绩效作为行为的结果，是评估行为有效性的重要方法，但行为受外界环境的影响，且受个体内在因素的直接控制，只将绩效看作结果必然会导致对其理解的片面。

（2）绩效的特点

1）多因性

绩效的多因性主要是指绩效的优劣好坏并非体现于单一因素，而是会受到多种主客观因素的影响，这种受制于主、客观多种因素的特点，使得绩效具有多因性的特点。现代心理学的研究表明，员工绩效主要由以下四个因素决定：一是技能（S），二是机会（O），三是激励（M），四是环境（E）。

2）多维性

绩效的多维性是指组织成员的绩效的分析和考核应当从多方面、多维度进行。例如，某岗位的成员，其工作绩效除了表现在所完成工作的质量与效率外，同样也体现在个人的出勤率、工作态度、团队协作等表现上。对于不同岗位的员工，由于工作内容的不同，其绩效也有不同。因此，必须在坚持全面评估、综合分析的前提下，根据目的、要求和岗位特性，有重点地进行绩效评估管理工作。

3）动态性

绩效的动态性主要是指组织成员的绩效并非是固定不变的。绩效是组织成员在特定时期内的行为和结果的统一，从时间上来说，组织成员的绩效并非恒久不变的，而是处于动态的变化之中。这就要求在绩效管理中，应当持续性地对绩效的评价标准进行调整和修改，以激发组织成员的积极性和活力，达到提升绩效的目的。

4）可度量性

绩效具有一定的可度量性，对于实际成果的度量需要经过必要的转换方才可以测量，在某些方面对绩效的定量评估有一定的难度，而这也正是评价过程必须解决的问题。

5）客观性

绩效是一定的主体作用于一定的客体过程中所表现出来的效应，即它是在工作过程中产生的，是组织和成员一系列行为综合作用的结果，描述的是目标的完成程度，因此是客观存在的。

（3）绩效的决定因素

绩效的多因性决定了绩效受制于多种主客观因素，为了更好地评价和提高绩效水平，了解并控制影响绩效的因素至关重要。一般来说，影响工作绩效的关键因素有五个：工作者、工作本身、工作方法、工作环境和组织管理。

1）工作者

工作者是承担工作的主体，其主观特性是影响绩效的关键因素之一。具体主要包括运维管理组织成员的工作态度、工作能力、工作知识、工作动机和个性特点等。现在“人—

岗—组织”匹配的理念，强调人员特性、工作要求与组织特点的一致性才是获取和保持高绩效的深层动因。

2）工作本身

工作本身主要包括工作目标、计划、资源要求、复杂程度、工作过程控制等。如工作目标是否清晰、工作计划的可行性、工作时间是否充分、工作过程能否易于控制和掌握等，都会影响到组织绩效。

3）工作方法

工作方法主要包括工作手段、工具、流程、协调等。工作手段和工具的使用会直接影响工作的效率和质量，工作流程涉及工作步骤和工序，工作协调则涉及各工作流程组织的衔接及有序性。上述因素的合理性、科学性对工作绩效有直接影响。

4）工作环境

工作环境主要包括工作条件、文化氛围、人际关系等。工作条件涉及工作场所的物质条件和资源配备等；文化氛围涉及成员的精神风貌、团队精神、参与管理的水平等；人际关系是否融洽对于组织各成员间的沟通与协作也有着重要的作用。工作环境虽然是外部条件，但同样影响组织成员的工作绩效。

5）组织管理

组织管理主要指运维组织的管理机制、行政政策和管理者水平。管理机制涉及计划、组织、领导、协调、激励、控制、反馈等方面，行政政策包括人员聘用、培训、考核和薪酬等。员工是组织中的成员，组织管理对其绩效有重要影响。

（4）绩效管理在再生利用项目运维管理中的作用

1）绩效管理是提高运维管理组织绩效的有效手段

在竞争日益激烈的市场经济中，若想要获得和保持竞争优势，组织就应当不断提高其效率和绩效。绩效管理是强化运维管理组织绩效和发展运维管理团队与个体潜能的有效途径，同时也是使运维管理组织不断获得成功的管理思想和具有战略意义的管理方法。对运维组织开展的绩效管理能够剖析组织的运维管理活动，便于实现对运维组织目标的监控和纠偏，在降低运维成本的同时提高运维组织的效率。

2）绩效管理有助于推进运维组织战略实施和组织变革

绩效管理是实施运维管理组织战略的重要工具，能够将组织战略转化为具体的定性或定量目标，再通过逐层的分解和确认，进一步转化为运维管理组织各部门和成员的工作计划，使得整个运维管理组织成员的目标与组织战略发展目标保持一致。另一方面，在组织变革的过程中，绩效管理的“导向”作用能够有效地改变运维管理组织成员的工作行为和态度，引导他们发展为组织期望的方向。

3）绩效管理有助于促进运维组织内的沟通与合作

绩效管理是一个需要组织管理者与成员互相沟通与合作才能完成的过程，而沟通与合作也是绩效管理的重要作用之一。在运维管理组织内，通过各级目标逐层分解与确认，可以实现有效的授权和分权；通过日常工作中的监督与指导，上级可以向下属提供有效的指导和反馈；通过对绩效考核结果的交流，可以找出运维管理中存在的利弊，最终确定改进方向和措施。

2.3.2 运维管理绩效考核

（1）运维管理绩效考核的内涵

绩效考核是绩效管理中的一个重要环节，是指绩效考核的主体以工作目标和绩效评价标准为基础，采用科学的考核方式，对特定员工的工作完成情况、职责履行情况和个人发展情况进行评价考核，并将考核结果进行反馈的过程。

运维管理组织的绩效管理是一项系统工程，涉及运维管理组织的发展规划、战略目标体系及其目标责任体系、指标评价体系等，其核心是促进运维组织的管理水准的提高及综合实力的增强，其实质是为增强运维团队成员的个人能力，并将人力资源的作用发挥到极致。另外，绩效考核是与运维管理组织的战略目标相联系的，它的实施有助于将员工的行为和运维组织战略目标进行统一[7]。

（2）绩效考核的功能

绩效考核主要有五种功能，即控制、激励、标准、发展和沟通功能。

1）控制功能

绩效考核是人力资源管理中最主要的控制方式。其目的是通过绩效考核，使运维管理组织的工作流程保持在合理的数量、质量进度和协作关系上，使各项管理计划能够顺利进行。同时也是一种对管理人员的控制手段，使其时时刻刻谨记自己的工作职责，达到使成员自觉遵守规章制度工作的目的。

2）激励功能

绩效考核是对员工的工作行为和成绩进行肯定的过程，其过程本身就能使员工体验到对成功的满足感和对成就的自豪感，可以充分调动员工的积极性，对员工产生正面的激励作用。

3）标准功能

绩效考核可为人事管理提供一个客观而公正的标准，当面临晋升、奖惩、调配等机会时可依据绩效考核的结果做出决定。持续性的绩效考核并以此为依据进行奖惩，有助于组织流程管理的标准化，并规范企业的人事管理。

4）发展功能

绩效考核的发展功能，主要体现在两个方面：一方面可以根据考核结果制定培训计划，达到提高全体运维管理组织成员职业素质的目的，促进再生利用项目运维管理的发展；另一方面可以发现员工的优势和特点，并根据其特点决定培养方向和使用办法，充分发挥个人的优势和特点，达到促进个人发展的目的。

5）沟通功能

在绩效考核的反馈环节，需要相关负责人对组织成员的考核结果进行解释说明，并听取员工的申诉与看法，因此绩效考核也为上下级之间提供了沟通的机会，有利于领导层与员工相互了解、消除误会。

(3) 绩效考核的内容

员工考核的内容来自于对员工的工作绩效要求，以及与其直接相关的影响因素。在实际工作中，员工考核主要涉及工作业绩、工作方式、工作态度和工作潜力四个方面。

1）工作业绩考核

工作业绩考核是指对员工职务行为直接结果所进行的考核，包括工作完成的数量、质量、效率、成本等。这是对员工工作情况最为直接的考察和评价，在考核内容中具有基础地位。对于运维组织的管理者而言，能够直接反映被考核者在实现运维管理目标过程中的业绩成果，并控制这一活动过程；对于组织成员而言，能够直接刻画总结其工作情况，通过考核结果寻找工作改进的路径。

2）工作方式考核

工作方式考核是侧重于员工行为的考核，其内容包括是否遵循工作的程序、是否执行了操作规程的要求、是否采取了符合标准的技术与方法等。工作方式的考察往往与员工能力的考察相关，特别是专业技术能力。对于工作方式的考察，可以促进员工对工作程序与方法的认识，从而间接地改进工作的最终结果。

3）工作态度考核

工作态度指员工对待工作时的心态和表现，通过工作的责任性、积极性、主动性等方面体现。工作态度是员工能力向工作业绩转变的关键影响因素。当人的能力一定时，不同的工作态度将产生不同的工作结果，因此工作态度是工作考核的重要内容。有效的工作态度考核可以引导员工增强工作热情，正确行事，鼓励员工充分发挥应有的工作能力，最大限度地创造工作业绩。

4）工作潜力考核

工作潜力是指组织成员具有的潜在工作能力，即员工拥有但由于各种原因，没能在工作中发挥展现出来的能力，是相对于员工在职务中发挥出来的能力而言的。个人的潜力与其工作能力不同，人们会因为没有获得相应的工作机会，工作设计或任务分配不合理，上级的指导或指令错误，组织未提供必要的能力开发设计等，而使其潜力没有充分发挥出来。工作潜力考核就是通过各种手段了解员工的潜力，从而找出阻碍员工发挥潜力的原因，以便更好地发挥出员工的工作潜力，并将其潜力转化为现实的工作能力。

(4) 绩效考核的方法

随着绩效考核研究的进一步深入，现代组织管理的不断实践，绩效考核已经从原来简单的方法、技术逐渐形成了各种复杂模型。当前常用的绩效管理包括关键绩效指标模型（KPI）、平衡计分卡模型（BSC）、目标管理模型（MBO）、“戴明循环”绩效考评模型（PDCA）、360 度绩效反馈考评模型（360DFA）等。常见的绩效考核模型优缺点如表 2.1 所示。

实际应用绩效考核的工作流程中，通常将以上几种绩效考核方法有选择性地结合，以便发挥优势，弥补缺陷，以求在实际考评中得到最符合组织战略发展的绩效考核方法。

几种常见的绩效管理方法　　表 2.1

模型	优点	缺点
KPI	①目标明确，有利于公司战略目标的实现 ②全部量化管理，评价标准客观 ③有利于组织和个人利益达成一致 ④有利于探求组织成功的关键要素	①考核指标比较难界定，设计难度大 ②使考核者误入机械的考核方式，即“为了考核而考核” ③不适合职能型和考核周期长的职位
BSC	①战略目标分解，形成具体可测的指标，构建一整套目标管理系统 ②考虑了财务和非财务的考核因素，考虑了内部流程和外部客户，短期利益和长期利益相结合	①实施难度大，工作量大 ②不能有效地考核个人 ③系统庞大，短期内很难体现对战略的推动作用 ④强调考核全面性，忽略其导向作用
MBO	①目标管理中的绩效目标易于度量和分解 ②考核的公开性较好 ③促进了组织内的人际交流	①指导性的行为不够充分 ②目标的设定可能存在异议 ③短期目标容易操作，长期目标难以分解
PDCA	①循环往复 ②条理化、科学化及系统化	①时间周期较长 ②结果难以检验 ③对操作水平要求较高
360 DFA[8]	①容易操作 ②员工参与度高，部门间进行沟通和交流 ③激励员工提高自身全方位的素质和能力，进而提升组织整体绩效水平	①考核主体对部门不够熟悉，易造成指标不客观 ②侧重综合考核，定性成分高，定量成分少 ③易受到人情影响，使考核流于形式

2.3.3 运维管理考核程序

绩效考核工作一般按照以下步骤和程序进行：制定绩效考核计划，确定绩效考核标准，选择绩效考核方法，实施绩效考核计划，分析数据资料和评定考核结果，绩效考核结果的反馈和运用。

（1）制定绩效考核计划

为了保证绩效考核计划能有效和顺利进行，首先应根据绩效考核的目的和要求制定绩效考核计划，选择考核的对象，确定考核内容，制定考核的标准和考核方法，选择参与绩效评价的人员和考核时间等。

（2）确定绩效考核标准

绩效考核的标准是评价员工的尺度，考核标准可以分为绝对标准和相对标准两类。

1）绝对标准。绝对标准在绩效考核时应用十分广泛，此标准以现实为依据，不随被考核员工的不同而改变，有着较强的客观性。绝对标准又分为业绩标准、行为标准和任职资格标准。

2）相对标准。如评定先进时，规定20%的指标。此时每个员工既是被考核的对象，同时也为考核提供了标准，因而标准在不同的被考核群体中往往有差别，而且无法对每一个被考核员工单独做出“好”还是“不好”的评价。

(3) 选择绩效考核方法

确定了绩效考核的考核目的、考核对象、考核内容及考核标准以后，就要选择相应的考核方法。由于绩效考核的方法很多，每种方法都有其优缺点和适用范围，因此，在实际工作中，应根据具体的考核要求有针对性地加以选择。

(4) 实施绩效考核计划

运维管理组织的绩效考核是一项长期、复杂的工作，对运维管理过程中数据收集工作要求很高。应注重经常性的长期跟踪，随时收集相关信息，使绩效数据收集工作形成一种制度。将考核中收集的数据资料与平时收集的数据资料结合起来，从而能更准确、客观地评价每一个成员。

(5) 分析数据资料和评定考核结果

根据考核的目的、标准和方法，对所收集到的数据资料进行分析、处理、综合。具体过程如下：

1）划分等级。把每一个考核项目，如出勤、工作业绩等，按一定的标准划分为不同等级。

2）对单一评价项目的量化。为了将不同性质的项目综合在一起，必须对每一个考核项目进行量化，赋予不同的评价等级以不同数值，用以反映实际特征。

3）对同考核项目不同评价结果的综合。在多人参与的情况下，同一项目的考核结果会有不同。为综合这些意见，可采用算术平均法或加权平均法进行综合。

4）对不同项目的考核结果的综合。有时为达到某一考核目标需要考核多个考核项目，只有把这些不同的考核项目综合在一起，才能得到较全面、客观的结论。

(6) 绩效考核结果的反馈和运用

得到考核结果并不意味着绩效考核工作的结束。在该过程中获得的大量信息可以运用到企业各项管理活动中。

1）将绩效考核结果反馈给员工，可以帮助员工找到问题，这对于其改进工作和提高绩效会有促进作用。

2）为任用、晋级、加薪、奖励等提供依据。

3）诊断和检查旧工业建筑运维管理各项政策，如运维组织各岗位人员配置、员工培训方面是否有失误，还存在哪些方面的问题等。

参考文献

[1] 旧工业建筑再生利用项目管理标准：T/CMCA 3002—2019[S]. 北京：冶金工业出版社，2019.

[2] 张绪柱，赵馨智，杨学津 . 动态全景式流程型组织模型构建 [J]. 山东大学学报（哲学社会科学版），2011（03）：135-143.

[3] 夏麟，田炜 . 上海现代申都大厦改造工程 [J]. 建设科技，2014（10）：57-61.

[4] 周永源 . 大型钢铁企业组织结构及控制机制研究 [M]. 北京：光明日报出版社，2013.

[5] 冯蛟，张利国，樊潮，李辉 . 组织结构变革背景下赋能型员工管理模式构建 [J]. 中国人力资源开发，2019，36（05）：157-169.

[6] 胡业宏 . PX 公关策划公司公关活动全流程项目管理研究 [D]. 上海：华东理工大学，2012.

[7] 茹慧 . A 公司的绩效考核体系研究与设计 [D]. 呼和浩特：内蒙古大学，2010.

[8] 萧鸣政 . 绩效考核与管理方法 [M]. 北京：北京大学出版社，2017.

第3章　旧工业建筑再生利用项目运行管理

3.1 旧工业建筑再生利用项目空间管理

3.1.1 空间现状

旧工业建筑再生利用是一次空间与功能的因果思考及其互动适配的创作过程。旧工业建筑内部空间改造的灵活性高，成本相对较低，对其进行改造与利用可以在很大程度上保护我国工业遗产[1]，增强人们的城市记忆，对城市文化建设具有重要的意义。然而，由于区域经济发展的不均衡和地方社会认知的参差不齐，旧工业建筑再生利用项目的开发差异很大。在适当时机、以适宜方式，有效合理地利用空间，满足空间方面的各种需求，通过改造既有建筑资源，及时地满足现阶段城市经济、社会快速可持续发展的要求，无疑是当前城市建设活动中的重点、难点。

(1) 保持空间原结构

旧工业建筑内部的更新和改造应积极考虑工业建筑本身所具有的原本形态，在尽量不改变其内部结构的基础上，注意贯彻节省资源的准则，尽可能地去进行新的内部功能划分，努力维护其原有旧建筑的结构和内部氛围，同时赋予其更新的空间感和层次感。

钢筋混凝土排架结构、钢筋混凝土框架结构、钢架结构的旧工业建筑，其使用时间一般尚未达到设计使用年限，荷载传递路径清晰。若再生利用前其构件、结构系统、鉴定单元经检测鉴定符合现行《工业建筑可靠性鉴定标准》GB 50144 和《建筑抗震鉴定标准》GB 50023，结构承载力能够满足新功能的使用要求，可以保持原结构。

西安某钢厂创意产业园 12 号楼为两跨等高排架结构，长 78m，宽 24.3m，共 13 跨，将南侧 7 跨保持原排架结构，对混凝土开裂、钢筋锈蚀的排架构件进行必要的维护，对剥蚀严重的墙体进行翻新砌筑，功能由酸洗车间置换为展厅。北侧 6 跨作为办公空间，除两端跨外，其余跨均设有天窗，可满足采光通风要求，使用效果良好。

(2) 加建局部空间

旧工业建筑大多具有非常开阔明朗的内部布局和空间结构，因此应该好好利用其广阔的内部空间。在更新改造的过程中，可以采用各类大空间的水平及竖直分割方法，进而打造出一道道夹层，形成多变、趣味的空间感。

工业建筑一般为矩形平面，在其外侧或上部加建局部空间，可增加使用面积，满足新的功能要求。旧工业建筑外墙一般为不承重的围护墙，可根据需要拆除，确保新建部分与旧建筑贯通，由新旧空间共同承担新的使用功能；也可在原有建筑空间内部加建，形成屋中屋或阁楼的嵌套空间。在单层工业建筑加建局部空间过程中，不能影响原建筑结构的安全性和稳定性及地下管道、线路、检查井的正常使用。

西安某钢厂创意产业园3号楼原为矩形建筑，东西走向，改造时在北部加建不规则的多边形钢框架结构建筑，外墙用旧砖砌筑清水砖墙，遵循“修旧如旧”的原则。外门窗均利用中空钢化玻璃，达到保温节能效果；采用铝合金屋面，局部拆除原厂房北侧围护墙，使新建部分与老厂房贯通，形成一个整体。在园区10号楼北侧新建钢筋混凝土框架结构建筑，新旧建筑贯通后获得了更多可利用空间；4号楼原混凝土屋架，存在不同程度的损伤、挠度过大、承载力明显不足等安全隐患，改造时将屋顶拆除并加建一层，成为园区最高的建筑。

(3) 整体空间重塑

整体空间重塑可分为水平分隔、垂直加层和水平分隔与垂直加层相结合三种方法。

1) 水平分隔

旧工业建筑的内部空间高大开阔，可在水平方向上增加加气混凝土砌块、石膏板等轻质材料隔墙，将原本开敞大空间划分成大小、规模、形状各异的独立小空间，以满足不同的功能需求。

以一个水平界面的改造为例，江苏扬州的一座仓库建筑，原建筑由三座有间隔的建筑组成，在两两建筑的空隙中加入了现代样式的棚面，让原本相互独立的建筑融为一个整体。两个棚面根据空间的需求而略有不同，空隙较宽的棚面呈“V”形，像一对翱翔的翅膀，功能主要为展示、接待、洽谈等。

2) 垂直加层

工业建筑一般层高较大，在垂直方向上的局部或全空间增加钢梁、钢柱、压型钢板等，对原建筑空间进行加层改造，配合钢板楼梯、电梯等垂直交通方式，形成多层空间。新建的钢结构与原建筑承重结构分离，既满足安全要求，又增加了使用面积，丰富了空间的立体层次感，但若在原结构体系上加层，其结构状况必须满足安全性要求。

3) 水平分隔与垂直加层相结合

旧工业建筑大部分体量巨大，采用水平分隔与垂直加层相结合的改造方法，改造幅度较大，可对内部整体空间进行重塑，形成新的空间。

西安某钢厂创意产业园内12栋厂房中有11栋，在局部或整个空间中不同程度上，采用水平分隔与垂直加层相结合的方式。水平方向利用轻钢龙骨石膏板隔墙、清水砖墙或花格清水砖墙进行分隔，屋架空洞以阳光板封堵。垂直方向上利用钢梁、压型钢板结构体系进行空间加层改造，将室内空间划分为形状及大小不一的小型独立空间，满足了新的功能要求，增加了使用面积。该项目改造效果良好，吸引了众多企业、艺术家和店铺业主前来租赁。

3.1.2 空间重组

现阶段，旧工业建筑再生利用是使建筑功能从之前的单一生产性，转变为复合多义性空间，需要对建筑内部进行空间重组，即在保持建筑外部形体不变的基础上，对其内部空间进行划分。

（1）重组方式

按照空间匹配原则，需要整合原有的空间，形成较大的空间尺度，例如展览建筑的门厅、中庭以及特殊展品所需的高层空间等。重组的方式主要有：

1）楼板的局部拆除

楼板的局部或全部拆除，是针对建筑内部空间垂直方向的空间尺度而进行的改造处理方式，在多层旧工业建筑空间整合过程中较为常见。在对旧工业建筑内部结构加固基础上，拆除其部分楼板和梁柱等，形成局部高敞的内部空间，一般情况下作为门厅、中庭等空间视觉中心，以满足和丰富建筑新功能对于旧工业建筑内部空间的要求[2]。

2）墙体的局部拆除

墙体的局部拆除，是针对建筑内部空间水平方向的空间尺度而进行的改造处理方式。当旧工业建筑墙体对建筑的划分，无法满足展览建筑的空间要求时，对墙体进行局部拆除，以扩大展示面积，增大空间尺度。被拆除的墙体，必须为内部空间非结构性墙体，在保证结构稳固的前提下，实现空间的整合。

卡尔斯鲁厄艺术及媒体技术中心，原是建于 1915—1918 年的老兵工厂。设计师施威格尔将其转变为庞大的文化艺术综合体。庞大厂房面向内院的墙体被全部拆除，并加建了采光顶后转变为相互开放的巨大空间，容纳了设计学院、博物馆、画廊、工作室、录音棚、图书馆等无数的文化艺术机构。其中，内院墙体的拆除，减少了墙体对建筑内部空间的划分，加大建筑内部空间在水平方向上的空间尺度，满足了新功能对于空间尺度的要求。

3）空间的封顶连接

空间的封顶连接，是针对不同体量之间的空间整合。在基本不改变容量的基础上，通过空间的封顶，使不同体量的外部空间成为体量之间内部空间的共享部分，最终使各个部分形成一个统一的整体，实现空间的整合。而新建的封顶，一般采用轻质高强的材料，并有一定的通透性，如玻璃等，一方面可以减少顶部外围对旧工业建筑结构的负载；另一方面，可以淡化新旧空间之间的界限，使得不同体量之间可以有机地融合在一起。

瑞典桑德维尔市曾经成功地将一幢建于 1888 年的仓库改造成为城市博物馆和图书馆，原先的一幢建筑物之间的十字形街道被由顶到底用玻璃围合起来，从而提供更多的空间，用于图书馆、展览空间、餐厅、会堂和流动空间等。

（2）重组要点

1）建筑材料应用

旧工业建筑内部空间的重塑效果与建材的选择密切相关，应根据室内空间用途与功能选择材料。旧材料的最大化再利用能节约资源，既符合可持续发展理念，又是对历史文化延续的有效方式。为了满足新功能的需求，旧工业建筑在实施内部更新改造时，加入新的材料使旧工业建筑成为历史与现代的融合；同时还应该注意加强材质的合理利用，通过加强建筑美学的色彩和材质的美化，进而实现鲜明的设计对比。在这过程中，要加强基于工业建筑内部原有材质的优良导向功能。如对工业建筑内部的墙面更新改造，可以使用其原有的青砖和混凝土墙面，将残留的原貌更新改造成崭新的墙面，美化墙面的同时还能够起到通风换气的效果。

2）自然采光改善

在旧工业建筑改造中，可充分利用自然光，通过建筑原有的垂直界面窗户进行采光，或者通过顶棚界面进行采光，并可对建筑原有的窗户造型样式进行保留或利用一些新的造型元素来制造光影效果。当自然光缺失或不用于生产需要的工业建筑，跨度和进深往往较大，层高较高，且对自然采光要求不高，空间分隔后自然采光已不能满足要求。可在不影响建筑物安全的前提下，采用扩大门窗面积、加侧窗或屋顶天窗、设置中庭等方式，或几种方式综合应用进行解决。

3）交通流线设置

建筑室内空间功能不同，交通流线也会相应变化。原工业建筑主要用于制造产品，其交通流线以提高工作效率、方便工人工作为原则，流线简洁高效。将旧工业建筑改造为复杂、多样的建筑空间，必然要设置横向通道、竖向楼梯、电梯、扶梯、旋转楼梯等交通流线，以满足新功能的要求。

4）建筑色彩改变

旧工业建筑内能反映生产工艺与制造流程的机器构件、大型运输工具等工业元素，可有选择地在原位摆放或重新组装利用，借助这些元素体现工业建筑的本质特征。在工业生产过程中，难免会造成原工业建筑墙面、地面、托座柱、吊车梁等结构构件的粉化、风化、破损、腐蚀、污染等破坏。经耐久性修复后，内部建筑色彩通过保留建筑原材料和改变构件表面材质两种方式体现出来。

3.1.3 功能分配

（1）建筑体量及外形相似

框架结构的旧工业建筑平面形式多呈矩形分布，建筑立面规则平整、线条明确，建筑风格上较为统一。在改造过程中能够尽量减少立面调整，保持外围结构体系的完整，避免因不规则形体，产生结构安全与功能形式之间的矛盾。

框架结构的工业建筑多呈单体分布，少有副楼、连廊等附属建筑，这也使得改造过程避免受到周围建筑的干扰、附属建筑的拆除或改造对建筑整体稳定性带来的不安全影响。框架工业建筑单体体量，往往与办公楼极为接近，在改造过程中有利于划分防火分区和进行建筑空间分割。旧工业建筑的建筑色彩往往是沉重的灰色调，灰色是一种冷色调，需把握好外立面色彩的渲染。

(2) 结构形式相仿

框架结构的工业建筑内部没有墙体阻隔，可以灵活地划分空间进行组合。同时，框架结构工业建筑由于没有天窗采光，框架柱之间往往全部是窗而没有窗间墙，其立面窗户面积一般都较大。

结合改造后建筑的功能特点，结构改造工作做“加法”的工作量要多于做“减法”的工作量。“加法”即在框架结构的旧工业建筑原基础上，不拆除原构件或者只对原构件进行表皮清理的情况下，通过加建或改建的手法完成对结构的改造，此过程中只增加了结构的恒载，却加强了结构的安全性。例如对框架柱加固前，清除表皮混凝土残渣，然后采用外包钢加固，在完成对框架柱结构加固改造的同时，也美化了框架柱，完成了建筑改造工作[1]。整个改造过程都是在对框架柱做“加法”，其优点是能够减少对原结构的扰动，保证改造工作的安全性。而“减法”即是在保证原结构稳定性不受扰动的情况下，对框架结构的旧工业建筑在改造后不能发挥功能效用的建筑构件进行删减，目的是减轻结构恒载。

(3) 区位资源相近

从时间的跨度和城市发展规律的角度，工业作为第二产业必然是城市建设的先行者，同时也远远早于第三产业的发展。因此，早期工厂选址的城郊现都已囊括在城市核心区的辐射范围内。在相关项目调研中发现，框架结构的旧工业建筑大约占各形式建筑总体的 24%，且建造年代集中在 1950—1959 年间，以苏联和东欧援建为主。将此工业发展的背景嵌入城市发展的规律中，1950—1959 年大多数城市规模远不及今天城市规模的一半。以西安市为例，1960 年西安城区规模大概是如今规模的 1/6，当年的电力、军工、纺织三个主要工业区，现都已被纳入城区三环内，公交、地铁均已覆盖，区位交通优势明显。城区规模的辐射式发展为多层框架的旧工业建筑改造成办公建筑提供了经济上的可能性，便捷的交通为改造提供了便利的环境条件。

区位交通优势是改造项目外部交流发展成败的主要因素，也是区位经济进一步发展的基石，良好的交通条件和经济发展是相辅相成的。20 世纪 50 ～ 60 年代，我国正处于计划经济发展时期，在城郊建厂多以厂住结合的模式，住宿区和生产区是紧密不可分的。90 年代之后，由于“退二进三”政策实施和产业转型的调整，工业区大量搬迁或倒闭，厂区家属院却并没有搬迁。相反，由于脏乱差的环境被列为棚户区改造，经过改造之后的新区整洁一新，与闲置废弃的工业建筑形成强烈反差，且由于旧工业区人口密集，人口数量大，较容易形成小范围的商圈，刺激该地区第三产业的发展，相应地刺激了对价格低廉、位置优越的办公建筑需求。

经废弃的框架结构旧工业建筑经过改造即可投入使用，成本降低相应地使租金降低，而厂区位置一般都与生活区紧密相连，交通便捷。区位经济环境的优势能够为框架工业建筑改造为办公建筑提供项目经济担保，保证项目具有较好的盈利。随着城市工业产业结构调整和生态建筑、绿色建筑理念的普及，更多的目光开始聚焦于城市旧工业区改造，旧工业建筑的区域位置优势也越来越明显。

上海花园坊节能环保产业园改造项目，项目前身是上海乾通机械厂，位于虹口区中山北路，紧邻虹口足球场、鲁迅公园，距离上海地铁 3 号线和 8 号线均不足 300m，周围 3km 有上海大学、复旦大学、同济大学等多所高校，具有良好的区位优势，交通方便。周围商业环境发展迅速，是该改造项目具有良好经济效益的有力保障条件。

(4) 基础配套相关

项目改造过程中，尽可能利用旧工业区原有的市政配套设施，减少新铺设水暖管道等。改造过程中可利用原有的供水管道作为供水干管，在此基础上重新敷设供水支管入户，可节省相应干管部分成本。由于工业用电和民用电在电压、电容量及用电性质上的不同，改造过程中可利用的原有电路设施十分有限。我国工业用电采用三相 380V 交流电，民用电采用单相 220V 交流电，要将 380V 动力用电转换成 220V 照明用电，可以经过变压器降压实现，如果考虑成本则可通过专业电工对电路进行改造，将四线制改为三线制，利用原有电线路，减少新铺设地下暗线，防止因新旧线路交叉而引发用电事故。在我国北方还应考虑改造后的建筑冬季采暖，工业建筑缺少配套的暖气管道，改造后需要就近从原生活区进行管道分流，重新敷设供暖支管入户。同时，改造中应注重采用节能新技术，减少冬季热量散失，如对原旧工业建筑的围护结构进行保温隔热功能改造，不仅达到经济改造的目的，还能够达到绿色改造的目的。

3.1.4 空间使用

不同的空间尺度能够直接影响使用者的心理感受，窄而高的细长空间使人产生向前的感觉，低而宽的空间使人产生侧向延伸的感觉，使空间具有开阔、博大的气氛。框架结构的旧工业建筑的空间设计尺度远大于人体的空间尺度，需要对工业空间尺度进行合理的划分和合并。

(1) 展演会议空间

单层大跨度旧工业建筑的支撑结构多为排架、拱架和巨型钢架结构，结构坚固，内部空间简单通透，可充分发挥空间高大的特点，适合改造为展演会议。

西安某钢厂创意产业园原酸洗车间改造为艺术中心（即展厅）后，不定期地举办各种画展、音乐作品展、演出、峰会等展示交流活动，提升了园区的人气，也为驻园区企业提供了绝佳的展示空间和交流平台，展厅东立面采用大面积落地玻璃门窗，由于没有建筑物的遮挡，在阳光照射下室内充满生命力。室外空间也成为举办展演及会议期间的人流集散地。

(2) 办公商务空间

旧工业建筑的建造年代久远，受当时技术限制，往往柱间间距较小，柱径较大，占用面积较多，柱子的位置也成为空间布置需要解决的难题。同时，框架工业建筑的内部进深较大，工业建筑窗地比往往小于办公建筑，单纯地对建筑平面进行横向的划分，必然会形成“黑房间”。因此，除了对建筑采光功能进行改造之外，还可以利用建筑空间的重新组合，解决采光不足、空间单调等难题。

不同功能用房的空间形式各不相同，办公空间的分隔形式多样，有单间式、开放式、半开放式、单元式等，其空间尺寸较小；而多功能厅、餐厅等部分，则需要较大的开敞空间。传统的办公建筑注重自然通风和采光，多以小单位的空间形式排列。现代办公楼多为大小空间组合设计，兼具私密性和开放性，工作效率更高。框架建筑的超常规大柱距，能够使办公空间跨度拓展更大，具有更大的功能空间划分灵活性，实现办公空间对工作环境通透性的需要。办公商务空间可分为办公用房、公共用房、服务用房、走廊、电梯间、楼梯间。根据办公企业所在行业的性质、资源、知识和信息的交易方式以及企业精神和文化，对内部空间策划设计，改造成适合自身发展和人员办公的空间格局。

西安某钢厂创意产业园服务楼二、三楼为办公商务空间，由原包装车间改造而来，划分为总经理办公室、开敞式办公区、会议室、前台、财务室、物业办公室等空间，满足对园区的改造、运营、策划和管理，方便与商铺、办公企业、艺术家工作室的交流。办公商务空间是创意产业园区最核心的功能空间，入驻园区的大部分企业以创作设计为主，例如城市规划、景观设计、建筑设计、结构设计、装饰设计等，形成了一条互补型办公产业链。

(3) 休闲创意空间

根据旧工业建筑的特色，将其室内空间改造为休闲创意空间较多见，例如改造为特色咖啡厅、餐厅、酒吧等，供人们在工作、学习之余放松心情，减轻压力，交流娱乐。

西安某钢厂创意产业园，将咖啡厅设置在招商中心内，使人们可以边喝咖啡边了解园区的历史与现状。园区内几家咖啡厅内部装修风格和服务各具特色，为人们提供了舒适的休闲与交流环境。

(4) 产业服务空间

旧工业建筑的内部空间高大开阔，通过水平分隔与竖向加层相结合的方式，划分为大小不一的独立空间，通常一楼作为产业服务空间，二楼及以上作为办公商务空间。产业服务空间多为餐饮店、超市、水果店、水吧、打印店、理发店等，为办公人员提供基本生活服务。产业园商业一条街汇聚了各类餐馆、超市、水吧等，可为园区企业员工及到访人员提供生活服务。

(5) 艺术创作空间

旧工业建筑改造为艺术家工作室，以创作和展示为主，巨大的空间可集艺术家创作、作品展览、作品储藏、休闲娱乐、日常生活起居等功能于一体。西安某钢厂创意产业园10号楼东侧和北侧加建部分设置为艺术家工作室，包括创作室、画室、储藏室、庭院、咖啡座、卧室，可满足艺术家创意设计、作品展览和日常的生活需求。

3.2 旧工业建筑再生利用项目安全管理

3.2.1 检测与监测

旧工业建筑是原设计方案的物化和可视化，因此旧工业建筑的设计方案与可靠性的检测有着不可分割的联系，但施工过程方案的变更使两者存在一定的差异。因此，旧工业建筑再生利用的检测分析方法应与原工程有所不同。在考虑建筑物本身的前提下，我们还必须考虑周围的内部和外部环境。旧工业建筑进行可靠性检测一般包括检查和测试两个部分，测试主要用于定量分析，通过对相应的检测仪器测得的数据进行计算和分析，了解几何特性和结构力学、物理、化学的性质；而检查主要用于定性分析，一般通过视觉手段来了解部件或结构的外观。

(1) 检测目的

确定翻修前或灾后对旧工业建筑的破坏程度，并提供技术数据，用于制定修复或加固方案；为以往设计及建造错误的旧工业建筑物提供技术基础；改变旧工业建筑物的使用条件和奠定其使用的技术基础；为改造完成后的投资推广和空间设计规划提供技术依据；为日常技术管理及维修翻新后运维的大、中、小型旧工业建筑物的维修提供技术基础；为确定旧工业建筑物的合理、均衡布局提供管理依据和技术依据。

(2) 检测内容

旧工业建筑再生利用运行阶段的结构安全鉴定，如同医生看病，病人的病情经过一系列检查、手术等之后得到了治疗，已经完全康复，但经过若干时间之后，病人的身体是否仍然健康，是否出现各种病症，这就需要对其进行全面的、系统的、定期的检查与化验等，以保证后续生命的安全。再生利用运行阶段结构安全检测的实质亦是如此，在使用一段时间后进行定期检测，对其是否能继续安全使用进行检测。再生利用运行阶段结构检测的主要内容如图 3.1 所示。

再生利用项目交付使用初期的突出问题主要表现为围护结构的磨损、装饰层的破损、设备管线的老化以及地基局部变形等，因此其结构检测包括屋面、装修、防护设施、连接等，如表 3.1 所示。

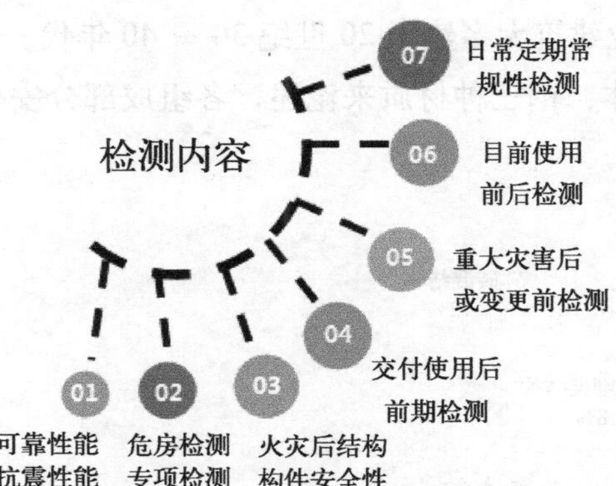

图 3.1　旧工业建筑再生利用运行阶段结构安全检测内容

旧工业建筑再生利用运行阶段的缺陷检查　　表 3.1

编号	类别	内容
1	墙体	围护墙体（包括女儿墙）开裂、变形及其连接、内外面装饰层的破坏情况
2	门窗	框、扇、玻璃、开启结构及其连接的气密性情况
3	屋面系统	防水、排水及其保温隔热构造层和连接情况
4	地下防水系统	防水层、滤水层、保护层、抹面装饰层、伸缩缝、排水管等的完整性和破损情况
5	防护设施	各种隔热、保温、防潮设施及保护栅栏、防护吊顶等的损伤情况
6	其他设施	走道、过桥、斜梯、爬梯、平台等的缺损情况

旧工业建筑再生利用后，结构形式较为复杂，不仅存在原结构部分，还有新增结构部分。对于运行阶段结构安全检测，应依据不同的检测目的，依据相应的检测程序开展工作，不同的检测程序略有不同，一般流程如图 3.2 所示。

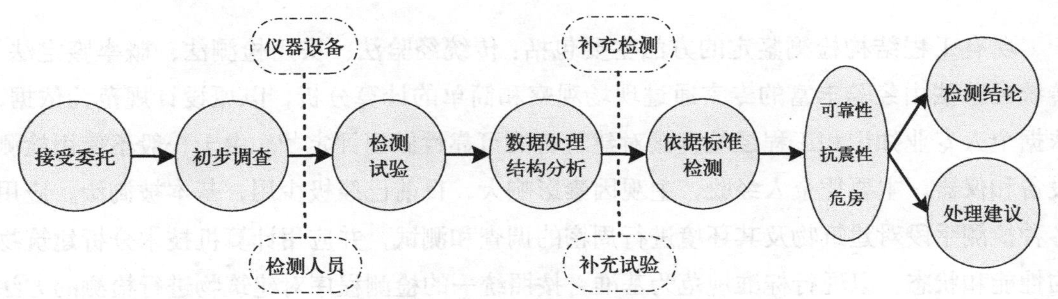

图 3.2　结构安全检测程序

(3) 检测技术

旧工业建筑按照结构、材料形式可分为 7 种，相应的占比如图 3.3 所示，主要有混凝土结构、砌体结构、钢结构和砖木结构。其中砖木结构仅占总体的 3%，所占比例较小，且这类结构形式的旧工业建筑大多建于 20 世纪 30 ~ 40 年代。因此，旧工业建筑构件的检测主要从混凝土、砌体、钢三种材质来论述，各组成部分安全性和可用性评级的主要和次要子项如表 3.2 所示。

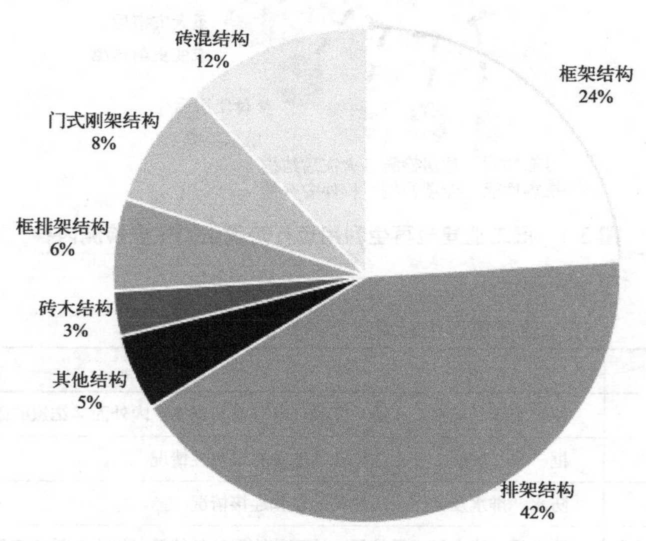

图 3.3　旧工业建筑各结构形式的占比

不同材质主次要项分布　　表 3.2

材质类型	主要子项（安全性）	次要子项（实用性）
混凝土	承载力、构造与连接	变形、裂缝、缺陷和损伤、腐蚀
砌体	承载力、构造与连接	裂缝、缺陷和损伤、腐蚀
钢	承载力	偏差、变形、一般构造、腐蚀

现有工程结构检测鉴定的方法主要包括：传统经验法、实用检测法、概率鉴定法。传统经验法由经验丰富的专家通过现场观察和简单的计算分析，以原设计规范为依据，依据个人专业知识和工程经验直接对建筑物的可靠性做出评定 [3]。由于一般不使用检测设备和仪器，主要凭个人经验，主观因素影响大，目前已经极少用，基本被淘汰。应用各种检测手段对建筑物及其环境进行周密的调查和测试，并应用计算机技术分析建筑物的性能和状态，以现行标准规范为基准，按照统一的检测程序对建筑物进行检测的方法称为实用检测法 [4]。

1）混凝土结构检测

考虑到旧工业建筑具有一定的历史文化价值和技术价值，对建筑的改造再利用要求具有一定的美观性，保留着工业的记忆，因此对旧工业建筑的混凝土结构检测通常采用无损检测。

①混凝土抗压强度检测

我国现存的旧工业建筑大多是 20 世纪 60 ~ 70 年代遗留下来的工业建筑，其结构形式大多为混凝土结构，检测的侧重点主要在于保证结构整体的安全性，抗压强度作为反映其安全性能的主要指标，在工程实践中一般采用回弹仪进行数据的测定。采用回弹仪对混凝土抗压强度进行检测时，精确度较低，且测区的选定及样本点数的确定依赖民用建筑的规范，回弹仪检测得出的混凝土抗压强度仅为表层（约 30 mm）的混凝土性能。《回弹法检测混凝土抗压强度技术规程》JGJ/T 23—2011 规定，回弹仪只适用于龄期 14 ~ 1000 d 自然养护的普通混凝土。因此，回弹法不能用于准确反映旧工业建筑混凝土抗压强度的检测。其他检测方法如损伤检测法中钻芯法、拔出法等，对旧工业建筑承重部位造成损坏，影响外观的美观，对旧工业建筑的旧址保存不利，因此也不适用于旧工业建筑混凝土结构抗压强度检测。而单独使用超声法，可以较为准确地反映混凝土内部质量缺陷问题，但在旧工业建筑中大体积混凝土浇筑为数极少，该检测方法的经济性、适用性不佳，且单独使用时分析数据离散程度大、不易形成检测报告。因此采用超声回弹综合法，可以互相弥补不足之处，消去一些影响因素的干扰，如超声法较多地反映工程内部的质量情况，而回弹法则只较多地反映表层及使用年代不长的混凝土的质量情况，两种方法的结合使用就能比较全面地说明混凝土整体的质量情况，其检测步骤如下。

a. 分别运用超声法和回弹法对每一个测区混凝土的性能进行检测，收集数据。对参数的要求如每个检测区域的位置、数量、检测样本点数和合格标准，与超声法、回弹法单独采用时相同。

b. 根据检测数据，用基准曲线求得测区混凝土强度值，资料充足时，计算依据为地区专用曲线。鉴于旧工业建筑设计年代久远，工程资料不完备，一般情况下以全通用曲线为依据，按混凝土配合比确定时粗骨料类型为卵石和碎石分别进行回归分析，从而得出基准曲线方程。

$$\text{粗骨料为卵石：} f_{cu,\ i} = 0.0038 v^{1.28} N^{1.95}$$

$$\text{粗骨料为碎石：} f_{cu,\ i} = 0.0080 v^{1.72} N^{1.57}$$

式中：$f_{cu,\ i}$——检测部位混凝土强度值，N/mm^2；

v——检测部位混凝土声速平均值，km/s；

N——检测部位混凝土回弹平均值。

②混凝土碳化深度检测

混凝土碳化是指在正常使用过程中，混凝土表层的 $Ca(OH)_2$ 与空气中的 CO_2 缓慢发生反应，生成碳酸盐和其他物质，导致混凝土强度降低。它受水泥种类、水灰比等多种因素的影响，是钢筋锈蚀的主要原因之一。旧工业建筑在设计时，基于当时的规范要求，对混凝土保护层的取值不准确；施工过程中受施工技术、水泥品种、骨料级配和水灰比控制，养护质量等因素影响；在使用过程中受到高温和挥发性、腐蚀性气体影响，加速破坏了表层混凝土，使钢筋裸露发生锈蚀。在每次用设备检测和采集混凝土强度性能数据后，及时测定该部位的碳化深度。

③混凝土构件使用可靠性检测

西安建筑科技大学华清学院改造前原为陕西钢铁厂，其原 6 号轧钢车间旧工业建筑委托西安建筑科技大学建（构）筑物检测鉴定站进行使用可靠性检测，经加固改造成为 2 层的商业办公区。旧工业建筑的混凝土性能可分成力学性能、工作性能、耐久性能、体积稳定性能和经济性能等。其使用可靠性检测项目主要分为混凝土耐久性破坏，屋面漏水，非承重墙体严重风化、裂缝，构件不满足承载力要求，构件腐蚀等。混凝土构件使用可靠性常见问题如表 3.3 所示。

混凝土构件使用可靠性常见问题及修复措施　　表 3.3

常见问题	所占比例	修复措施
混凝土耐久性破坏	59%	清理疏松的混凝土层和钢筋锈层后用修补砂浆修复，进行耐久性处理；严重部位进行外包钢加固
屋面漏水	47%	修补屋面防水开裂部位，完善挡风架与屋面交接处防水层构造措施
非承重墙体严重风化、裂缝	44%	局部修复开裂、风化墙体，严重部位的根部注浆修补或表面增设钢筋网，加强整体性
构件不满足承载力要求	37%	粘贴碳纤维加固或贴焊型钢加固，梁柱可进行外包钢或增大截面加固
构件腐蚀	22%	涂防锈漆，重要部位贴焊型钢加固

旧工业建筑混凝土构件由于使用条件及外部环境的特殊性，一般情况下处于带裂缝工作状态，为避免裂缝的扩展和危害结构安全裂缝的出现，应定期由检测人员对裂缝进行现场测定，对每次记录结果进行整理分析。对旧工业建筑中混凝土表面裂缝的常规检测，应检查其位置、形状、长度、裂缝宽度和裂缝数量。

对于有历史文化价值的旧工业建筑，检测时不能对其结构本身以及各组成构件造成损害，需真实准确反映混凝土的工作情况，鉴于部分旧工业建筑在使用中受到火灾、化学腐蚀、高温腐蚀、地震等损伤，必须全面科学地反映混凝土裂缝发展及内部缺陷。对旧工业建筑裂缝的检测，一般采用超声法中的平测法。该方法对各种材料穿透力强，针对旧工业建筑使用材料发生老化，检测部位选取受限于结构构造，平测法可以弥补其他检测方法的不足，具有重复性好、灵敏度高、对人体无害、成本低廉的特点，可即时得到探伤结果，其检测方法如下。

a. 用平测法测定表面质量合格的混凝土的声速 v；

b. 在裂缝部位实测得到的声时为 t。

裂缝深度计算公式为 $d_c=\sqrt{(vt)^2-L^2/2}$，计算示意图如图 3.4 所示。

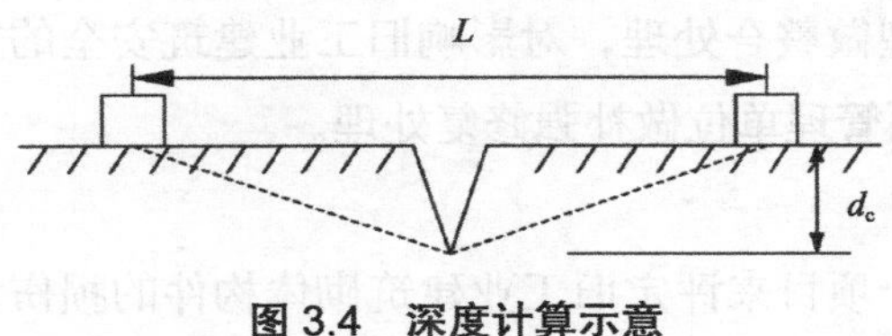

图 3.4　深度计算示意

2）砌体构件检测

旧工业建筑砌体构件可靠性等级评定应从安全性和使用性两方面考虑。旧工业建筑砌体构件的安全性，应从承载力和连接构造两个角度进行检测；其使用性应从砌体构件的裂缝、缺陷损伤和腐蚀三个角度进行检测。

检测之后，应按承载力、连接构造两个项目来评定砌体构件的安全等级，并以其中较低的等级作为构件的安全等级；同样，按腐蚀、损伤、缺陷和裂缝四个项目来评定砌体构件的使用等级，并取其中的较低等级作为构件的使用等级。

①建筑构件连接检测

旧工业建筑砌体构件连接构造的等级评定分为 4 个等级。若墙、柱高厚比在规定允许范围之内，则被评为 a 等级；若墙、柱高厚比超越规范允许范围，但超过部分不大于允许值的 10%，则被评为 b 等级；若墙、柱高厚比超越规范允许范围，但超过部分不大于允许值的 20%，则被评为 c 等级。砌体构件墙、柱高厚比范围如表 3.4 所示。

砌体墙、柱高厚比范围　　表 3.4

砂浆类别	砌体墙允许的高厚比	砌体柱允许的高厚比
M2.5	22	15
M5.0	24	16
≥ M7.5	26	17

②砌体抗压强度检测

对旧工业建筑有一定的特殊要求，可采用平顶检测法。在水平砌筑砂浆接缝处做适当修补开挖，接入水平千斤顶。计算依据为应力释放和恢复原理的结合运用。设备接入后，由检测人员对压缩应力和弹性模量进行测量，并通过测量的压缩强度结合实际工程需要进一步确定砌体的抗压强度。

③砌体砂浆强度检测

考虑到对旧工业建筑进行检测时要求充分保护原有结构，加之砂浆使用时间较长，采用无损检测中的贯入法可以满足检测要求。在原位进行测定时，对灰缝不同程度的损坏进行记录，破坏严重部位，应及时拍照存档。对整个旧工业建筑各测定部位砂浆强度数据收集后，依构件类型做整合处理，对影响旧工业建筑安全的重要检测部位，若鉴定结果不合格应及时联系原管理单位做补强修复处理。

④损伤和缺陷检测

应按损伤和缺陷两个项目来评定旧工业建筑砌体构件的损伤和缺陷等级，并以较低等级作为构件损伤和缺陷等级。在旧工业建筑损伤等级评定中，若砌体构件没有受到损伤，则评为a等级；若受到较小程度的损伤，对正常使用影响不大，则评为b等级；若损伤严重，显著影响砌体构件的正常使用，则评为c等级。在旧工业建筑的缺陷等级评定中，评为a等级的要求为砌体构件没有缺陷；评为b等级的要求是缺陷不显著，对正常使用影响不大；评为c等级的要求是缺陷较严重，显著影响砌体构件的正常使用。

⑤腐蚀检测

由于构成材料不同，导致旧工业建筑砌体构件腐蚀等级检测评定有所差别，砌体构件腐蚀等级以钢筋、块材和砂浆等级评定中的较低者为准，相应的评定标准如表3.5所示。

砌体构件腐蚀等级 表3.5

构件材料类别	腐蚀等级		
	a等级	b等级	c等级
钢筋	没有腐蚀	仅有轻微腐蚀，且钢筋腐蚀的面积占总截面面积的百分比不超过5%	钢筋腐蚀面积占总截面面积的百分比超过5%
块材	没有腐蚀	轻微腐蚀，且块材被腐蚀的最大深度≤ 5mm	严重腐蚀，且块材被腐蚀的最大深度＞ 5mm
砂浆	没有腐蚀	轻微腐蚀，且砂浆被腐蚀的最大深度≤ 10mm	严重腐蚀，且砂浆被腐蚀的最大深度＞ 10mm

3）钢构件检测

在排架结构和框架结构中，钢构件的锈蚀是一个较常见的质量问题，尤其是在排架结构的旧工业建筑中，钢构件的锈蚀比例高达66%，而在门式刚架结构中几乎所有钢构件都存在锈蚀问题[5]。在冶金和化工旧工业建筑中，由于腐蚀性气体介质较多，加上环境比较潮湿，对钢构件有很强的腐蚀作用，但由于结构形式和主要承重材料不一样，钢构件锈蚀对结构整体性也有不一样的影响，因而在旧工业建筑改造中应区别对待。

脆性破坏、疲劳破坏、失稳破坏和强度破坏是钢结构破坏的主要形式。连接失效的形式有：焊接的部位未连接上和螺栓部位未有效连接（a．螺杆弯曲变形破坏；b．端孔剪切破坏；c．连接截面破坏；d．孔壁挤压破坏；e．螺杆剪切破坏）。按照承载力（包括构造与连接）项目来评定钢构件的安全性等级，其中构件的安全性等级以最低等级为准。

①承载力检测技术标准

旧工业建筑的排架或桁架结构屋面支撑体系为钢构件，其承载力等级评定同混凝土和砌体构件一样，是由$R/\gamma_0 S$来评定的[6]。在旧工业建筑的关键构件及其连接中，当

$R/\gamma_0S<0.90$，则该构件的安全等级为 d 等级；当 $0.90 \leqslant R/\gamma_0S <0.95$，则该构件的安全等级为 c 等级；当 $0.95 \leqslant R/\gamma_0S <1.00$，则该构件的安全等级为 b 等级；当 $R/\gamma_0S \geqslant 1.0$，则该构件的安全等级为 a 等级。在旧工业建筑的非关键构件中，当 $R/\gamma_0S <0.87$，则该构件的安全等级为 d 等级；当 $0.87 \leqslant R/\gamma_0S<0.92$，则该构件的安全等级为 c 等级；当 $0.92 \leqslant R/\gamma_0S <1.00$，则该构件的安全等级为 b 等级；当 $R/\gamma_0S \geqslant 1.0$，则该构件的安全等级为 a 等级。在计算钢构件抗力的过程中，应将构件的材料性能和结构构造考虑在内，以及考虑缺陷损伤、过大变形、偏差和腐蚀带来的影响。

②使用性检测

钢构件使用性检测的内容主要为变形、偏差、一般构造和腐蚀，取每部分评定中的最低等级为钢构件最终等级。

③变形检测

内力或外力两种荷载作用下使钢构件产生挠度变形，其评定等级分为 a、b、c 三个等级。其中 a 等级要求满足国家现行相关设计规范和设计要求；b 等级即超过 a 等级要求，对钢构件的正常使用没有明显影响；c 等级对钢构件的正常使用存在显著影响。

4）监测系统组成和总体架构

对大型旧工业建筑进行局部损伤检测是一项耗费人力、物力、财力的复杂工作，而且仅仅依靠偶尔地检测不能够及时获得结构损伤信息，也难以确定旧工业建筑整体结构的性能退化，所以旧工业建筑结构监测技术应运而生。结构监测技术不只是传统结构检测技术的简单改进，而是要发展一种最小人工干预的、结构健康状态在线实时连续监测、检查与损伤诊断的自动化系统，能够通过物联网自动报告结构所处的状态。结构监测技术能够解决传统检测技术的弊端，尤其在旧工业建筑运维阶段具有众多的优势，具体如下：

①能够 24 小时监测结构状态并提供预警，节省检测和运行费用；

②监测获得客观的数据，避免人为因素的主观干扰，从而减少误差和停工时间；

③通过仪器自动测量，得出可靠的结果；

④获得可靠准确的监测数据，确保旧工业建筑具有较高的运维效率和较低的运行费用。

应用传感技术和通信技术，旧工业建筑结构监测系统对旧工业建筑的环境参数及其自身结构参数进行监测。运用监测技术对旧工业建筑结构的研究，避免因旧工业建筑的结构破坏而造成人身安全等事故，降低后期的维修和加固成本，这对旧工业建筑运维有着重要的意义。

旧工业建筑结构在烧结、冶炼、铸造和选矿等生产环境下，受到高温、重载和腐蚀等多重作用下，主要监测的内容包括对结构应力参数的监测、旧工业建筑服役所处环境监测、旧工业建筑结构构件损伤状态（如结构裂缝发展状况）监测、对旧工业建筑混凝土构件耐久性影响因素（如工业排架柱混凝土碳化深度、混凝土抗压强度等参数）的监测。

监测旧工业建筑结构耐久性的基本程序：首先，旧工业建筑在不同环境下的服役状态通过传感器进行监测，并将采集的结构耐久性数据传输到管理服务器及大数据平台；然后，将所采集的参数数据运用相应的旧工业建筑结构模型进行分析，智能诊断旧工业建筑结构耐久性的具体损伤位置和程度等情况；最终，通过分析诊断旧工业建筑在运维过程中的承载能力、结构耐久性以及可靠性等结果，实现旧工业建筑结构耐久性监测的目的。因而无线传感检测部分、无线通信部分以及旧工业建筑结构耐久性分析与评估系统为旧工业建筑结构监测系统的三大部分（图 3.5）。

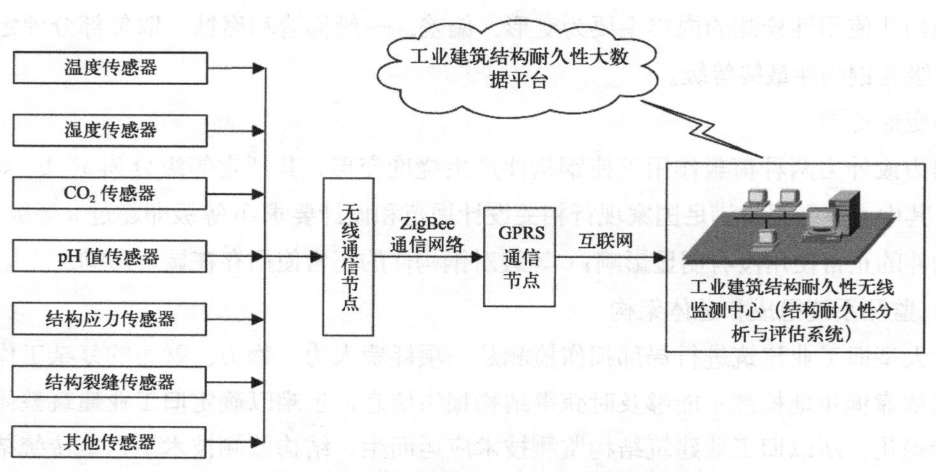

图 3.5 旧工业建筑结构监测系统总体架构

3.2.2 安全评定

根据《民用建筑可靠性鉴定标准》GB 50292—2015，结构可靠性评定包括安全性评定和使用性评定。对旧工业建筑再生利用使用运行阶段的可靠性评定，同样分为安全性评定和使用性评定。一般来说，旧工业建筑再生利用项目运行中需要进行结构的可靠性评定（表 3.6）。

旧工业建筑可靠性评定的适用范围　　表 3.6

评定类别	适用范围
安全性	建筑物改造前的安全检测
	需要延长使用期的安全检查
	使用性评定中发现的安全问题
	危房鉴定及各种应急评定
使用性	建筑物日常运行的检查
	建筑物使用功能的评定

续表

评定类别	适用范围
使用性	建筑物有特殊使用要求的专项评定
可靠性	建筑物大修前的全面检查
	重要建筑物的定期检查
	建筑物改变用途或使用条件的评定
	建筑物超过设计基准期继续使用的评定
	为制定建筑物群维修改造规划而进行的普查

（1）结构安全事故分析

在役旧工业建筑的结构安全自始至终都处于一个变化的状态，从建筑安全管理的角度，其事故性质可分为突发性和渐发性。其中，渐发性事故是由于人为管理、维修不善造成的，大致包括结构耐久性破坏、结构超载、设计改造不当和爆炸火灾四类。企业通过综合考虑旧工业建筑实际使用情况，设立专门的检测、维护部门，加强结构监测管理，提高检测维护人员的技术水平，可以减少结构失检、误判引发的安全事故，从而预防渐发性事故的发生。

根据国家工业建筑诊断与改造工程技术研究中心资料，仅以钢铁行业事故统计资料为例，1958—2000 年钢铁厂倒塌事故共发生 51 例，其中灾害倒塌 7 例（唐山地震），占比 14%；人为错误 44 例，占比 86%。在人为错误中，积灰超载 21 例，占比 41%；设计改造不当 6 例，占比 12%；结构耐久性破坏 12 例，占比 24%；爆炸、火灾等非自然灾害 5 例，占比 10%。从这些数据可以看出，由于检测、维护不善（积灰荷载属于日常管理维修范畴）造成的旧工业建筑倒塌事故约占总数的一半。

（2）结构使用性评定

旧工业建筑再生利用使用运行阶段结构的使用性评定，是在位移（变形）、裂缝、锈蚀（腐蚀）、风化（粉化）等检测的基础上，依据相应的评定标准和方法，按照构件、子单元和鉴定单元三个层次，各层分级并逐步进行使用性评定，其具体评级标准如表 3.7 所示。每一层分为三个使用等级，按检查项目和步骤，从第一层开始，分层进行。

（3）结构抗震性能评定

旧工业建筑再生利用过程中，内部空间和外部装饰的设计不同，其在检测过程中的侧重点会随着设计而不同。对于需要拆除的构件，应侧重于检测构件拆除时产生的震动对相邻构件的扰动效应，包括与相邻构件的连接方式以及对结构整体承载力和抗震稳定性的影响。对原有构件的剩余寿命如何检测和评估，如何使得加固部分的使用寿命与原结构相匹配，都值得我们做进一步的抗震性能评估研究。抗震性能评定分为两级。第一级评定应以宏观控制和构造鉴定为主进行综合评价，第二级评定应以抗震验算为主结合构造影响进行综合评价。

旧工业建筑再生利用运行阶段的结构使用性评级标准　　表 3.7

层次	评定对象	等级	评级标准	处理要求
一	单个构件或其检查项目	a_s	使用性符合鉴定标准对 a_s 级的要求，具有正常的使用功能	不必采取措施
		b_s	使用性略低于鉴定标准对 a_s 级的要求，显著影响使用功能	可不采取措施
		c_s	使用性不符合鉴定标准对 a_s 级的要求，显著影响使用功能	应采取措施
二	子单元或其中某种构件集	A_s	使用性符合鉴定标准对 A_s 级的要求，不影响整体使用功能	可能有极少数一般构件应采取措施
		B_s	使用性略低于鉴定标准对 A_s 级的要求，尚不显著影响整体使用功能	可能有极少数构件应采取措施
		C_s	使用性不符合鉴定标准对 A_s 级的要求，显著影响整体使用功能	应采取措施
三	评定单元	A_{ss}	使用性符合鉴定标准对 A_{ss} 级的要求，不影响整体使用功能	可能有极少数一般构件应采取措施
		B_{ss}	使用性略低于鉴定标准对 A_{ss} 级的要求，尚不显著影响整体使用功能	可能有极少数构件应采取措施
		C_{ss}	使用性不符合鉴定标准对 A_{ss} 级的要求，显著影响整体使用功能	应采取措施

注：表中鉴定标准为《民用建筑可靠性鉴定标准》GB 50292—2015。

3.2.3 加固修复

旧工业建筑骨架是由柱、梁、框架和支撑等相互联系而成的空间稳定结构，承受并向基础传递所有荷载和外部作用，但在设计时常将旧工业建筑骨架分解为平面体系，即旧工业建筑横向框架和纵向结构两个相互独立的体系[7]。

（1）基础缺陷致因分析

1）旧工业建筑由于勘察、设计、施工或使用不当，造成既有建筑开裂、倾斜或损坏，而需要进行基础加固。这在软土地基、湿陷性黄土地基、人工填土地基、膨胀土地基和土岩组合地基中较为常见。

2）因改变原建筑使用要求或使用功能，如增层、增加荷载、改建、扩建等，而需要进行基础加固。其中办公楼常以增层改造为主，因一般需要增加的层数较多，故常采用外套结构增层的方式，增层荷载由独立于原结构的新设的梁、柱，传递给原来的基础；旧工业建筑如博物馆、教学楼等为了改善使用功能和增加使用面积，而进行增层、改建或扩建改造等，对原有基础增加额外的负担。

3）因周围环境改变，大致有以下几种情况：①上面的旧工业建筑可能受地下工程施工的影响；②周围的工程施工对旧工业建筑的基础产生影响；③旧工业建筑受到深基坑开挖的影响。

（2）基础加固原则

1）当建筑物地基下有新建地下托换工程时，应尽快将荷载传递到新建的托换工程上，使建筑物基础沉降获得稳定。

2）基础加固工程一般应分区、分段进行，任何情况下，都应是在一部分被加固后，方可进行另一端的加固施工，加固范围内应采取由小到大、逐步扩大的原则进行施工。

3）基础加固是一项难度大、技术性强的工作，实施前、实施过程中及实施后均要做好各项工程技术监测，其内容包括：设置基准点、埋设观测标志、沿裂缝位置标出裂缝开展日期、准备观测仪器、对建筑物沉降和倾斜做好定期观测等。这些监测内容是评定加固工程质量、判断加固方案及加固效果正确与否的基本依据。

4）对旧工业建筑上部结构的病因进行认真细致的分析是十分重要的，需制定出具体、经济、合理、切合实际的基础加固方案，以便对症下药，采取可靠的加固技术措施。

（3）基础加固施工技术分类

现有旧工业建筑基础加固改造技术中，粘钢、粘碳纤维、增大截面、体外预应力和包角钢等技术应用较为广泛，在办公楼改造、住宅改造中应用较多。基础加固施工技术按其原理分为加固、托换、加深三种方式[8]。其中，旧工业建筑基础加固施工方法，主要有基础灌浆法、加大基础底面积法、基础减压法和加强刚度法；旧工业建筑基础托换施工方法，主要有锚杆静压桩法、坑式静压桩法、树根桩法、灌注桩法、自承静压桩法、石灰桩法和预压桩法[9]。基础加固的一般流程如图 3.6 所示。

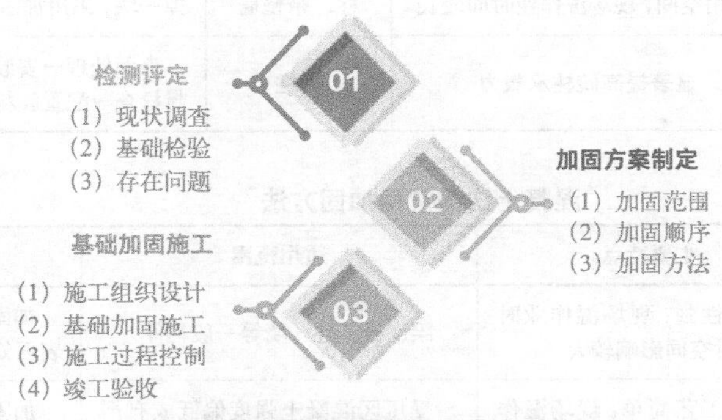

图 3.6　基础加固施工一般流程

（4）结构加固对策

1）屋面板、屋架、支撑体系轻微锈蚀，应除锈并重新涂防锈漆和防火涂层，重要部位贴焊型钢加固，更换陈旧的落水管，修复室外散水。

2）旧工业建筑结构排架柱局部破损，不影响现有结构的安全使用；排架柱混凝土碳化深度较大，达到纵筋表面，需针对其耐久性进行修复。

3）对柱牛腿面损伤的钢筋混凝土进行针对耐久性的补强修复；对于尚未拆除的管道

支撑，保留竖杆且不破坏墙柱拉结筋（仅拆除斜杆）。

4）拆除旧工业建筑纵向两侧及中间处砌筑的无可靠连接短墙，此处做消防通道使用，并做上柱支撑。修复开裂、风化墙体，严重部位采用根部注浆修补或表面增设钢筋网，加强整体性，加固墙柱连接处。

5）对屋架支撑杆件和支座锈蚀处除锈并做结构补强，针对钢筋混凝土耐久性进行补强修复。

（5）结构加固施工

施工前，应保证需要拆除和清理的设备、废旧构件等已经清除完毕；施工过程中，应充分做好各项准备工作，做到速战速决，减少或避免因施工带来的意外情况，严格按照施工方案和施工组织设计组织施工，并做好各环节的质量控制和验收工作。砌体结构、混凝土结构的常用加固方法如表 3.8、表 3.9 所示。

砌体结构常用加固方法 **表 3.8**

加固方法	主要特点	适用范围	施工要点
扶壁柱加固法	工艺简单，适应性强；提高的承载力有限；影响使用空间，现场湿作业时间较长	非抗震地区的柱、带壁墙	加固前卸载；在加固部位增设混凝土柱，并与原构件可靠连接
钢筋水泥砂浆法（钢筋网砂浆法）	工艺简单，适应性强；提高的承载力有限；影响使用空间，现场湿作业时间较长	墙体承载力、刚度及抗剪强度不够	加固前卸载，剔除砖墙表面层，铺设钢筋网，喷射混凝土砂浆或细石混凝土
增大截面加固法	工艺简单，适应性强；提高的承载力有限；影响使用空间，现场湿作业时间较长	受弯较大的柱、带壁墙	砌体表面处理——将砌体角部每隔 5 皮打掉一块；采用加固措施保证两者协同作用
注浆、注结构胶法	工艺简单，显著提高砖柱承载力	砖柱	表面处理→安装灌浆嘴排气口→封缝→密封检查→配置胶料→压力灌注→封口→检验

混凝土结构常用加固方法 **表 3.9**

加固方法	主要特点	适用范围	施工要点
增大截面加固法	适应性强；现场湿作业时间长；对空间影响较大	梁、板、柱、墙等一般构件	加固前的卸载处理；连接处的表面处理；新增层施工
置换混凝土加固法	施工工艺简单；现场湿作业时间长；对空间影响较大	受压区混凝土强度偏低或有严重缺陷的梁、柱等构件	加固前卸载处理；去薄弱混凝土层及表面处理；浇筑新层
外包钢法（干式与湿式）	施工工艺简单，受力可靠；现场作业时间短；对空间影响较小；用钢量较大	受空间限制的构件且需大幅提高承载力的混凝土构件；无防护的情况下，环境温度不宜高于 60℃	加固前的卸载处理；安装型钢构件；填缝处理
预应力法	有效降低构件的应力；提高结构整体承载力、刚度及抗裂性；对空间的影响较小	大跨度或重型结构的加固；处于高应力、高应变状态下的混凝土构件的加固；无防护的情况下，环境温度不宜高于 60℃；不宜用于混凝土收缩徐变大的结构	在需加固的受拉区段外面补加预应力筋；张拉预应力筋，并将其锚固在梁（板）的两端

续表

加固方法	主要特点	适用范围	施工要点
增设支点加固法	通过增设支撑体系或剪力墙增加结构的刚度，改变结构的刚度比值，调整原结构的内力，改善结构构件的受力状况	用于增强单层旧工业建筑或多层框架的空间刚度，提高抗震能力	通过力学分析，增设相应构件，改变结构的刚度，调整内力，从而起到加固作用
粘钢（碳纤维）法	施工工艺简单，快速；现场无湿作业或仅有抹灰等少量湿作业；对空间无影响	承受静力作用且处于正常湿度环境中的受弯或受拉构件的加固	被粘混凝土和钢板表面的处理；卸载、涂胶粘剂、粘贴及固化
改变结构传力途径法	施工工艺简单；能有效降低构件的应力；能减少构件变形	净空不受限的梁、板、桁架等构件	确定有效传力途径；增设支承

3.2.4 应急预案

（1）灾害事故因子

1）自然灾害

旧工业建筑灾害事故危机因子是旧工业建筑所处区域、环境与周边发生灾害事故对建筑产生破坏，诱发危机的因素。因为旧工业建筑具有不同和特殊的灾害事故危机因子，所以需要从自然灾害和突发事故两个方面研究旧工业建筑灾害事故安全因子，全面概括危机因子。针对旧工业建筑危机因素分析，主要考虑地震、水灾、雪灾、风灾等因素。

严重破坏旧工业建筑的灾害事故危机因子主要为地震灾害。比如，1976 年震惊中外的唐山大地震，使大型的工业城市瞬间变成了一片废墟，严重摧毁了大量工业建筑。大地震来临时，迅速摧毁了唐山机车车辆厂铸造车间，现在倒塌的工业建筑被作为地震遗址，如图 3-7（a）、（b）所示。再如，四川、甘肃、陕西等省的 17923 家工业企业受到 2008 年汶川大地震灾害的影响，其中近 3000 家企业严重受灾。受灾情况最为严重的省份是四川省，大地震不同程度地破坏了该省电子信息产业、制造业及矿产业等行业的工业建筑。其中的典型代表是四川省绵竹市汉旺镇的东方汽轮机厂，该厂大部分工业建筑损失惨重。为纪念汶川大地震，在其原址建立了汉旺地震工业遗址，如图 3.7（c）、（d）所示。

（a）唐山机车车辆厂铸造车间

（b）唐山机车车辆厂地震遗址

图 3.7　震灾后的工业建筑现状（一）

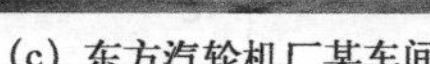
(c) 东方汽轮机厂某车间

(d) 震后的东方汽轮机厂

图 3.7　震灾后的工业建筑现状（二）

我国还有大量工业企业受 2005 年烟台大雪、2008 年南方大雪的不利影响，导致工业建筑受损严重。特别是那些设计建造年代较久远的旧工业建筑，其建筑结构安全性较低。2013 年 11 月黑龙江省牡丹江市一处 20 世纪 80 年代的旧工业建筑在暴雪中发生坍塌，造成 9 人死亡，如图 3.8 所示。

(a) 牡丹江市一处 20 世纪 80 年代旧工业建筑

(b) 楼顶坍塌

图 3.8　雪灾后的旧工业建筑现状

2）突发事故

爆炸、袭击和火灾是旧工业建筑事故因子的主要组成部分，其中旧工业建筑突发事故中较为常见的是火灾、爆炸事故，它们在旧工业建筑事故中发生频率较高。通过查询应急管理部网站，分类汇总统计了 2001 年至 2013 年的旧工业建筑安全事故。结果显示，在总共 78 次造成人员伤亡的事故中，有 25 次是因火灾、爆炸引起的事故，占总事故的 32%。突发事故中还包括了像传染病流行、恐怖袭击等公共卫生事件和社会安全事件。

(2) 应急预案机理

旧工业建筑突发集群事件的应急管理中的主体指的是处理突发集群事件的旧工业建筑应急人员、国家政府的各级组织和机构。应急预警和应急处置的第一响应者为旧工业建筑应急人员，从细微层面来看，旧工业建筑应急人员的应急能力直接影响到最终的应急效果，因此，旧工业建筑应急人员能够直接参与到应急救援当中，为旧工业建筑的应急处置发挥巨大的作用。国家政府的各级组织和机构在宏观上对危害事故的应急管理提供指导方针和应急原则。应急管理的主体按照地域级别可分为：国际应急机构、国家政府应急机构、各省市县等地区级应急组织和旧工业建筑应急人员。

从旧工业建筑运维的细节之处考虑，旧工业建筑管理人员、后勤人员和保安人员组成了旧工业建筑应急人员，是旧工业建筑运维当中的应急预警和应急处置的重要主体。旧工业建筑的应急集群具有突发性和紧迫性、扩散性和多范畴性、非常规性和危害性、不确定性和信息匮乏等特点。相应地，旧工业建筑应急集群的应急管理具有及时性、协调性、非程序性和高风险等特点，其应急预案机制是应急预案的主要运行规律，其机制分析是集群应急预案分析的基础。对政府而言，主要是在一个层面上识别问题的重要性，并采用分级管理模式，以决定紧急救援行动是否只依赖旧工业楼宇的紧急应变能力，以及是否需要政府紧急救援支援。

对旧工业建筑而言，不论安全事故程度如何，旧工业建筑的内部管理人员都是主要的应急人员和第一反应人员。旧工业建筑的应急人员应当参加应急救援，应急能力将影响最终结果。因此，加强旧工业建筑内部应急集群的应急管理，是保证旧工业建筑安全的内在要求和外部社会责任。

(3) 组织机构

应急救援系统是应急救援能否成功最为关键的部分，也是应急系统重要的组成框架。能否设置合理的应急救援组织结构，直接关系到能否有效和高效地应急救援。将旧工业建筑物火灾应急救援系统的组织结构分为应急指挥机构、事故现场指挥机构、支持保障机构、媒体机构和信息管理机构五个机构。为形成整体快速、高效的运行系统，各机构要不断调整运行状态，协调关系，如表3.10所示。

应急救援组织结构及功能　　表3.10

	机构	机构的主要功能
应急救援组织	应急指挥机构	整个系统的中心，负责协调事故应急期间各个机构的运作，统筹安排整个应急行动，保证行动快速、有序、有效地进行，避免因行动紊乱造成不必要的事故损失
	事故现场指挥机构	负责事故现场应急的指挥工作，进行应急任务分配和人员调度，有效利用各种应急资源，保证在最短时间内完成对事故现场的应急行动
	支持保障机构	应急的后方力量，提供应急物资、人员支持、技术支持和医疗支持，全方位保证应急顺利
	媒体机构	负责与新闻媒体机构接触，处理一切与媒体报道、采访、新闻发布等相关事务，保证事故报道的可信性和真实性，对事故单位、政府部门及公众负责
	信息管理机构	负责系统所需要的一切信息的管理，提供各种信息服务，在计算机和网络技术的支持下，实现信息利用的快捷性和资源共享，为应急工作服务

（4）应急预案的编制

以火灾为例，编制有效的应急救援预案，可为后期迅速、有效、有序地开展应急行动打下坚实的基础，可以大大降低火灾造成的人身、财产和环境损失。为了更有效地分析和建立危机策略应对模式，依据危机策略全寿命周期，将危机策略分为预防、响应、恢复三个阶段，在每个阶段都提出了预案体系的内容和应对的策略，如表 3.11 所示。

应急预案的内容 表 3.11

章	节	主要内容及要求
总则	火灾分级	按生命和财产损失，火灾事故的严重性和紧急程度分级
	适用范围	旧工业建筑物火灾
架构	组织机构与职责	建筑物单位、地区应急组织机构
预防预警	火灾事故源	旧工业建筑物的基本信息：自然概况、地理位置、建筑物平面图、周围情况，潜在火灾事故源的名称、位置，可能发生事故的时空特点
	预防	潜在火灾源的相应的应急应对措施；火灾检测系统；对潜在火灾源的提前处理
	预警及措施	规定预案级别及分级响应条件；规定应急状态下的报警、通信联络方式
应急响应	应急响应的程序	应急响应程序方框图
	指挥与协调	协调各级、各专业应急组织实施应急支援工作；界定事故现场、邻近区域、控制防火区域
	安全防护	应急人员的防护；事故现场受影响人员的撤离组织计划和救护
	应急终止	规定应急状态终止程序；事故现场善后处理、恢复措施；邻近区域解除事故警戒
应急保障	通信保障	应急状态下各组织之间的通信方式
	技术保障	各专家组的基本情况
	宣传、培训和演练	对建筑物人员开展公众教育、培训和发布相关消息

（5）应急预案运行

对一个系统的整个过程而言，旧工业建筑突发集群事件是一个随机离散事件，旧工业建筑集群事件的应急管理过程是一个与时间相关的系统过程，因为集群事件的演化过程是一个非线性系统，因此我们对应急集群的应急方案进行了分段线性处理。这一阶段的线性处理分为四个阶段：事件发生前的应急准备阶段、事件开始时的监测预警阶段、事件发生时的应急处理阶段、事件发生后的应急管理阶段。

旧工业建筑突发集群事件监测预警技术，能准确、灵敏地揭示风险前兆，并能够及时给应急管理部门提供警示信息，是对突发集群事件的风险源进行识别判断的过程。监测和预警机制的职能是提供前瞻性反馈、预先预防和及时安排，并尽量减少突发集群事件造成的损失。监测预警机制是旧工业建筑突发集群事件应急管理运行机制的一个最初环节，也是一个最重要环节，对于突发集群事件的处置起着关键的作用。通过连续的监测和识别危机风险源、征兆来进行有效的监测预警，尽力将察觉到的危险向旧工业建筑内部人员发出警报，提醒旧工业建筑内相关人员及时采取应急措施，从而避免损失严重，以最低代价化解危机，具有成本低、收效大的特点。

以火灾为例，当旧工业建筑物发生火灾时，由建筑物信息管理机构接收警报信息，根据火灾的大小确定是否有必要向上级部门报告。如果灾害情况符合一定要求，应立即向上级部门报告，说明火灾的规模状况和可能发展的趋势。上级部门接到通知后，应当立即通知消防部门，成立事故现场指挥机构，在最短的时间内赶到事故现场指挥救援。事故现场指挥机构可以根据现场情况，决定是否向事故现场的应急响应工作调用应急支持机构所需的人员和物资，并在旧工业建筑日常运维管理中，加强对旧工业建筑物火灾的应急响应演练。以建筑物内人员疏散为重点，是旧工业建筑日常运维必须执行的管理任务。特别是在涉及多个部门的应急行动中，必须从这些行动中吸取经验教训，将责任分配落实，并促进各方之间的协调，以便使为应对危机而采取的策略更加有效。

3.3　旧工业建筑再生利用项目能耗管理

3.3.1　能耗检测

(1) 建筑能耗的构成

广义的建筑能耗包括建筑材料制造、建筑施工和建筑运行的全过程能耗，建筑运行能耗在建筑总能耗中占比很大，一般建筑运行能耗与建筑材料制造和建筑施工能耗之比约为 8 : 2 ～ 9 : 1。本章中的旧工业建筑能耗仅指建筑运行能耗，包括维持建筑内环境（如供暖、空调、通风和照明等）和各类建筑内活动（如办公、炊事等）的能耗（如表 3.12 所示）。

建筑运行能耗各部分所占的比例　　表 3.12

建筑运行能耗的构成	采暖空调	热水供应	设备运行	炊事
各部分所占比例	65%	15%	14%	6%

(2) 建筑能耗的主要影响因素

旧工业建筑能耗通常受到六方面因素的影响，分别是：室外气候、建筑围护结构、建筑供热采暖系统、建筑运行维护、建筑使用强度和人员行为模式。

1) 室外气候

室外气候因素，如气压、空气温度、空气湿度、太阳辐射、风向风速、降水降雪等均对旧工业建筑能耗产生影响。室外气候特征直接决定了本地区或本区域旧工业建筑能耗的高低，属于自然因素，一般情况下很难人为改变。

2）建筑围护结构

围护结构的热工性能是影响旧工业建筑能耗的重要内在因素。围护结构的传热耗热量约占 70% ~ 80%。因此，围护结构热工性能的改善是旧工业建筑节能改造的重中之重。

3）建筑供热采暖系统

锅炉运行效率和室外管网输送效率决定了供热采暖系统的效率，供热采暖系统的效率又决定了建筑物的终端得热量。因此，提高锅炉运行效率和室外管网输送效率可以增加建筑物得热，减少建筑能耗，是节能改造的又一重点项目。

4）建筑运行维护

旧工业建筑节能改造所涉及的利益主体如节能服务公司、节能物业管理公司的行为对建筑能耗有很大的影响。因此，应采用科学的管理方法和管理手段对节能改造后的旧工业建筑进行监管，避免产生优良的设计变成伪劣的使用，低碳的设计不能产生低碳的效益等现象。

5）建筑使用强度

建筑物的使用强度受到实际运行时间、设备密度和人员密度三方面因素的影响。建筑运行时间更长，使用人数更多，人均建筑面积更大，设备使用时间更长，必然会造成建筑能耗的变化。

6）人员行为模式

在选定气候分区、设计既定的围护结构节能技术方案、配备既定效率的供热采暖系统后，室外微气候、围护结构热工性能以及供热采暖系统效率 3 个主要的能耗影响因素也就相对稳定下来，短时间内无法改变。但人们在日常工作、生活中的行为模式，例如当室内温度太高时，是选择开窗散热还是调低室内散热器或空调的温度，对旧工业建筑能耗将产生长期的、主观的、动态的影响。因此，提高人们的节能意识，养成良好的行为习惯，并提供技术支持，对旧工业建筑能耗将产生积极的影响。

(3) 建筑能耗检测技术

1）被动式超低能耗建筑检测

被动式超低能耗建筑（又称被动房）是目前提倡的一种全新节能建筑概念，它将多种被动式和可再生能源等技术与建筑融合，是所有消耗的一次能源总和每年不超过 $120kW \cdot h/m^2$ 的房屋（如图 3.9 所示）。被动式超低能耗建筑与常规旧工业建筑相比，在保证较高的室内热舒适和居住品质外，年供暖、供冷需求量显著降低。被动式超低能耗建筑检测一方面是检验各项技术指标是否得以实现的关键环节；另一方面也是被动式超低能耗建筑施工质量把控的必要手段。我国被动式超低能耗建筑吸收了国外认证的先进理念及技术指标，并对具体的技术指标参数值进行因地制宜地探究，但是国内在被动式超低能耗建筑的认证和质量控制方面尚未形成体系。被动式超低能耗建筑是绿色建筑未来的发展方向，因此被动式超低能耗建筑的建设也应记入全生命周期的历程。从项目的决策阶段引入被动式、绿色及生态等理念，到项目的实施阶段注重技术性能指标、气密性指标等具体参数的落实，并做好能耗指标和室内舒适性指标的模拟与预估，最终对项目使用阶段的能耗指标和室内舒适性指标进行检测及评价 [10]。

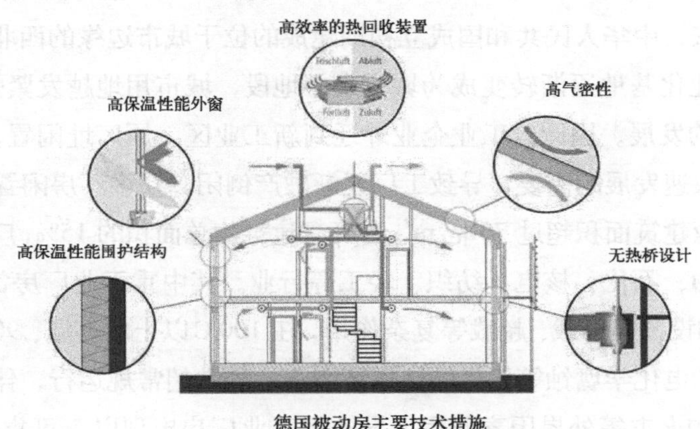

图 3.9　被动式超低能耗建筑

2）主动式建筑能耗检测

主动式建筑能耗检测其基本原理是在被测房间内放置周期变化的加热热源，检测室内升温速率和加热功率的相关性，确定其相关系数，用该系数评价建筑围护结构的隔热性能。这种新检测方法的特点是可以较快地评价建筑整体隔热性能，包括建筑围护结构中诸如热桥等众多因素对建筑隔热性能的影响。但新检测法还是存在些许不完善处：在理论推导中没有考虑到围护结构热容的影响，未考虑被测房间邻室的影响。该方法目前所得的实验结果，还是存在较大的误差，依旧有待在理论上进一步完善，并通过实验进行验证，使其走向真正可以使用的一种测试方法 [11]。

3.3.2　能耗计量与分析

（1）能耗计量

分项计量技术是将旧工业建筑消耗的各类能源按其主要用途划分，并进行数据采集和分析整理的技术，如：某大型旧工业建筑能耗可以划分为空调用电、动力用电、照明用电、特殊用电等分项计量和分析。分项计量技术主要借助详细的现场调研、合理的方案设计，以及精准的计量分析工作，其常见计量装置包括电表、水表、燃气表、热（冷）量表等。

以分项计量数据为基础指导大型旧工业建筑的运行管理和节能诊断，如何保证数据质量是整个过程中的关键问题，数据少或质量差会产生错误的分析结果，导致错误的决策。从技术难度来看，建筑基础信息的收集和能耗数据分项计量是一项技术门槛相对较低的工作，然而在大量的实际工程应用中，分项计量数据质量的问题仍然普遍存在，有的甚至十分严重。另一方面，对能耗计量数据的应用，尚且缺乏全面的认识。概括起来，主要有以下两点问题：

1）旧工业厂房的闲置

城市复兴规划，城市响应“退二进三补公”“腾笼换鸟”等调整政策，后工业时代到来；城镇范围逐步扩张，中华人民共和国成立初期建成的位于城市边缘的西北、东北、华东、华中、华南等工业化基地逐渐转变成为城市中心地段，城市用地越发紧张，这些旧工业建筑阻碍了城市的发展。因此，工业企业外迁到新工业区、原厂址闲置，加上原有技术不能满足生产力快速发展的需要，导致工厂逐渐破产倒闭，众多厂房闲置下来。

我国现存工业建筑面积超过 70 亿 m^2，占既有建筑物总面积的 15%，广泛分布于冶金、机械、煤炭、电力、石化、核电、纺织、轻工等行业。其中重工业厂房常年遭受 400t 以上的重载、吊车和设备等动载、超载等复杂作用，在 100℃以上的高温、90% 以上的高湿、强腐蚀、多介质和电化学腐蚀等恶劣的使用环境下，经常超常规运行，伴随着冻融循环、热胀冷缩、地震和火灾等外界因素作用，导致旧工业厂房出现以下可靠性问题：①砖混结构厂房纵横墙之间连接不可靠，砖墙风化开裂，砂浆粉化饱满度差；②框架结构厂房柱、梁、板钢筋锈胀开裂，混凝土保护层脱落，屋面渗漏；③排架结构厂房屋架、排架柱等受力杆件破损、承载力下降，屋面梁锈胀开裂，支撑体系损伤且残缺不完整，屋面漏雨；④门式刚架轻钢结构厂房钢梁、钢柱防火涂层起皮、脱落，构件锈蚀严重，加上建筑构件维护措施不到位，导致旧工业厂房失去生产功能无法继续用于工业生产而闲置下来。

2）长期数据质量低

旧工业建筑能耗监测系统强调对建筑用能数据的长期监测，特别在使用过程中，不仅要观察近期的动态变化，同时还需要综合分析以往历史的所有数据特点。因此，长期有效地保证数据的高质量，对应用能耗数据进行分析来说至关重要。然而在大量工程实践中，该问题并没有得到足够的重视，从而导致虽然安装了建筑能耗监测系统，但得到的数据依旧不能用。主要表现为以下三种数据质量问题：

①丢失数据

现阶段普遍采用的数据采集系统应用的是总线模式，即数据从每个末端到中央主机，一般要经过物理测量、信号采集、信号变送、网络传输、读取和储存等多层过程。这种信号传输模式遵循串联结构，其中任何一个环节出现问题都会导致信号中断。采集器或者网络物理上的问题导致长期数据中断，很难找回丢失的数据。

②错数数据

累计电耗是电表计量的原始数据，而通常使用的是时间规范化以后的差分结果。有些电表设置的电量记录上限较小，超过上限就会清零重新开始记录。这就导致直接差分逐时电耗会得到极大的负电耗。另一种情况比较普遍，某些支路或子分项的能耗由上级总电耗与其他支路电耗相减作差获得，如果其中任何一路电表记录的数据有问题，都会影响作差的支路的能耗数据，有时还会出现负数，有时又会出现很大的电耗值。

③乱数数据

旧工业建筑中有许多大功率的设备，或重要的租户配备的双路供电。在计量配置过程中，一般只对主力供电支路安装计量电表，备用支路不装表。这就导致当投切到备用支路时，原支路对应的设备电耗突变为零，而在备用支路的上级电表处随即出现了能耗突增。更有甚者，末端系统在使用中调整或改造，原有的主备支路互换，或作其他使用，使得计量数据与最初调研配置的关系不相符。

在采集到原始数据之后，设计一些简单判断条件，对数据的连贯性、突变情况做出更多地判断，针对这些判断及时做出相应的自动修正或报警，就能够及时较好地保障数据质量，有效避免数据长期丢失和错误 [12]。

(2) 能耗分析

1）功能效益分析

旧工业建筑节能改造功能效益主要表现为提升室内热舒适度，改善室内热环境，从而延长旧工业建筑的使用寿命。热舒适度提升也会提高人们身心的愉悦程度，改善人们的生活品质以及健康度，提高人们的学习、工作效率。

2）经济效益分析

①供热成本降低

对热源厂锅炉进行改造，提高锅炉运行效率，减少燃煤量，从而降低供热成本；热源厂循环水泵安装变频装置和改造循环水泵，可提高热转换效率，减少水电用量，从而降低供热成本。

②用户采暖费用降低

对旧工业建筑的外墙、门窗、屋顶改造后，获得良好的保温效果，使建筑能耗降低，冬季室内温度有效提高，用户可以通过散热器供暖支管处的散热器恒温控制阀进行温度控制，减少用热量，从而降低用户采暖费用，同时供热成本降低也会使热力销售价格降低，也就是用户采暖费用降低。

③夏季空调用电费用降低

旧工业建筑进行节能改造后，外墙、门窗、屋顶获得良好的隔热效果，可以有效地阻挡夏季室外热量向室内传递，减少空调的运行时间，从而减少夏季空调用电费用。

3）社会效益分析

①提高用户的环境保护意识

作为能源消费者，室内采暖热计量收费制度中能源消耗量的多少关系到用户的切身利益，使得用户的节约能源和保护环境意识增强，同时，“用多少热、付多少费”的新模式，使用户养成良好的节能行为习惯，同时也为用户按自身需求消费能源产品提供了技术保障，从而引导用户的消费习惯和生活方式向节约高效的方向转变。

②提升区域形象，提高厂区的内在价值

旧工业建筑经过整修、翻新后，既保留了工业建筑特有的历史片段，又焕发出新的活力，延续了建筑的生命，也丰富了城市建筑景观，提高了厂区的内在价值和城市的辨识度。所以，不论是对城市环境、区域环境都会产生良好的社会效益。

③增加就业机会，缓解就业压力

旧工业建筑改造过程中需要大量的规划设计人员、改造人员和管理人员，因此会增加就业机会。旧工业建筑节能改造后功能主要有创意产业园、博物馆、艺术中心、学校、办公室、住宅等，新的使用功能必定增加就业机会，缓解周边地区就业压力，也为原工厂的失业员工提供再就业的机会，降低失业率，保持社会和谐稳定发展。

④带动相关产业的发展

不论是节能建筑的新建还是既有建筑节能改造都将带动相关产业的发展，如节能新产品新技术的研发、机械设备制造业、节能材料业、节能技术咨询业等。

4）环境效益分析

①节约能源

旧工业建筑建设年代久远，设计标准和水平远低于现在，具有能源消耗高、节能潜力大的特点。建筑的使用阶段通常都历时数十年，其能源消耗量巨大，通常占建筑物整个生命周期能量消耗的 80% ~ 90% 以上。对旧工业建筑的围护结构和供热采暖系统进行节能改造，以提高能源使用效率，大幅度减少煤炭、电力等能源的消耗，使稀缺资源得到合理使用，将足够的能源留给子孙后代，实现代际间公平，也符合国家建设资源节约型社会的要求。

②减少有害气体、烟尘颗粒的排放

旧工业建筑节能改造不仅使能源消耗量减少，还可以有效减少燃烧煤产生的二氧化碳（CO_2）、二氧化硫（SO_2）、氮氧化物（NO_x）、烟尘颗粒等有害气体、粉尘的排放量，改善生态环境质量，降低社会治理大气、水、土地污染的费用，降低因污染物排放导致的雾霾、酸雨带来的疾病、死亡和建筑物的损失，提高人们的健康度，也符合国家建设环境友好型社会的要求，响应了节能减排的低碳社会发展目标。节能改造也可避免旧工业建筑拆除过程中产生的大量尘埃和噪声对周围环境的污染，同时降低了治理污染的费用[13]。

3.3.3 围护结构保温隔热

在尊重原有结构的基础上进行方案创新，最大限度地减少拆除重建，减少建筑垃圾，是节约资源和保护环境的双重体现。针对建筑功能的改造主要从绿色节能改造的理念出发，包括建筑保温隔热改造、采光通风改造等方面。本章节主要论述外围护结构保温隔热绿色节能改造方法。

外墙、外窗和屋顶是工业建筑热量散失的三种主要途径，外墙、外窗和屋顶的散热量之和占到建筑总散热量的70%以上。因此，对于框架工业建筑的绿色节能改造主要针对外墙、外窗和屋顶的保温隔热功能进行改造。

（1）外墙节能保温改造

目前，适用于旧工业建筑改造的外墙保温节能改造方法主要有外墙内保温、外墙夹芯保温和外墙外保温。改造过程中，对于拆除重砌的墙体，三种保温方式均可采用，本章不予讨论。在改造过程中保留原墙体的基础上进行节能保温技术改造，一般采用内保温和外保温做法。

外墙内保温结构由保温板和空气层组成，保温层位于墙体内侧，空气层既可以防止保温材料受潮，又能提高外墙保温能力。对于复合保温板来说有保温层和面层，而单一材料的保温板则兼有保温层和面层的功能。对于旧工业建筑改造，其优点是仅在室内单个层高范围内施工，不需要搭设脚手架；同时内保温施工时可结合改造后的室内装修对外墙内表皮进行更新，能够保留外表皮的工业建筑历史痕迹，在一定程度上保护工业建筑遗产。但是，内保温的缺点是占用室内空间，不便于进行二次装修和吊挂饰物，同时在圈梁、楼板、构造柱等内部结构连接处容易引起热桥，热损失较大。

外墙外保温是将保温层置于外墙外侧，使主体结构所承受的温差作用大幅下降，使温度变形减小，能够对外墙体起到保护作用并可有效隔断冷、热桥，有利于结构寿命的延长。同时，对于外墙表皮更新可采用太阳能表皮和生态复合表皮，能够降低建筑能耗，为室内提供舒适的环境。对于旧工业建筑改造来说，其优点是适用范围广，保温隔热效果较好，建筑物外围护结构的“热桥”少，影响也小。例如，结合保温与防火功能的干挂式防火保温系统，可以达到外墙节能75%以上，并且基层墙体无需处理，不会形成冷桥。但是，对于注重保护其历史价值的工业建筑改造项目，为了墙体的历史痕迹得以保留，外保温方法需要慎重选择。

（2）外窗节能保温改造

虽然框架工业建筑外窗占围护结构总面积的比例较小，但是外窗传热系数要高于墙体，因此是建筑围护结构热传递最为活跃的地方。与办公建筑外窗相比，工业建筑外窗的气密性、隔声性和保温性均较差，且外窗材料多为木窗框和钢窗框，由于年代久远多已腐蚀、生锈。在改造过程中首先需要选择热阻系数高的外窗材料，还要注意减少冷风渗透和控制窗墙面积比。改造方案有：

1）针对保护性工业建筑遗产，保留原有外窗窗框，通过更换节能保温的双层玻璃或在墙体外壁另外加设透明玻璃幕墙的方法增强玻璃窗保温隔热性能。

2）针对不完全保护的建筑改造工程，将原有钢窗或木窗换成节能窗，需要拆除原有窗框，用Low-E等节能玻璃替换原有玻璃。当采用单层玻璃时，可在窗台内侧增设一道窗，两窗之间形成空隙作为热交换带和温度缓冲带，以改善外窗保温性能。常见的几种新型外窗技术汇总如表3.13所示。

新型外窗技术汇总[14] 表 3.13

对比项目	玻璃材质			玻璃贴膜	
	中空玻璃	Low-E 中空	遮阳型 Low-E 玻璃	热反射贴膜	玻璃贴膜
保温性能	较好	好	好	较好	较好
遮阳性能	一般	好	好	好	好
透光性能	好	适中	适中	较好	较好
隔声性能	好	好	好	一般	一般
施工难度	需要更换整窗，改造扰动大			施工简单，影响小	现场施工，涂膜质量缺乏保障
增量成本	150 元 /m²	300 元 /m²	400 元 /m²	200 元 /m²	50 元 /m²

（3）屋顶节能保温改造

工业建筑的屋顶由于长时间遭受风雨侵蚀和积灰荷载等影响，造成结构老化、保温能力差、采光通风不良。屋顶是建筑冬季主要的失热构件，作为蓄热构件对室内温度的波动起稳定作用，屋面的热损失约占整个围护结构热损失近 30%，造成了大量的热损耗。考虑到多层框架工业建筑跨度大、荷载大的特点，改造时不宜增加过多的荷载。将生态节能思想与屋顶形式结合起来选择改造方案，一般采用翻新屋面、更新保温材料的方法减小屋顶传热系数，提高保温性能。常见的保温材料有聚乙烯泡沫塑料板、挤塑性聚苯板等轻质高强保温隔热材料。

建筑屋顶节能改造技术措施有以下两种：

1）对于坡屋顶节能改造，可在屋架下设保温层，同时增设必要的防潮层。此方式适用于需要保留原有屋架，对原屋架进行加固的项目。其缺点是对保温材料性能要求较高，而且保温层设置在屋架下占用了屋顶空间。当屋架间尺寸预留较大，不影响室内空间使用时，可以在屋架间设置保温层，将矿物纤维保温层设在屋架之间，从而节省室内空间；当屋架需要全部被保留时，可以在屋架上设保温层，不影响室内空间的使用，但是需要对整个屋面进行重新翻新改造，适合全面翻新的改造工程。

屋面保温隔热技术汇总 表 3.14

对比项目	屋顶绿化	热反射隔热涂料	屋面遮阳
保温性能	较好，可利用植物绿化维持屋顶热稳定性	较好	一般
遮阳性能	很好	一般	好
防水性能	需处理好植物覆土层与建筑表层防水的问题	较好	一般
结构荷载	较大，需满足结构要求	基本不增加屋面荷载	较小
施工难度	施工较简单，工期较短	较简单	较简单
运行保养	需专业人员对植物进行定期清理维护	较方便	较方便
增量成本	150 元 /m²	—	—

2）针对平屋面节能改造，首先需要对原屋面的防水层进行修补，然后在原屋面上增设憎水性保温材料，最后采用绿豆砂石等刚性护面做好面层。此改造方式适合原屋面的防水保温材料可以持续利用的工业建筑。当屋面防水层完好，只需要对保温隔热性能进行改造时，可采用涂覆热反射隔热涂料，具有较高的太阳能反射比和红外线反射率，热反射率可达到 90% 以上，能够有效隔绝室外热辐射。采用热反射隔热涂料需要注意屋面定期清灰，以保证热反射隔热涂料的有效性。屋面保温隔热技术改造汇总如表 3.14 所示。

3.3.4 用能设备管理

用能设备管理是旧工业建筑运维管理阶段的重要组成部分之一，也是合理用能、节能的关键。

（1）设备能源管理的分类

1）节约型能源管理

节约型能源管理着眼于能耗数量上的减少，采取限制用能的措施。例如，在非人流高峰时段停部分电梯或者采用具有变频控制功能的电梯、室内无人情况下强制关灯等。这种管理模式的优点是简单、易行、投入小、见效快。缺点是可能会使整体服务水平降低，使用户的工作效率和生活质量降低。因此，这种管理模式的底线是以不能影响室内环境品质为前提的。

2）设备更新型能源管理

设备更新型能源管理着眼于对设备、系统的诊断，对能耗较大的设备或需要升级换代的设备，即使没有达到折旧期，也依然决定更换或改造。在设备更新管理中，一种是“小改造”，如更换制冷主机以及用非淘汰冷媒效率更高的设备替换旧的设备，根据当地能源结构和能源价格增加冰蓄冷装置、蓄热装置和热电冷联产系统，高楼增设楼宇自控系统等。这种方式的优点是能效提高明显，实现减员增效的作用。可是初期投入较大，单体设备的改造不一定能与整个系统匹配，有时候节能设备不一定能连成一个节能的系统，甚至适得其反，在设备改造时和改造后的调试期间可能会影响建筑的正常运行，因此对实施改造的时间段里要求会十分严格。

这种管理模式还着眼于“软件”的更新，通过设备运行、管理和维护的优化实现节能。它有两种方式，一种是负荷追踪型的动态运行管理，即根据建筑负荷的变化调整运行政策，如全新风经济运行、夜间通风、新风需求控制等。另一种是成本追踪性的动态运行管理，即根据能源价格变化调整它的运行策略，一般旧工业建筑里有多路能源供给或多元能源供应，并充分利用电力的昼夜峰谷差价和天然气的季节峰谷差价、在期货市场上利用燃料油价格变化起伏等。还可以选择不同的能源供给商，利用能源市场的竞争获得最大的利益。这种管理模式对旧工业建筑设备能源管理者的素质要求很高。

旧工业建筑设备能源管理者的职责不应是简单地只从数量上限制用能，或者因为节能而给用户带来许多不便，而应该是选择恰当的能源品种发挥系统和设备潜力，通过先进的技术和管理方法，为创造良好的建筑环境提供保障，使用户能够发挥最大的潜能、创造更多的效益，达到“有支持力”“有创造力”和“健康”的环境管理工作目标。

建筑设备能源管理者所管理的设备或建筑是一个建筑设备和用户组成的系统，建筑设备能耗又涉及工艺、供应链、室内安装、气候、室外环境等方面。因此，管理者必须建立“系统”的思想，要选择社会成本最低、能源效率较高、能够满足需求的技术。在采取一项节能措施时，不但要看这项措施本身的节能效益，还要充分评估它的关联影响，特别是做好投入产出分析，从能源政策、能源价格、技术成本、需求和环境影响等多方面考虑。

旧工业建筑设备能耗管理者还要追踪国际、国内建筑节能技术的发展新动向，采用先进技术。在互联网普及的今天，更易了解节能技术的进展。但有一点要引起注意：先进技术大多初期投入比较大而节能效益比较好，因此要做好经济性分析，选择投资回报率高的项目，有时候最先进的技术不一定是最适宜的技术，可能是“次”先进的技术更适合自己。

(2) 设备能源管理的组织

能源管理矩阵是非常有用的工具，它可以用来检查能源管理各方面的进展情况。能源管理矩阵中的六列（如表 3.15 所示），代表了建筑设备能源管理组织的六个方面事务，即能源政策、组织、动机、信息系统、宣传培训和投资。能源管理矩阵中上升的五行(0 ~ 4)，分别代表处理这些事务的完善度，目的是不断提升能源管理的水平，同时又在各列之间寻求平衡。

能源管理矩阵　　　　表 3.15

等级	能源政策	组织	动机	信息系统	宣传培训	投资
4	经最高管理层批准的能源政策、行动计划和定期汇报制度	将能源管理完全融入日常管理之中，能耗的责、权、利分明	由能源管理负责人及管理人员通过正式的渠道定期进行沟通	由先进系统设定节能目标、监控能耗、量化节能，提供成本分析	在机构内、外大力宣传节能的价值和能源管理工作的性质	通过新建和改建项目的详细投资评估，对“绿色”项目做出正面的积极评价
3	正式的能源政策，但未经最高管理层批准	成立代表全体用户的能源委员会，该委员会由一位最高管理层成员领导	能源委员会作为主要的渠道，与主要用户联系	根据分户计量来汇总数据，但借阅量并没有有效地报告给用户	有员工节能培训计划，有定期的公开活动	采取和其他项目一样的投资回报期
2	未被采纳的由能源管理负责人和其他部门负责人制定的能源政策	由能源管理负责人向特别委员会汇报，职责权限不明	由高级部门经理领导的特别委员会与主要用户联系	根据计量仪表汇总数据，能耗作为预算中的特别单位	某些特别员工的节能培训	投资只用于回报短期的项目

续表

等级	能源政策	组织	动机	信息系统	宣传培训	投资
1	未成文的指南	只有有限权利和影响力的兼职人员从事能源管理	只有在工程师和少数用户之间的非正式联系	根据收据和发票记录能耗成本，由工程师整理数据作为工程部内部使用	用来促进节能的非正式联系	只采取一些低成本的节能措施
0	没有直接的政策	没有能源管理或能耗的负责人	与用户没有联系	没有信息系统，没有能耗计量	没有提高能效的措施	没有提高能效的投资

注：本表来源龙惟定、武涌主编《建筑节能技术》。

根据建筑设备能源管理组织的流程，将其分为五个步骤。

第一步：批准。为了使建筑设备能源管理工作能持续发展，首先要制定节能计划，并获得最高管理层的批准，使建筑能源管理人员或管理队伍成为企业核心业务的重要组成部分。

第二步：理解。即需要对建筑物能耗现状做全面的了解，进行一次能源审计。

第三步：规划和组织。首先是为自己的企业或机构制定一个可行的节能方案政策。有这样的一个政策，可提升最高管理层对搞好建筑设备能源管理的信心，并对员工的能耗行为进行规范并将它融入企业文化当中。指导机构的节能政策必然会引起机构的某方面的改变，因此能源管理负责人应该特别注意引入新的节能政策的方式，是这个政策能够成功的外部环境。

第四步：实施。企业的节能政策确定后，每个员工都可能被涉及。但是，从管理的角度来看，首先要指定负责人，即：

1）在公司里建立一套能源管理和汇报的机制，任命领导层成员负责能源管理工作；

2）以这位领导层成员为首，成立节能委员会，其成员应包括主要的耗能户、能源管理负责人、物业管理负责人等；

3）要求能源管理队伍根据公司中期节能目标制定短期的节能目标，并确定实现这些目标所要开展的具体项目；

4）告诉每位员工要达到的节能目标，同时建立起双向沟通的渠道；

5）重要的是把节能项目融入企业的日常管理工作之中。

第五步：控制和监理。对每一个实施的项目都要制定负责人，控制项目的进展，能源管理负责人应听取定期汇报，通过宣传项目成果的方式推动项目的进展。

参考文献

[1] 张特刚 . 适宜性角度下的多层框架厂房改造再利用研究 [D]. 西安：西安建筑科技大学，2016.

[2] 王旭 . 面向展览建筑的旧工业建筑适应性改造研究 [D]. 杭州：浙江大学，2013.

[3] 邸小坛，田欣 . 既有建筑检测技术综述 [J]. 建筑科学，2011，027（021）：89-95.

[4] 李庆森 . 旧工业建筑再生利用检测评定及脆弱性研究 [D]. 西安：西安建筑科技大学，2015.

[5] 刘华波，朱春明，蒋利学，等 . 多跨钢结构厂房检测与评估 [C]// 第二届全国工程结构抗震加固改造技术交流会论文集，2010.

[6] 丁乙杰 . 旧工业建筑再生利用过程中的钢结构检测 [J]. 江西建材，2017，（024）：274-275.

[7] 李杰 . 某单层钢结构厂房的检测和加固优化设计研究 [D]. 上海：同济大学，2008.

[8] 翁大根，陈廷君，伍晓崧，等 . 某钢筋混凝土框架增设阻尼器抗震加固分析 [J]. 工程抗震与加固改造，2007，029（003）：65-71.

[9] 隋杰英，闫祥梅，姚幸海 . 粘弹性消能支撑抗震加固的设计方法 [J]. 工程建设，2007，039（003）：26-29，51.

[10] 龚红卫，王中原，管超，等 . 被动式超低能耗建筑检测技术研究 [J]. 建筑科学，2017，033（021）：188-192.

[11] 陆效英，张晓萌 . 关于主动式建筑能耗检测方法问题的讨论 [J]. 低温建筑技术，2011，33（6）：137-138.

[12] 王娟 . 谈热计量数据在建筑物能耗分析中的应用 [J]. 山西建筑，2018，044（030）：179-180.

[13] 王凤清 . 旧工业厂房节能改造效益评价研究 [D]. 西安：西安建筑科技大学，2014.

[14] 龙惟定，武涌 . 建筑节能技术 [M]. 北京：中国建筑工业出版社，2009.

第 4 章　旧工业建筑再生利用项目维护管理

4.1　旧工业建筑再生利用项目建筑结构维护管理

4.1.1　结构概况

（1）旧工业建筑结构再生利用

旧工业建筑见证了城市乃至国家的工业发展历程，对其原有结构进行再生利用，能够保护城市历史、延续文化记忆，同时节省建筑材料、降低能源消耗、减少垃圾产生，是可持续发展理念的重要实践。

由于原建筑建成时间久远，建（构）筑结构长年无人维护，因而对其再生利用需要进行严密的检测与探查，对可以进行改造再利用的部分进行确认，不能继续使用的加以拆除。目前，对旧工业建筑的结构再利用主要针对的是建筑主体结构，少量非主体结构及构配件需要专门加固或作为景观装饰等。

如宝鸡卷烟厂改造的宝鸡文化艺术中心项目，保留了卷烟厂原有部分旧工业建筑进行改造施工，该项目为“五馆合一”项目，集合了科技馆、音乐厅、群众艺术馆及美术馆、图书馆、青少年活动中心五个组成部分。图书馆由宝鸡卷烟厂原 U 形厂房改造而来，基本保留结构主体框架梁柱及局部楼板，新增钢结构体系，作为夹层空间及新增屋面的支承结构，将部分内部庭院转化为室内公共空间，并保留部分砌体外墙及其窗洞口，如图 4.1 所示。

(a) 宝鸡文化艺术中心图书馆

(b) 图书馆内部夹层

图 4.1　宝鸡文化艺术中心项目

（2）再生利用项目建筑结构概况

旧工业建筑再生利用项目转变建筑使用功能后，对建筑结构进行改造利用应注重清除工业生产环境的影响，如强酸、强碱、高温等对厂房造成的污染。保留并加以改造后的结构应注重日常巡检及监测，发现问题及时上报处理，并定期安排中修、大修及专业维护检测。

旧工业建筑再生利用项目的建筑结构维护管理包括建筑地基基础维护管理、建筑主体维护管理、建筑装饰装修及防水维护管理。其中，建筑装饰装修及防水维护管理包括内部装饰装修、门窗和幕墙、外墙装饰、饰面砖和保温面层、防水。

4.1.2 地基基础维护管理

（1）日常巡检及监测

对既有建筑物而言，基础是隐蔽工程，地基又是埋藏于基底下部的隐蔽体，地基基础的问题经常通过上部结构的某些变化反映出来，很难被直接发现。日常巡检的内容包括结构裂缝、地面裂缝、地面塌陷等，通过观察或常规设备检查发现地基基础的现状缺陷与潜在的安全风险[1]。

（2）地基基础常见问题及处理措施

1）地基基础常见问题

如表 4.1 所示。

2）地基基础常见问题解决措施

对于上述情况，应先收集设计施工资料，考察建筑物实际荷载和适用情况，查明问题原因，然后针对性地处理。基础的处理方法与上部结构的处理方法基本相同，比如对混凝土基础可采用植筋、加大截面、加深基础、地基加固等方法。地基承载力不足可以从减小地基中的附加应力和提高地基承载能力两方面入手。常用地基处理方法见表 4.2。

地基基础常见问题　　表 4.1

常见问题	具体内容
地基刚度不足产生变形	在建筑物荷载作用下，地基会产生三类沉降：瞬时沉降、固结沉降和蠕变沉降。总沉降量或不均匀沉降超过建筑物允许沉降值时，将影响建筑物的正常使用或导致结构构件产生裂缝或整体倾斜等
地基承载力不足发生失稳	如果地基承载力不足，地基将产生剪切破坏。地基产生剪切破坏将使建筑物的上部结构倾斜、破坏甚至倒塌
地基渗流造成土体力学性能改变	土中渗流可在地基中形成土洞、溶洞或改变土体结构，破坏地基；渗流还可形成流土、管涌导致地基破坏；地下水位下降引起地基中有效应力改变，导致地基沉降，对建筑物产生损害
土坡滑动造成地基应力改变	建在土坡或坡顶或坡趾附近的结构物会因土坡滑动对结构物的安全构成威胁。造成土坡滑动的原因有很多，人为因素包括坡上加载、坡脚取土等，自然因素包括土中渗流改变土的性质、土层界面强度降低以及土体强度随蠕变降低等
地震造成土体液化	地震对建筑物的影响不仅与地震烈度有关，还与建筑场地效应、地基土动力特性有关。地震造成地基土液化会对建筑产生严重影响。在同样的场地条件下，黏土地基和砂土地基、饱和土和非饱和土地基上房屋的震害也有很大的差别

续表

常见问题	具体内容
其他地基问题	兴建地下工程（地下铁道、地下商场、地下车库和人防工程等）、开挖周边基坑、地下采矿造成的采空区、地下水位的变化等，均可能导致影响范围内的地面下沉。另外，各种原因造成的地裂缝也对结构物的安全构成威胁
基础工程问题	基础工程中常见问题可分为基础设计错误、基础错位、基础构件施工质量差以及其他问题。①设计错误主要包括对地基特性不够了解、基础宽度或深度不足、基础形式错误等；②基础错位是指因设计或施工放线造成基础位置与上部结构要求位置不符，如工程桩偏位、柱基础偏位、基础标高错误等；③基础构件施工质量问题类型很多，基础类型不同，质量事故不同，如桩基础发生断桩、缩颈，桩身混凝土强度不够，桩端未达到设计要求等；又如混凝土强度未达到要求，钢筋混凝土表面出现蜂窝、露筋或孔洞等；④其他问题：箱形基础渗水、筏板基础开裂等

常用地基处理方法分类及其适用范围　　表 4.2

类别	方法	简要原理	适用范围
灌入固化物	深层搅拌法	利用深层搅拌机将水泥或石灰和地基土原位搅拌形成圆柱状、格栅状或连续墙水泥土增强体，形成复合地基以提高地基承载力，减小沉降。深层搅拌法分喷浆搅拌法和喷粉搅拌法两种	淤泥、淤泥质土，含水量较高、地基承载力标准值不大于 120kPa 的黏性土、粉土等软土地基
	高压喷射注浆法	利用钻机将带有喷嘴的注浆管钻到预定位置，然后用 20MPa 左右浆液或水的高压流冲切土体，用浆液置换部分土体，形成水泥土增强体。高压喷射注浆法有单管法、二重管法、三重管法。在喷射浆液的同时通过旋转、提升，形成定喷、摆喷和旋喷。高压喷射注浆法形成复合地基提高承载力，减小沉降	淤泥、淤泥质土、黏性土、粉土、黄土、砂土、人工填土和碎石土等地基，当含有较多大块石或有机质含量较高时应通过试验确定其适用性
	渗入性灌浆法	在灌浆压力作用下，将浆液灌入土中填充天然孔隙，改善土体的物理力学性质	中砂、粗砂、砾石地基
	劈裂灌浆法	在灌浆压力作用下，浆液克服地基土中初始应力和抗拉强度，使地基中原有的孔隙或裂隙扩张，或者形成新的裂缝和孔隙，用浆液填充，改善土体的物理力学性质	岩基或砂、砂砾石、黏性土地基
	挤密灌浆法	通过钻孔向土层中压入浓浆液，随着土体压密在压浆点周围形成浆泡。通过压密和置换改善地基性能。在灌浆过程中，因浆液的挤压作用可产生辐射桩上抬力，可引起地面局部隆起。利用这一原理可以纠正建筑物不均匀沉降	中砂地基，排水条件较好的黏性土地基
	电动化学灌浆法	当在黏性土中插入金属电极并通以直流电后，在土中引起电渗、电泳和离子交换等作用，在通电区含水量降低，从而在土中形成浆液"通道"。若在通电同时向土中灌注化学浆液，就能达到改善土体物理力学性质的目的	黏性土地基
加筋	树根桩法	在地基中设置如树根状的微型灌注桩（直径 70 ~ 250mm），提高地基或土坡的稳定性	各类地基
托换	基础加宽法	提高加宽原建筑物基础，减小基底接触压力，使原地基满足要求，达到加固目的	原地基承载力较高
	墩式托换法	提高置换，在原基础下设置混凝土墩，使荷载传至较好的土层，达到加固的目的	地基深处有较好持力层
	桩式托换法	在原建筑物基础下，设置钢筋混凝土桩以提高承载力、减小沉降来达到加固目的，按设置桩的方法分静压桩法、树根桩法和其他桩式托换法。静压桩法又可分为锚杆静压桩法和其他静压桩法	原地基承载力较低
振密挤密	土桩、灰土桩法	采用沉管法、爆扩法和冲击法在地基中设置土桩或灰土桩，在成桩过程中挤密桩间土，由挤密的桩间土和密实的土桩或灰土桩形成复合地基	地下水位以上的湿陷性黄土、杂填土、素填土等地基

(3) 专业检测

1) 地基检测

根据建筑物的维护要求和检验现场的场地条件，地基的检测方法可分为三类，如表 4.3 所示。

地基检测方法 表 4.3

检测方法	具体内容
钻探、坑探、槽探或地球物理等方法	钻探、坑探、槽探一般适用于了解构造、详述岩层。这种方法比较直观，可配合各种室内试验进行
原状土室内物理力学性质试验	原状土的室内试验项目内容比较多，其中常规试验包含含水量、密度、干重度、孔隙率、饱和度、液塑限等。土的力学性能指标试验有压缩性试验、抗剪强度试验、侧压力系数试验、孔隙水压力系数试验、土动力特性试验等。在进行检测时，应根据不同需要、不同土的种类选取不同方法
原位试验	原位试验指静力载荷试验、静力触探试验、动力触探试验、标准贯入试验、十字板剪切试验、旁压试验、现场剪切试验、波速测试、岩土原位应力测试、块体基础振动测试等

2) 基础检测

基础检测主要指桩基础检测，其主要内容是桩基的承载能力和完整性。按照其完成设计与施工质量验收规范所规定的具体检测项目的方式，桩基的检测可以分为三类，如表 4.4 所示。

桩基检测方法 表 4.4

检测方法	具体内容
直接法	通过现场原型试验直接获得检测项目结果的检测方法。直接从桩身混凝土中钻取芯样，测定桩身混凝土的质量。开挖检查桩底沉渣和持力层情况，并测定桩长。水平承载力和竖向承载力的静载试验能够测量桩基的极限承载力，测定桩侧、桩端阻力，也可以通过埋设位移计，测定桩身各截面位移量，也可以测量相应荷载作用下的桩身应力，并以此计算桩身弯矩
半直接法	在现场原型试验的基础上，同时基于一些理论假设和工程实践经验并加以综合分析才能最终获得检测项目结果的检测方法。主要包括：低应变法、高应变法和声波透射法
间接法	依据直接法已取得的试验结果，结合土的物理力学试验或原位测试数据，通过统计分析，结合经验公式或半理论半经验公式检测的方法。由于影响因素的复杂性，该方法对设计参数的判断有很大的不确定性，所以只适用于工程初步设计的估算

4.1.3 主体结构维护管理

(1) 日常巡检及监测

1) 日常巡检

旧工业建筑再生利用项目在改造完成并投入使用后，常常会保留大量原有建筑物的主体结构，由于原有建筑已经建成多年，其质量可靠性下降，存在很大的安全隐患。因此，在使用过程中，需要密切关注其建筑主体的变化情况，对旧工业建筑再生利用项目的运行状态进行日常巡检与实时监测，并形成巡检与检测报告，并以此为根据，制订维护保养计划。建（构）筑物维护保养计划，应包括单位、周期、责任、内容、要求等，并关注高风险及关键区域特殊要求，如烟囱、危险化学品仓库等。

旧工业建筑再生利用项目日常巡检的对象一般包括建筑周边环境、建筑内部、建筑楼地面、供配电室、监控中心等，检查的内容包括结构裂缝、损伤、变形、渗漏等，通过观察或常规设备检查判识发现建筑结构的现状缺陷与潜在安全风险（图 4.2）。

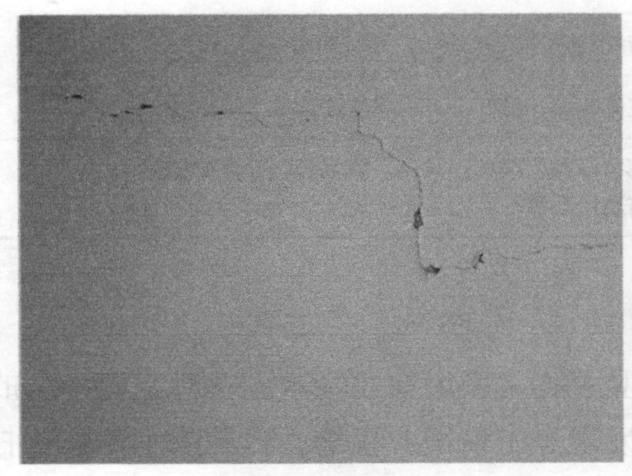

(a) 结构裂缝

(b) 结构渗漏水

图 4.2　建筑结构缺陷

建筑主体结构的日常巡检应结合旧工业建筑使用年限、运营情况等确定巡检方案、巡检频次，频次应至少一周一次，在极端异常气候、建筑物周边环境复杂等情况下，宜增加巡检力量、提高巡检频率。应定期组织各部门开展建（构）筑物的检查，对检查发现的问题应纳入纠正与预防系统进行管理。日常巡检应分别在建筑物内部与外部进行，旧工业建筑再生利用项目建筑主体日常巡检的主要内容及方法如表 4.5 所示。

日常巡检内容及方法　　　　**表 4.5**

项目		内容	方法
建筑主体结构	结构	是否有变形、沉降位移、缺损、裂缝、腐蚀、渗漏、露筋等	目测 尺测
	变形缝	是否有变形、渗漏水，止水带是否损坏等	
	排水沟	沟槽内是否有淤泥	
	装饰层	表面是否完好，是否有缺损、变形、压条翘起、污垢等	
	楼梯、栏杆	是否有锈蚀、掉漆、弯曲、断裂、脱焊、松动等	
	管线引入（出）口	是否有变形、缺损、腐蚀、渗漏等	
	管线支撑结构	桥架是否有锈蚀、掉漆、弯曲、断裂、脱焊、破损等	
		支墩是否有变形、缺损、断裂、腐蚀等	

续表

<table>
<tr><th colspan="2">项目</th><th>内容</th><th>方法</th></tr>
<tr><td rowspan="4">地面设施</td><td>人员出入口</td><td rowspan="2">表观是否有变形、缺损、堵塞、污蚀、覆盖异物，防盗设施是否完好、有无异常进入特征，井口设施是否影响交通</td><td rowspan="4">目测
尺测</td></tr>
<tr><td>雨污水检查井口</td></tr>
<tr><td>逃生口、吊装口</td><td rowspan="2">表观是否有变形、缺损、堵塞、覆盖异物，通道是否通畅，有无异常进入特征，格栅等金属构配件是否安装牢固</td></tr>
<tr><td>进（排）风口</td></tr>
<tr><td rowspan="3">周边环境</td><td>施工作业情况</td><td>周边是否有临近的深基坑、地铁等地下工程施工</td><td rowspan="3">目测
问询</td></tr>
<tr><td>交通情况</td><td>是否有非常规重载车辆持续经过</td></tr>
<tr><td>建筑及道路情况</td><td>周边建筑是否有大规模沉降变形，路面是否发现持续裂缝</td></tr>
<tr><td colspan="2">监控中心
供配电室</td><td>主体结构是否有沉降变形、缺损、裂缝、渗漏、露筋等；门窗及装饰层是否有变形、污浊、损伤及松动等</td><td>目测</td></tr>
</table>

2）日常监测

旧工业建筑再生利用项目建筑主体的日常监测是：采用专业仪器设备对土建结构的变形、缺陷、内部应力等进行实时监测，及时发现异常情况并预警。目前的主体结构日常监测以土建结构沉降位移实时监测为主（图 4.3），结合位移值及位移速率判断主体结构稳定特征，对出现日常监测超警戒值情况，需做好检查记录，及时判断原因和范围，提出处理意见，并及时上报处理。

图 4.3　沉降监测

（2）常见问题及处理措施

1）混凝土结构

①混凝土结构常见问题如表 4.6 所示。

混凝土结构常见问题　　表 4.6

常见问题	具体内容
表面损伤问题	混凝土结构工程出现表面损伤问题，主要原因有：混凝土施工前，模板表面未清理干净，或未涂刷隔离剂；模板翘曲变形，或表面不平；振捣不良，没有将边角处振实；拆模过早，或拆模用力过猛，导致棱角破损；拆模后未及时进行成品保护，导致成品出现碰撞损坏等 [2]
裂缝问题	混凝土结构工程出现裂缝问题，主要原因有：模板及支撑不牢，导致局部沉降或变形；拆模过早或者是用力过猛，导致混凝土开裂；未进行有效养护，导致混凝土开裂；冬期施工时，保温材料拆除后温差过大，导致温差裂缝；混凝土和易性较差，导致混凝土浇筑后分层，产生裂缝；混凝土初凝后，经历意外震动，导致出现裂缝；设计不合理、使用不当，导致混凝土结构出现裂缝；大体积混凝土结构，受到水化热的影响，导致表面、内部之间存在明显的温差，导致裂缝；构件厚度不均，以致收缩不平衡，出现裂缝；主筋发生明显位移，导致结构受拉区出现裂缝等
孔洞、露筋问题	混凝土结构工程出现孔洞、露筋等问题，主要原因有：混凝土施工前，模板表面未清理干净，或未涂刷隔离剂；模板拼缝不密实，板缝处漏浆；混凝土配合比不合理；混凝土搅拌不充分、不均匀；混凝土振捣时，漏振或振捣不严密；结构节点位置钢筋较密集，若混凝土中石子较大，则会增加混凝土浇筑难度，振捣不仔细，导致出现露筋问题等
钢筋锈蚀问题	混凝土结构工程出现钢筋锈蚀问题，主要原因有：氯离子含量过高，使钢筋表面的氧化膜受到严重损害，导致钢筋锈蚀；混凝土的液相pH值在4以下时，会增加钢筋锈蚀速率，而液相pH值较低的原因是混凝土碳化；钢筋混凝土保护层较薄，导致钢筋锈蚀；混凝土密实度、水泥品种、环境温湿度等
冻害问题	混凝土结构工程出现混凝土冻害问题，主要原因有：混凝土密实性不够，空隙大、多，吸水后当气温降低至零下时，水结成冰体积增大，导致混凝土破坏；混凝土凝结后，强度未达标准要求时受冻，导致胀裂问题；混凝土的抗冻性能不达标，导致混凝土冻害等

②混凝土结构常见问题解决措施如表 4.7 所示。

混凝土结构常见问题解决措施　　表 4.7

解决措施	具体内容
填补细石混凝土	孔洞补强时，先采取施工缝的处理方法对旧混凝土表面进行处理，凿掉、剔除孔洞处凸出的骨料颗粒、疏松的混凝土，并将孔洞的顶部凿成斜面，以防出现死角，然后用清水进行刷洗，湿润72h后，使用强度等级比原来高一级的细石混凝土进行填补，并仔细捣实。若露筋较深，应将露筋部位周围的凸出骨料颗粒、疏松的混凝土清理干净，清水充分润湿，然后使用强度等级高一级的细石混凝土填补、仔细捣实。混凝土水灰比为 1 : 2，并掺入铝粉，用量为水泥的 0.01%，分层捣实，预防接触面上产生裂缝
表面抹浆修补	针对表面损伤及裂缝问题，若对混凝土结构的承载性能无影响，可先冲洗干净，使用水泥砂浆进行填补。若损伤及裂缝较大、较深，则将其周围混凝土凿毛、清理干净、洒水湿润，然后刷水泥净浆，干透后再使用水泥砂浆涂抹 2 ～ 3 层，总厚度为 1 ～ 2cm，最后压实抹光。针对数量不多的表面露筋混凝土，可使用水泥砂浆进行抹面修整。处理前，应将混凝土表面清理干净，并进行润湿，表面抹浆初凝后，及时进行养护

2）砌体结构

①砌体结构常见问题如表 4.8 所示。

砌体结构常见问题　　表 4.8

常见问题	具体内容
砌体裂缝	砌体裂缝是砌体结构中常见的现象，砌体的强度不足、变形、失稳、损伤和可能出现的局部倒塌等情况也可通过出现的裂缝形态来分析和辨别。产生砌体裂缝的主要原因有：温度变形、地基不均匀沉降、设计构造不当、材料质量不良、施工质量低劣、结构荷载过大或截面过小 [3]

续表

常见问题	具体内容
局部损伤或倒塌	主要原因：墙体由于施工或使用中的碰撞冲击而掉角穿洞甚至局部倒塌；墙体在使用过程中受到酸碱腐蚀，使得部分墙体严重损伤；冬期采用冻结法施工，解冻时无适当措施
砌体错位、变形	主要原因：砌体墙高厚比过大，使用阶段失稳变形；墙体施工时有竖向偏斜，使用后受力而增加变形，甚至错动；纵横墙不同时咬槎砌筑，新砌体墙平面外变形失稳；灰砂砖砌筑，砌筑时失稳

②砌体结构常见问题的解决措施分为以下两种情况。

a. 对于砌体结构裂缝的处理方式，主要有以下三种，如表 4.9 所示。

砌体结构裂缝问题处理方式　表 4.9

解决措施	具体内容
填缝密封修补	当进行墙体外观维修或裂缝较浅时，可采用填缝密封修补法。常用材料有水泥砂浆、聚合物水泥砂浆等。这类材料属于硬质填缝材料，由于其极限拉伸率很低，若砌体尚未稳定，修补后可能再次开裂。填缝密封修补法的施工工序为：首先将裂缝清理干净，然后用勾缝刀、抹子、刮刀等工具将 1 ： 3 的水泥砂浆或比砌筑砂浆强度高一级的水泥砂浆或掺有 108 胶的聚合水泥砂浆填入砖缝内
配筋填缝密封修补	当裂缝较宽时，可采用配筋填缝密封修补法。其施工工序为：在与裂缝相交的灰缝中嵌入细钢筋，然后再用水泥砂浆填缝。具体做法是在两侧每隔 4 ～ 5 皮砖处剔凿一道长 800 ～ 1000mm，深 30 ～ 40mm 的砖缝，埋入一根 $\phi 6$ 钢筋，端部完成直钩并嵌入砖墙竖缝，然后用强度等级为 M10 的水泥砂浆嵌填严实
灌浆修补	当裂缝数量较多，发展已基本稳定时，可采用灌浆修补法。其施工原理是利用浆液自身重力或外加压力，将含有胶合材料的水泥浆液或化学浆液灌入裂缝内，使裂缝黏合起来

b. 扩大砌体截面：当砌体由于承载力不足而产生裂缝，且裂缝较小，要求的面积不是很大时，可采用扩大砌体截面法。此法中砖的强度等级通常与原砌体相同，而砂浆强度等级应比原砂浆提高一级，且不低于 M2.5。一般的墙体、砖柱均可采用此法。

3）钢结构

①钢结构常见问题如表 4.10 所示。

钢结构常见问题　表 4.10

常见问题	具体内容
强度降低	钢结构在长期的使用过程中承受超载、重复荷载的作用，有的要承受高温、低温或管理不善等外界因素的作用，使钢结构的强度降低，结构的可靠度下降[4]
材料锈蚀	钢结构在潮湿、存水和酸碱盐腐蚀性环境中容易生锈，锈蚀导致钢材截面变薄，承载力下降
焊缝变形过大、螺栓连接出现滑移	钢结构在使用过程中承受重复荷载的作用，会使得焊缝变形过大以及螺栓连接出现滑移等情况
结构变形	由于地基基础的下沉，引起结构变形和损伤

②钢结构常见问题解决措施如表 4.11 所示。

钢结构常见问题解决措施　　　　**表 4.11**

解决措施	具体内容
增加结构或构件的刚度	增加屋盖支撑以加强结构的空间刚度，或者考虑围护结构的蒙皮作用，使结构可以按空间结构进行计算，挖掘结构潜力；加设支撑以增加刚度，或者调整结构的自振频率等，以提高结构承载力和改善结构的动力特性；在平面框架中集中加强某一列柱的刚度，来承受大部分水平剪力，以减轻其他列柱的负荷
加大截面	构件截面的补强是钢结构加固中常用的方法，需尽量满足以下条件：采用的补强方法应能适应原有构件的几何形状或已发生的变形情况，以利于施工；应尽量减少补强施工的工作量；应当尽可能使补强构件的重心轴位置不变，以减小偏心所产生的弯矩

（3）大、中修管理

旧工业建筑再生利用项目建筑主体的大、中修一般包括修复破损结构、消除结构病害、恢复结构物设计标准、维持良好的技术功能状态。在下列情况下，建筑主体结构需要进行大、中修：

1）经专业检测，需要进行大、中修的；

2）超过设计年限，需要延长使用年限；

3）其他需要大、中修的情况。

4.1.4　装饰装修及防水维护管理

（1）日常巡检及监测

旧工业建筑再生利用项目装饰装修及防水维护的日常巡检及监测内容如表 4.12 所示。

日常巡检及监测内容　　　　**表 4.12**

项目	日常巡检及监测内容
内部装饰装修	旧工业建筑经过再生利用后改变使用功能，可作为民用建筑继续行使使命。民用建筑包括居住建筑和公共建筑。居住建筑和公共建筑的内部抹灰、吊顶、饰面砖墙装饰装修日常检查，包括： ①内部抹灰开裂范围与裂缝情况； ②内部吊顶下垂、面板脱落、吊杆失效情况； ③内部墙面砖开裂、空鼓范围与程度； ④内部地面和楼地面开裂范围与程度
门窗和幕墙	居住建筑中公共部分外门窗的日常检查，应检查门窗框和开启扇的牢固性； 公共建筑中玻璃幕墙的日常检查，应检查是否存在玻璃出现裂缝、铝型材变形、结构胶和密封胶老化、龟裂、永久变形，密封条老化、断裂和脱落等情况； 公共建筑中石材幕墙的日常检查，应检查是否存在石材破损、开裂，密封胶老化、断裂和脱落等情况
外墙装饰、饰面砖和保温面层	外墙装饰的日常检查，应检查装饰面层是否空鼓、开裂、脱落，伸缩缝处装饰板是否脱落，装饰构件是否脱开附着； 外墙饰面砖的日常检查，应检查是否存在饰面砖空鼓、开裂、脱落等情况，并重点检查位于人行通道或进出口处的外墙饰面砖，以免威胁人身安全； 外墙保温面层的日常检查，应检查面层是否开裂、渗漏，脱落范围与损伤程度等

续表

项目	日常巡检及监测内容
防水	建筑屋面防水层的日常检查和雨期前的特定检查重点为防水层的破损和渗漏情况，其检查内容为： ①瓦屋面的屋脊破损，饰件脱落，瓦片松动、破裂，灰皮剥落、酥裂，灰背破损，木基层腐朽、变形情况； ②柔性防水屋面的裂缝、空鼓、龟裂、断离、破损、渗漏、防水层流淌情况； ③刚性防水屋面的表面风化、起砂、起壳、酥松，连接部位渗漏、损坏，防水层出现裂纹，排水不畅或积水情况。 再生利用的旧工业建筑，地下防水日常检查重点为地下室地面出现裂缝和变形以及侧墙出现裂缝引起的渗漏状况； 再生为居住建筑后，其厕浴间防水日常巡检主要检查因改造或装修引起的裂缝、防水铺贴不严等引发的渗漏情况； 再生为居住建筑或公共建筑后，其伸缩缝防水日常巡检主要检查因防水铺贴不严、密封不完整、嵌缝材料失效等引发的渗漏情况

(2) 常见问题及处理措施

建筑装饰装修及防水维护常见问题如表 4.13 所示。

建筑装饰装修及防水维护常见问题　　表 4.13

项目	常见问题
内部装饰装修	内部抹灰开裂
	内部吊顶下垂、面板脱落
	内部墙面砖开裂、空鼓
	内部地面和楼地面开裂、空鼓
	内部地面和楼地面开裂
门窗和幕墙	门窗晃动、封闭性差
	玻璃幕墙玻璃脱落，构件损坏、老化
	铝板幕墙铝板脱落，构件损坏、老化
	花岗石板幕墙石板脱落，构件损坏、老化
外墙装饰、饰面砖和保温面层	外墙面装饰层脱落
	外墙面砖脱落、空鼓
	保温面板脱落
	保温层裂缝
防水	上人屋面破损、渗漏
	非上人屋面破损、渗漏
	地下室地面出现裂缝或变形以及侧墙出现裂缝
	厕浴间墙壁及地面防水出现裂缝
	厕浴间穿楼地面管道根部积水渗漏
	管道与楼地面间出现裂缝

续表

项目	常见问题
防水	穿楼地面的套管损坏
	伸缩缝防水发生渗漏

1）内部装饰装修

①内部抹灰开裂

发现墙面有开裂后，应及时用粉笔在裂缝处画出范围，且应考虑影响范围内的室内门、门套、地面、家具、电器、装饰品等的成品保护，并拆除顶部涉及施工的灯具装饰等。如墙面抹灰层存在超过三条以上裂缝或大面积开裂，须将抹灰层整体凿除，重新进行墙面抹灰。

处理抹灰开裂时，应用切割机切除裂缝处的抹灰层，剔凿出 U 形凹槽裂口。切割后清扫干净，分两次用膨胀石膏填充凹槽。待石膏干燥凝固后，用白乳胶粘贴接缝带，并用建筑网格胶布粘贴。待修补处干燥后，对维修的整改墙面进行满刮腻子，最后将因施工而移动的灯具装饰归位，并拆除保护。

②内部吊顶下垂、面板脱落

如吊顶中间下垂，可能是由于吊顶龙骨间距太大，密度不够，导致承重能力不足，需要根据实际情况增加龙骨、吊杆等支撑件，或将中间龙骨适当提升高度，然后重新封吊顶。吊顶要微微向上起拱，起拱高度应为吊顶短边跨度的 1/200。

吊顶面板脱落可能是由于面板本身质量较差开裂脱落，此时应更换面板；转角处龙骨加固措施不到位，或将吊顶的龙骨直接固定在四周墙或梁上，产生拉力致使面板开裂脱落；吊顶重量超过吊杆承重能力。处理面板脱落情况时，应根据实际情况，区分不同的脱落原因，如面板质量差应更换面板，吊杆承重不足则应及时补足加强。

陕棉十二厂改造吊顶施工见图 4.4。

③内部墙面砖开裂、空鼓

墙面抹灰层空鼓，先将空鼓砖及抹灰层凿去，砌筑墙体表面进行凿毛处理，处理完成后，将修补处清理干净，并在修补前一天，用水冲洗，使其充分湿润，一天内最好浇水湿润两次。修补时，先在地面及四周刷墙面粘结剂，然后分两次采用和原面层相同材料的 1 : 2.5 水泥砂浆填补、搓平、养护；

精装修墙面砖单块空鼓面积大于 15%，必须更换处理。处理时，居住建筑的厨房墙面砖更换需考虑门套、橱柜等拆除及成品保护；卫生间墙面砖更换需考虑镜柜、台盆柜、淋浴玻璃、卫浴及五金的拆除、成品保护及防水施工。需要拆除的成品需提前安排，并做好成品保护及堆放。

整改空鼓最大的挑战是已完成产品的成品保护工作，所有工作实施前的首要条件是

图 4.4 陕棉十二厂吊顶施工

成品保护先行，把成品破坏的损失降到最低。

④内部地面和楼地面开裂

如居住建筑楼地面装饰层发生裂缝，可将装饰层凿除后，采取同种装饰材料重新施工装饰面层。若厨房、卫生间等有水房间楼地面裂缝，凿除楼地面装饰层时会破坏防水层，因此凿除原装饰层裸露原结构面，在结构面上涂刷防水涂膜，然后施工 1：2.5 水泥砂浆保护层，最后采取同种装饰材料重新施工装饰面层。

如楼地面装饰层凿除后发现结构层裂缝，可用开槽填补法进行处理。结构裂缝修补完成后，上部采取同种装饰材料重新施工装饰面层。厨房、卫生间等有水的房间可用水泥砂浆找平，找平层上部补做防水层，然后做防水保护层，最后采取同种装饰材料重新施工装饰面层。

2）门窗和幕墙

门窗常见问题包括门窗框晃动不稳，门窗、窗扇松动和封闭性差等。日常巡检及监测时，首先应通过目视检查确定门窗是否出现严重变形或无法关闭等情况，然后通过摇晃门窗框和门扇、窗扇检查稳定性和封闭性。当发现门窗框、扇变形或松动，应对门窗连接、安装等状况进行排查并及时更换不适用的配件。宝鸡文化艺术中心门窗安装施工见图 4.5。

①玻璃幕墙的常见问题与处理措施：

a. 玻璃幕墙的玻璃出现裂缝、损坏、脱落等问题时，应注意及时更换玻璃，以免坠落或碎裂伤人；

b. 连接和固定玻璃幕墙的节点出现松动或锈蚀时，应及时进行除锈处理且喷涂防锈漆，然后安装牢固，严重影响玻璃幕墙整体稳定的应及时更换；

c. 因玻璃密封胶和密封条老化、破损等原因导致幕墙密封不严时，应注意修补，及时更换不能使用的密封材料；

d. 玻璃幕墙本身构件脱落或损坏时，应改造加固或及时更换新构件；

e. 在正常使用年限内，应对玻璃幕墙依照检查频率进行例行检查，并每两年进行一次全面检查，对老化、松动、破损的部位进行及时修复或更换。

图 4.5　宝鸡文化艺术中心门窗安装施工

玻璃的视野通透性极好，建筑物的内外在视线层面上相互交融，形成一个开放式的局部环境，能够促进交流和沟通；玻璃的表面光滑平整，应用于建筑幕墙时显得美观大方；玻璃幕墙的透光性强，能最大限度地利用太阳光作为室内光照，从而降低建筑能耗，满足节电节能的环保要求。正因为此，在旧工业建筑再生利用项目中，大量使用了玻璃幕墙，如图 4.6 所示为北京 798 某旧工业建筑玻璃幕墙。由于工业厂房跨度大、高度高，空间重塑后玻璃幕墙面积大，吊挂玻璃的尺寸也相对较大，因此必须采用合适的吊夹并准确安装玻璃。

图 4.6　北京 798 某旧工业建筑玻璃幕墙

②铝板幕墙的常见问题与处理措施：

a. 铝板幕墙出现裂缝、脱落、起泡、破损，压板有响声，铝板喷涂层破损等情况时，应及时修补或更换铝板，以免坠落或碎裂伤人；

b. 连接和固定铝板幕墙的节点出现松动或锈蚀时，应及时进行除锈处理且喷涂防锈漆，然后安装牢固，严重影响玻璃幕墙整体稳定的应及时更换；

c. 因铝板密封胶和密封条老化、破损等原因导致幕墙密封不严时，应注意修补，及时更换不能使用的密封材料；

d. 铝板幕墙本身构件脱落或损坏时，应改造加固或及时更换新构件；

e. 在正常使用年限内，应对铝板幕墙依照检查频率进行例行检查，对老化、松动、破损的部位进行及时修复或更换。当遇台风、地震、火灾等自然灾害时，灾后应对铝板幕墙进行全面检查，并视损坏程度进行维修加固。

③花岗石板幕墙的常见问题与处理：

a. 花岗石板幕墙的花岗石板出现裂缝、破损、破落等情况时，应及时修补或更换，以免坠落或碎裂伤人，同时应进一步仔细检查该处连接节点和构件是否老化、损坏、松动，排除安全隐患；

b. 连接和固定花岗石幕墙的节点出现松动或锈蚀时，应及时进行除锈处理且喷涂防锈漆，然后安装牢固，严重影响玻璃幕墙整体稳定的应及时更换；

c. 因花岗石板密封胶和密封条老化、破损等原因导致幕墙密封不严时，应注意修补，及时更换不能使用的密封材料；

d. 花岗石板幕墙本身构件脱落或损坏时，应改造加固或及时更换新构件；

e. 在正常使用年限内，应对花岗石板幕墙依照检查频率进行例行检查，对老化、松动、破损的部位进行及时修复或更换。

3）外墙装饰、饰面砖和保温面层

旧工业建筑再生利用为民用建筑后，外墙面应铺设装饰、饰面砖和保温面层。

外墙饰面砖脱落原因可能是墙面基层与面砖的粘结强度不够，其基层表面过干平滑，粘贴面砖前基层过于干燥致使基层回水过快，造成粘结层与基层由于缺乏摩擦阻力等使得面砖脱落；砂浆抹灰层变形空鼓易造成面砖空鼓；由于长期受大气温度的影响，表面至基层受热胀冷缩的作用，产生应力，若勾缝不严密、粘贴不饱满，则薄弱环节也会发生空鼓现象。图 4.7 为郑州市某地膜厂外墙面砖脱落情况。

处理外墙面砖施工时要及时清理干净残留窗框及玻璃上的砂浆，特别注意窗户玻璃，避免污染、破损，并注意不要对绿化及其他设施造成破坏。

保温层出现保温面板脱落状况时，处理措施：首先，将脱落的保温面板摘除，剪下网格布，然后对拆除后的保温基层表面进行清理，并修补受到损伤的部位，接着涂抹胶浆、粘贴网格布，最后补上外墙腻子和外墙漆。

图 4.7　郑州市某地膜厂外墙面砖脱落

保温板出现裂缝时，应根据裂缝的大小进行不同的处理，处理措施：对于出现较大裂缝的保温板，首先沿裂缝将保温板划开，形成一个 V 形槽，然后用发泡剂均匀填充 V 形修补槽并处理平整，接着粘贴网格布并多次涂抹胶浆，最后补上外墙腻子和外墙漆；对于裂缝相对较小的保温板，首先沿裂缝钻孔直到保温基层，孔径约 10mm，然后从小孔内部注入发泡剂填充，最后补上外墙漆。

4）防水

①屋面防水层出现破损、渗漏，应及时修补处理。根据屋面是否上人，分为上人屋面和非上人屋面。上人屋面的处理步骤：瓷砖面层及混凝土拆除→清理至原有 SBS 防水层→检查 SBS 防水层→清理 SBS 防水及基层→修补防水基层→修补 SBS 防水层→防水保护层施工→瓷砖面层恢复；非上人屋面的处理步骤：PVC 防水卷材全部拆除、清理→挤塑板更换→高强度抹面砂浆抹面→反应粘结型湿铺防水卷材→铺设弹性体改性沥青防水卷材→细部节点处理。图 4.8 所示为陕棉十二厂非上人屋面防水施工。

(a) 屋面防水层施工

(b) 屋面防水材料

图 4.8　陕棉十二厂非上人屋面防水施工

②地下室地面出现裂缝或变形以及侧墙出现裂缝易引发渗漏，其处理步骤如下：

基层清理→注浆→切割回形阻水槽→漏点钻眼→封堵→喷涂抗渗涂浆→粘贴高分子复合卷材→竣工验收。

③旧工业建筑功能转型为居住建筑后，其厕浴间墙壁防水出现裂缝时，可依据裂缝宽度大小，采取不同的处理措施，最后铺涂膜防水层。如厕浴间地面积水时应凿除地面防水面层，修复防水层，铺设地面，重新安装地漏，地漏接口外沿嵌填密封材料；厕浴间穿楼地面管道的根部因渗漏形成积水时，应首先剔凿管道周边楼地面，形成不低于10mm深的沟槽，然后对沟槽进行清理，填充防水密封材料，最后沿楼地面向上涂刷不低于100mm高度的防水涂料。

④管道与楼地面间出现裂缝时，处理措施如下：清理干净裂缝部位，绕管道及根部涂刷两遍合成高分子防水涂料，其涂刷宽度和高度均不小于100mm，涂刷厚度不小于1mm。

⑤穿楼地面的套管损坏时，处理措施如下：更换套管，将套管封口并高出地面20mm，将根部密封。伸缩缝防水发生渗漏，采用“堵、防、排”三法结合做防水处理，即先要将漏堵住，然后再更换伸缩缝做好防水层，同时在底部伸缩缝排设管道连接附近集水井，即使日后伸缩缝渗水也可将水引排出去，从而解决渗水问题。

4.2 旧工业建筑再生利用项目建筑设备设施维护管理

4.2.1 设备设施概况

(1) 旧工业建筑设备设施再利用

旧工业建筑再生利用项目大多是对旧工业建筑的结构进行保留、改造、再利用。其建造年代久远，使用时间长，部分项目长期无人维护，因而，许多原有建筑设备设施系统破旧残败、难以继续使用或改造再利用。即使是长期维护、保存情况完好的设备设施，也会因旧工业建筑再生利用的转变而无法适应新的使用功能，从而放弃改造利用。

面对多重困难，再生利用项目对原有建筑设备设施的再利用包括维修翻新后直接使用或将部分原建筑结构、构配件改造成为新项目的设备设施、景观。如陕西省西安市某钢厂创意产业园，将原钢铁厂使用的通风排烟设施烟囱改造后，作为园区地标设施（图4.9）；北京751D· PARK将原脱硫塔进行再生利用，内部加上旋转楼梯，作为上下楼通行设施（图4.10）；北京798艺术区给水排水系统的管网设施依然在执行其原有使用功能（图4.11）。

(2) 再生利用项目设备设施系统概况

旧工业建筑再生利用后，使用功能发生转变，成为公共建筑或居住建筑。再生利用项目完成后需注重建筑的设备设施系统维护管理，其管理要求应等同于新建建筑甚至更

图 4.9　西安某钢厂创意产业园烟囱

(a) 时尚回廊（原脱硫塔）

(b) 脱硫塔内部旋转楼梯

图 4.10　北京 751D· PARK

(a) 管道设施一

(b) 管道设施二

图 4.11　北京 798 艺术区

加严格。

新建建筑及再生利用后公共建筑或居住建筑的常见设备设施系统包括：给水与排水系统、空调与通风系统、供热与燃气供应系统、供配电与照明系统、电梯与自动化系统、消防与安防系统等[5]。

4.2.2 给水与排水系统维护管理

（1）系统概况

给水与排水系统是指居住建筑或公共建筑的内部生活、生产用的冷、热水供应和污水排放的工程设施。旧工业建筑转变使用功能后，给水与排水系统的应用环境发生变化，从生产用水、污水排放等功能转变为内部生活用水排水，应注重对再生利用后的建筑给水与排水系统进行维护管理。

（2）给水排水管道防腐

给水排水管道常用的防腐蚀技术有涂层防腐和电化学防腐。电化学防腐通过改变金属相对于腐蚀性介质的电极电位，以降低金属管道的生锈受腐速度。电化学防腐主要包括阴极保护和电蚀防止，阴极保护是将电池中阳极生锈、阴极不腐蚀的原理应用于管道防腐，通过外加电流或牺牲阳极的方法使金属管道成为电池负极，从而进行防腐保护。

涂层防腐是将防腐涂料均匀地涂在已处理过锈蚀的金属管道表面，使需要保护的金属界面与各种腐蚀性介质分隔，从而达到防腐保护的目的。常用涂料有环氧类防腐涂料、树脂类防腐涂料、氯化橡胶防腐涂料等。

（3）管道刮管涂料

为了保证管道的输水能力和水质，应注意对长期使用的旧管道进行刮管除锈，去除铁锈及管道内残存的污物。旧管道经刮管除锈后，应涂衬管道衬里，补做防腐层，使旧管道恢复原有输水能力，延长管道的寿命。刮管以后如不进行涂衬，通水后腐蚀速度较快，影响给水与排水系统的正常使用功能。涂衬管道可采用水泥砂浆衬里、环氧树脂涂衬法或内衬软管法。

（4）给水与排水系统维护管理任务

旧工业建筑再生利用园区的旧管网设施，经专业机构检测后，满足使用要求，可作为给水与排水系统的一部分继续使用。

旧工业建筑再生利用项目给水与排水系统维护管理的主要任务有：

1）给水与排水系统应按时进行巡检并记录，发现隐患应及时排除；

2）定期检查供水设施设备，保持管道、阀门等无锈蚀，无渗漏，总水阀可以随时关启；

3）定期检查污水排放管道系统，确保畅通；

4）给水与排水系统应定期检测水质，保证用水安全；

5）中水回收设施应定期检查维护；

6）运行中的生活给水系统加压水泵、污水水泵等，应采用低噪声、高效节能型水泵，严禁采用淘汰产品，宜使用变频水泵。

4.2.3　空调与通风系统维护管理

（1）系统概况

空调系统是用人为的方法处理室内空气的温度、湿度、洁净度和气流速度的系统，可使某些场所获得具有一定温度、湿度和空气质量的空气，以满足使用者及生产过程的要求，改善劳动卫生和室内气候条件。

通风系统是借助换气稀释或通风排除等手段，控制空气污染物的传播与危害，实现室内外空气环境质量保障的一种建筑环境控制系统。通风系统包括进风口、排风口、送风管道、风机、降温及采暖、过滤器、控制系统以及其他附属设备在内的一整套装置。

建筑常见的通风方式主要有自然通风、机械辅助自然通风，应用这两种通风方式是一项较普遍且低成本的技术措施。自然通风就是利用自然的手段（风压、热压）来促使空气流动，引入室外的空气进入室内来通风换气，用以维持室内空气的舒适性。

1）风压通风（利用风压的自然通风）

风压通风是风在运行过程中由于建筑物的阻挡，在迎风面和背风面产生压力差，由高压一侧向低压一侧流动，由迎风面开口进入室内，再由背风面的孔口排出，形成空气对流。所谓的“穿堂风”就是一种典型的风压通风，如图 4.12（a）所示。

2）热压通风（利用热压的拔风）

热压通风的原理就是我们常说的“烟囱效应”，由于室内外的温度差，空气密度存在差异，被加热的室内空气由于密度变小而上浮，从建筑上方的开口排出，室外的冷空气密度大从建筑下方的开口进入室内补充空气，促使气流产生了自下而上的流动，如图 4.12（b）所示。适用于室外风环境多变的地区，而且要保证室内外温差和进出口高差其中一个因素足够大，才可能实现。

3）风压和热压组合式通风

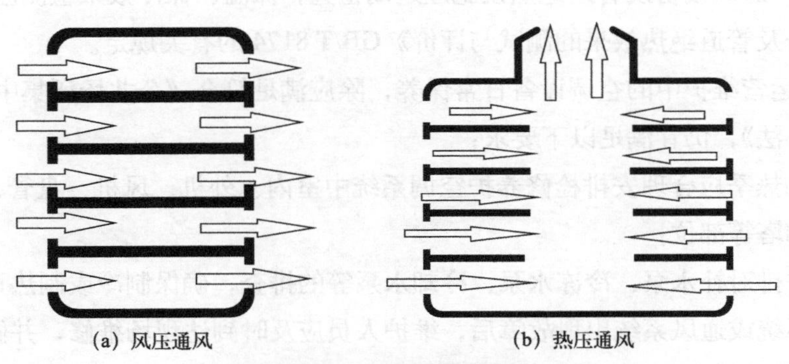

（a）风压通风　　（b）热压通风

图 4.12　旧工业建筑内部通风方式

一般地，在旧工业建筑的改造中，风压通风和热压通风常常是互相补充的，在旧工业建筑进深较大的部位采用热压通风，在进深小的部位采用风压通风，从而达到良好的通风效果。对于具备高大空间结构的旧工业建筑，不可避免地出现内部通风问题，而其中最行之有效的一种办法就是设置中庭。比如上海1933老厂坊改造项目中庭的应用，这对于厂房内部的通风和采光都起到了关键性作用，如图4.13所示。

图4.13 上海1933老厂坊

（2）空调与通风系统维护管理任务

空调与通风系统维护管理任务包括以下要求：

1）空调与通风系统应建立巡查管理制度，定时定点对整个系统、末端巡视检查，消除各种设备隐患。

2）应定期对空调系统中空气过滤器、表面冷却器、加热器、加湿器、冷凝水盘等部位进行全面检查和清洗。

3）公共建筑内部厨房、厕所、地下车库的排风系统应定期检查，厨房排风口和排风管宜定期进行油污处理。

4）空调与通风设备及管道绝热设施应定期检查，保温、保冷效果检测应符合现行国家标准《设备及管道绝热效果的测试与评价》GB/T 8174的有关规定。

5）对于运营维护中的空调设备日常保养，除应满足符合《公共场所集中空调通风系统卫生管理办法》，仍宜满足以下要求：

①制冷制热季应合理安排检修养护空调系统中室内、外机、风机、盘管、新风机组、软水箱、冷却塔等部位；

②合理安排对补水泵、冷冻水泵、冷却水泵等的排查，确保制冷或制热正常使用；

③空调系统或通风系统出现故障后，维护人员应及时到达现场维修，并做好记录[6]。

6）应合理选择空调与通风系统的手动或自动控制模式，并应与建筑物业管理制度相结合，根据使用功能实现分区、分时控制。

7）对设备的巡查、保养、清洗及维修过程建立完备记录档案。

(3) 空调与通风系统清洗保养

时常清洗空调与通风系统能够有效减少风道中的灰尘，从而改善室内空气质量；使空调送风回风阻力减小，通风效率更高；降低能源消耗，延长了空调和通风系统的使用寿命，同时降低使用成本，符合节电节能的环保要求。

1）空调通风系统的清洗保养包括对新风机组、风机盘管和进出风口扇片等部件的清洗和保养。

2）空调通风系统的清洗方法分为干式清洗法和湿式清洗法。干式清洗法指的是通过专用吸尘机器对系统内各部位进行清理，主要清理灰尘等明显污物，一般每月一次；湿式清洗法除通过吸尘清理灰尘外，还使用化学清洗剂对各部件进行维护，并使用消毒剂进行灭菌消毒处理，一般每半年一次。

3）空调通风系统长时间使用后，内部易生锈、易生霉，从而危害人体健康。因此，湿式清洗法的清洗剂应能除锈抑制金属腐蚀，能清洁去脏污，能自然分解，无异味，避免污染。

4.2.4　供热与燃气供应系统维护管理

(1) 系统概况

供热系统包括热源、输热管网、散热器及辅助设备，其中热源包括锅炉房、热力厂、换热站等，输热管网包括热力管道，辅助设备包括阀门、水泵、膨胀水箱等。燃气供应系统指的是建筑燃气供应设备及管道系统，由用户引入管、干管、立管、用户支管、燃气计量表、用具连接管、燃气用具等组成。

我国拥有丰富的太阳能资源，太阳能的利用越来越受到重视，在旧建筑的改造中常常通过太阳能技术来减少不可再生能源的消耗。当前在对旧工业建筑进行改造中可利用太阳能进行辅助供热，减少能源消耗。太阳能的利用方式主要有主动式和被动式两种方式。被动式利用太阳能力求以自然的方式获取能量，优点是结构简单、造价较低、施工方便；主动式利用太阳能是利用太阳能集热器来进行太阳能采暖、热水系统和太阳能空调系统。太阳能集热器是太阳能利用系统中主要的功能构件，太阳能集热器可分为两大类（平板型集热器、真空管集热器），可根据不同的需要，用太阳能集热器组成不同的系统，主要有太阳能热水系统、太阳能采暖系统、太阳能光伏系统、太阳能空调系统，为改造后的建筑物提供生活用热水、室内供暖、光伏发电、空调制冷等。

(2) 供热系统运行调节

供热系统运行前的准备工作分为三个步骤：首先，对供热管道系统进行系统冲洗，包括粗洗和精洗；然后系统冲水，排除空气，并检查管网严密性；最后进行通热，逐渐升温，由远及近、由大及小。

供热系统已进行初调节后，用户或散热器流量达到设计要求，由于气温变化，热辐射、风速、风向等因素，房间的耗热量不断变化，为始终保持设计要求温度，避免热力失调和热能浪费，仍需进行运行阶段的调节。如图 4.14 所示，不同状态的供热效果影响着室内温度，需要供热运行调节对室温进行调整。为在保证供热质量的前提下得到最大限度节能，供热运行调节是非常必要的。

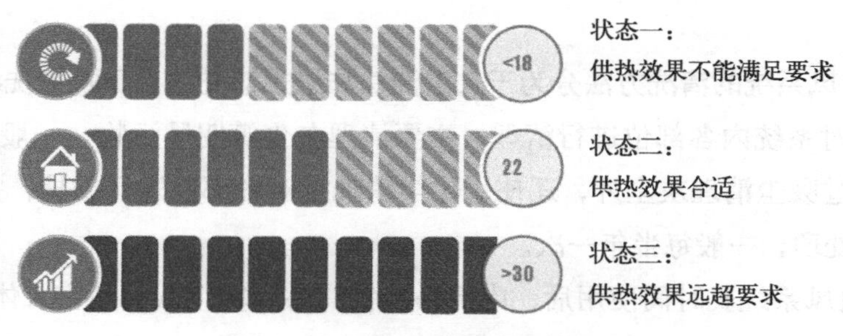

图 4.14　供热运行调节的必要性

（3）供热系统运行维护

供热系统运行维护的目的是保持供热系统的水力、热力平衡，及时发现并处理故障、隐患，保证供热。运行维护指令包括启动、停运、放水、灌水、调节等操作及监测网管和设备的运行状态。

供热系统运行维护管理中，检查应做到“四勤”，即勤看、勤放、勤摸、勤修。勤看指的是观察系统的管件有无损坏或渗漏，勤放指的是供热管道末端要常放气，勤摸指的是要常触摸散热器检查是否散热，勤修指的是发现问题应及时修理。

供热系统运行维护管理的重点有：阀门调节开度进行标记；井盖、架空管道的绝热层、保护层是否完好；围护结构保温门窗是否关闭；电机、水泵运行是否正常；各种仪表是否完好；室内供热温度是否正常。严寒和寒冷地区进入冬季供暖前，应检查并确保空调和供暖水系统的防冻措施和防冻设备正常运转，供暖期间应定期检查。运行维护时，用户应注意不能任意调节阀门，不允许放水，不能踩踏、敲打供暖管道和散热器，缺水时不得打开放气阀，发现问题应及时报告维修人员。

（4）燃气供应系统用户设施维护

由于旧工业建筑原使用功能是生产工业产品，因此燃气供应系统多为再生利用为居住建筑后增设。燃气系统供应用户设施应定期进行检查，并对用户进行安全用气的宣传。入户检查重点包括：

1）检查每一户的燃气系统用户设施是否完好；

2）检查用户燃气供应管道及计量表是否生锈、损坏，是否被私自改动；

3）燃气用气设备安装是否符合规定；

4）管道、阀门、接口、计量表处是否有燃气泄漏情况，燃气压力是否符合标准；

5）向每一户燃气用户进行安全用气的宣传，普及用气常识、法律法规、故障事故处理等。

对用户设施进行维护和检修作业时，进入室内作业应首先检查有无燃气泄漏；当发现燃气泄漏时，应在安全的地方切断电源，开窗通风，切断气源，消除火种，严禁在现场拨打电话；在确认可燃气体浓度低于爆炸下限20%时，方可进行检修作业。

（5）燃气供应系统应急抢修

针对燃气供应系统可能出现的问题，应制订应急预案。应急预案应适用于旧工业建筑再生利用项目增设的燃气供应系统，并依照现场具体情况及时调整，同时上报备案，定期演习，提高应急救援能力。

当燃气系统出现问题，应及时上报，根据事故现场情况安排调度和采取安全措施，联系燃气供应单位进行抢修。

4.2.5　供配电与照明系统维护管理

（1）系统概况

建筑供配电系统就是解决建筑物所需电能的供应和分配的系统，是电力系统的组成部分。太阳能光伏发电系统就是利用太阳能光电板将太阳辐射热直接转化为电能后，直接供人使用的一种太阳能利用形式。一般主要在旧工业建筑的外围护结构上配置光伏设备，所产生的电能用来直接供应一些设备的使用。

建筑照明系统指的是建筑物内外的照明光源。按照明范围大小分类可分为一般照明、局部照明和混合照明。一般照明指整个场所或某个特定区域照度基本均匀的照明，对于工作位置密度大而对光照方向没有要求的建筑可以只采用一般照明，如旧工业建筑再生利用为办公楼、体育馆等建筑；局部照明指仅局限于工作部位的特殊需要而设置的固定或移动的照明，对照度和照射方向有一定要求，可用于如旧工业建筑再生利用的博物馆、展览馆等；混合照明则是一般照明与局部照明共同应用，如旧工业建筑再生利用的办公楼等。

（2）旧工业建筑自然采光系统改造

自然采光是对太阳能的直接利用，太阳光是数量充足、高效而且免费的光源，我们可以应用各种采光、反光、遮光设施，将人类习惯的自然光源引入到室内并合理利用，这样不仅节约能源，还可以减少我们生活的空间的污染。自然光可以直接影响室内的光环境和热环境，在旧工业建筑改造中充分利用天然采光具有实际意义。在旧工业建筑改造中比较有效的办法主要有：增大采光口面积、反光板采光、光导管采光。

1）增大采光口面积

一般来说，增大采光口（屋顶、侧窗）面积是增加室内采光量最行之有效的办法，但是要结合改造后的功能要求合理地设计采光口的数量和大小，而且在使用屋顶采光时，要注意控制避免引发室内温度过高的问题。这种改造方法适用于进深不是特别大的旧工业建筑；对于进深大、跨度大的旧工业建筑，需要考虑加天窗或者高窗，有时会造成窗墙比例不协调、建筑造型呆板的问题。地下室可以通过设置自然采光来达到白天辅助照明的效果，比如深圳南海意库三号楼改造项目把一层楼架空作为停车库，原外墙扩建，车库屋顶采用覆土种植和水池，水池透明使得停车库白天有部分区域可以自然采光[7]。天然采光示例见图 4.15。

2）反光板采光

传统的天然采光主要是利用天空扩散光，但是对于进深较大的旧工业建筑，扩散光不能满足室内深处的照明要求。反光板是利用光线反射的原理来调节进入室内的阳光来达到改善室内天然光环境的目的，一般被用来遮阳和将反射的光线引入到旧厂房的顶棚，以防止反光板表面的眩光对人眼的刺激。反光板通常安装在眼睛高度以上，是在采光口的内部或者外部的水平或者倾斜的挡板，如图 4.16 所示，如果位于窗户的外部，那这个反光板兼有遮阳板的功能，为下面的玻璃充当挑檐的角色。不仅如此，宽大的挑檐、宽敞的窗台及浅色的地面或者屋顶，都可以充当反光板的作用。

图 4.15 天然采光

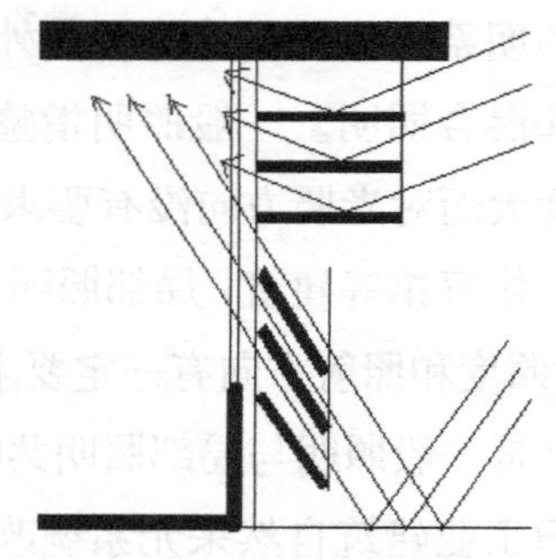

图 4.16 外置反光板

3）光导管采光（太阳能光导管）

太阳能光导管分为主动式和被动式两种，主动式光导管的聚光器采光方向总是向着太阳，最大限度地采集太阳光，但是由于此采光器工艺技术含量高，价格昂贵而且维护困难，在旧工业建筑改造中很少采用。所以实际的旧工业建筑改造中应用较多的是被动式太阳能光导管。被动式太阳能光导管分为采光部分（采光罩、集光器）、导光部分（光导管）和散光部分（散光片、漫射器），采光罩和光导管是连接固定在一起的，安装之后不能移动。光线通过采光罩采集之后，再经过光导管的反射，最终通过散光片均匀分散到旧工业建筑的内部。

（3）供配电系统维护管理任务

供配电系统维护管理任务主要有以下要求：

1）应坚持“预防为主、修养并重”的方针，按照“定期检测、状态维修、寿命管理”的原则，确保旧工业建筑再生利用园区供电系统安全可靠性；

2）检查、巡视供配电设备设施齐全完好、安全可靠，运行正常，并留存巡视检查保养记录；

3）应建立、完善相应的供电系统维护规程及岗位责任制；

4）供电系统的检修、测试及维修应由专业的人员持证上岗，涉及公众安全的用电产品，其相应活动应由具有相应资格的人员按规定进行。

（4）照明系统维护管理任务

照明系统应做好日常巡检及维护工作，并定期进行检查试验，及时处理发现的问题，保证整个系统的正常运行。

1）日常巡检维护

日常巡检应每周两次，检查时记录照明系统运行状况，及时发现问题并处理。

2）定期检查试验

①照明系统配电箱检查：对照明系统专用配电箱应每周定期检查，记录箱内各项开关、仪表是否正常，配电箱箱体是否损坏、生锈。

②路灯照明：室外照明系统的主要设备是路灯。路灯每周应检查两次，灯具应每半年进行一次清洁工作，并对路灯连接线进行检查试验。

③室内照明：室内照明配电箱应每周定期清扫，空气开关、接线螺丝每月定期检查，发现生锈、损坏等问题及时更换处理。低压电缆每年定期测量绝缘电阻，低于规定电阻值应逐一排查并更换修理。

3）不定期维护

①任何时候发现照明灯具出现问题，应及时排查问题并处理，保证正常运行；

②经历台风、地震等灾害后，应及时巡查受灾情况并处理；

③应组织专门维护修理工作部门，对可能出现的故障进行排查，发生故障时注意维护现场保证系统的安全。

4.2.6　电梯与自动化系统维护管理

（1）系统概况

建筑自动化系统就是将建筑物内的电力、照明、空调、给水排水、消防、保安、广播、通信等设备以集中监视和管理为目的，构成一个计算机控制、管理、监视的综合系统，也有称作建筑设备自动化系统或楼宇自动化系统的。

电梯系统，顾名思义，指建筑内外的客运、货运电梯设备及附属设备设施。大多数旧工业建筑由于建造年代久远、建筑智能科技含量较低，自动化系统相对缺乏，电梯也主要是货运电梯。转变使用功能后，应注重对建筑或园区整体的自动化系统进行改造或补强，同时加设客运电梯，以满足现代人们办公、生活、管理等需求。

(2) 电梯系统维护管理任务

电梯系统维护管理任务主要有以下要求：

1）质量保证期内的电梯应委托专业单位进行日常维护保养及年检，并应符合国家特种设备的安全技术规范、标准的要求。

2）应设置标识醒目、清晰，意思表达准确且易懂的安全标识与乘客须知。

3）应有运行、检查、维护保养、修理、改造情况及故障处理结果的运营记录，并宜以半月为记录周期。

4）宜采用智能技术对电梯运行模式进行实时调整以满足运营需求。

5）宜选用采用节能装置（如永磁同步曳引机、可变速电梯、具有能量回馈装置等）和具有开放协议接口的电梯。

6）电梯系统应具智能群控管理系统与远程监测维护功能。

7）电梯维修、保养时，必须在层门口设置“电梯维修保养、暂停使用”等字样的安全警示标志。需要打开层门作业时，必须在周围设置安全警示标志和护栏。对于无机房电梯，需要打开控制柜门进行作业时，必须在周围设置安全警示标志和护栏。

8）应经常检查绝缘情况，慎防触电，除非必要，禁止带电操作。

电梯维护保养人员应按照维护保养计划实施电梯维护保养，并按照现行标准《特种设备使用管理规则》TSG 08—2017 和电梯维护保养作业指导书的要求进行作业。

(3) 自动化设备配置与系统维护

自动化设备由于其对安装环境的高要求，必须依照设计规范放置于无烟无尘、通风良好的专门房间，网络设备放置于配线柜中。重要设备应提供备用电源、网络，并启用服务器双机热备份机制，以免突发状况影响自动化系统的正常运行。自动化系统网络应安装防火墙及杀毒软件。

维护人员必须经过针对自动化系统的培训才能参与系统调试及设备维护。发现问题需要更换设备或升级系统时，检修人员与设备管理人员应同时在场。自动化系统管理人员应注意保存管理口令，以免外泄造成不必要的麻烦。

4.2.7 消防与安防系统维护管理

(1) 系统概况

消防系统，包括消防供配电设施、火灾自动报警系统、消防供水设施和灭火设施。

它采用可靠的消防供配电设施，在火灾出现的初期，通过火灾报警系统向人们传递火情，使人们能够及时发现火灾，同时还可通过灭火设施自助灭火，如遇较大火势，可由消防员使用专门供水设施扑灭火灾，从而有效减少生命财产损失。

安防系统，即安全防范系统，包括入侵报警系统、视频安防监控系统、出入口控制系统、电子巡查系统、停车库（场）管理系统、电源设备、防雷接地以及线缆设备与监控中心。

旧工业建筑原有的消防系统与安防系统，多针对仓储、生产的工业产品性质来布置。如卷烟厂、军工厂等生产易燃易爆产品的工厂或生产涉及国家机密产品的工业厂区，其消防耐火等级相对较高，安全防范也相对周密；在旧工业建筑再生利用为居住建筑或公共建筑后，可针对不同的使用功能布置具有针对性的再生利用项目消防系统与安防系统。

（2）消防系统维护管理任务

消防系统维护管理主要有以下任务：

1）应制定维保检查计划，建立消防管理的规章制度，见表 4.14；

2）应定期检查室内外消火栓系统，确保符合要求，且检测仪器及维保工具应配备到位，维保人员配证上岗；

3）应定期检查消防供配电设施、火灾自动报警系统、消防供水设施和灭火设施齐全可靠；

4）应急照明灯具应正常，疏散指示标识应牢固、正确清晰；

5）应当利用户外广告、电子显示屏、楼宇电视等设施开展消防安全宣传教育，应制订灭火和应急救援预案并开展演练；

6）建筑消防设施应每年至少检测一次，合格后方可继续使用，检测对象包括全部系统设备、组件等；

7）值班、巡查、检测、灭火演练中发现建筑消防设施存在问题和故障的，相关人员应填写“建筑消防设施故障维修记录表”，并向单位消防安全管理人报告；

8）消防安防监控室应配备专职人员，24 小时值班，持证上岗，并留存值班记录；

9）应建立消防台账，包括消防安全基本情况、消防安全管理情况；应定期进行消防知识培训和消防演练，制定应急预案，保留演练记录。

消防设施维护保养计划表　　表 4.14

序号	检查保养项目		保养内容	周期
1	消防水泵	外观清洁	擦洗，除污	一个月
		泵中心轴	长期不用时，定期盘动	半个月
		主路控制回路	测试，检查，紧固	半年
		水泵	检查或更换盘根填料	半年
		机械润滑	加 0 号润滑脂	三个月

续表

序号	检查保养项目	保养内容	周期
2	管道	补漏，除筋，刷漆	半年
	阀门	补漏，除筋，刷漆，润滑	半年

注：1. 消防泵、喷淋泵、送风机、排烟机应定期试验。
2. 保养内容、周期可根据设施、设备使用说明、国家有关标准，安装场所环境等综合确定。
3. 本表为样表，单位可根据建筑消防设施的类别，分别制表，如消火栓系统维护保养计划表、自动喷水灭火系统维护保养计划表、气体灭火系统维护保养计划表等。

(3) 安防系统维护管理任务

安防系统维护管理主要有以下任务：

1）安全防范系统应与维保单位签订维护保养和维修合同；

2）维修保养的内容包括：清洁、调整、润滑安全技术防范系统前端设备、辅助设备、传输设备（线缆）、控制设备、记录和显示设备，检查系统工作状况和主要功能，进行相应维护保养，发现并消除安全隐患；

3）全系统的维护保养每年至少进行2次，并形成维修保养报告；

4）应确保入侵报警系统、视频安防监控系统、出入口控制系统、电子巡查系统、停车库（场）管理系统、电源设备、防雷接地以及线缆设备与监控中心工作正常；

5）维护保养和维修作业中应负责落实现场安全防护措施，保证人身安全、作业安全；

6）管理者应保证各项安全资源的投入，并应加强维护保养和维修人员的安全保密教育，以及定期对作业人员进行安全教育和培训，并作相应记录；

7）应按照日常检查作业指导文件的要求进行日常安全检查，并制定应急救援预案，且定期进行救援演习。

4.3 旧工业建筑再生利用项目生态与环境维护管理

旧工业建筑再生利用项目在改造完成后，为了增加项目的整体效果以及使用舒适度，在旧工业建筑改造园区内往往会布置很多的绿色项目。改造园区应保护生态环境，保证环境卫生与安全，改善总体生态环境质量。因此在旧工业建筑再生利用项目的运行过程，对生态与环境的维护管理不容忽视。

旧工业建筑再生利用项目的生态与环境维护与一般园林生态与环境维护大致相同，其主要区别在于设计的侧重性。旧工业建筑再生利用项目的绿化与景观需要考虑本项目的改造风格，需要符合项目的整体风格，而一般园林绿化及景观风格更加随意，可创造性较大。除此之外，应注重再生利用园区的卫生管理工作。

因此，旧工业建筑再生利用项目的生态与环境维护管理主要分为绿化维护管理、景观维护管理和再生利用园区卫生管理。

4.3.1　绿化维护管理

改造园区绿化应因地制宜，并应符合实用、经济、美观的原则，宜保留有价值的大乔木及移植珍贵幼树；改建、扩建项目宜保留已有的绿地和树木，不宜随意占用原规划的绿地，当需要占用时，可采用垂直绿化等方法弥补减少的绿地面积。

三分种植，七分养护，绿化维护工作是一项长期的工作。在旧工业建筑改造区的景观绿地建成后，随着树木的生长变化与绿地使用情况，需经常进行科学的养护管理。养护管理包括两个方面："养护"是指根据不同花木的生长需要和景观要求及时采取施肥、浇水、中耕除草、修剪、防虫、防风防寒等技术措施；"管理"是指管理安全、清洁等方面，养护管理需实现"及时养护，严格管理"。"养护"要求整洁、清新、繁茂，富有生气、四季有花、层次分明，无死树、无枯枝、无明显病虫害；"管理"要求干净清洁，没有垃圾堆积。根据季节，环境和景观要求，及时采取科学的维护措施，以实现少用工、高效率、低成本，提高养护质量。

（1）养护档案建档、保管制度

档案不仅是养护的第一手资料，也是制定养护计划和保证养护质量的基础。建档和存档的方法如下：

1）如果养护工程中标，在绿化养护接收的基础上，所有移交的数据应妥善保存，并移交给档案办公室进行管理；

2）全年开展的养护计划，养护措施，日常运营项目和巡查应当仔细填写，整理和归档；

3）遵守保密规定，不得随意出借或转让档案，必须经过领导批准后方可借阅档案，借阅后应及时归还；

4）档案管理人员应及时收集和养护信息，做好档案的使用和管理，分类并装订成册，目录清晰、资料完好无损，不得有缺页、损毁页。

（2）控制安全技术措施

绿化维护管理控制安全技术措施如下：

1）贯彻落实"安全第一，预防为主"的方针；

2）建立健全安全生产检查制度，每月组织实施绿化维护整治项目施工安全检查；

3）绿地日常维护安全检查及车辆运行安全检查；

4）项目施工要明确安全生产责任，必须做好安全防护措施，规范设置警示标示，使用统一围板进行打围，高空作业人员还应配置安全带，特种设备使用人员必须具备特种行业操作资格证；

5）绿化维护作业时，维护作业人员必须设置警示标志并穿戴有维护作业字样的工作服；

6）草坪修剪时，必须先对草坪内的建渣石块进行清理，避免飞石击人击物；

7）洒水作业及药品喷洒时，应避开周边行人及车辆；

8）定期对高大乔木进行排查，倾斜的及时扶正支撑，危及高压架空线路的及时修剪，保证安全间距；

9）定期排查行道树，发现异物（如钉子）及时清除；

10）定期检查休闲座椅及木质休闲设施，及时修复破旧损坏的休闲设施；

11）车辆应做好维护保养工作，不得私自出租或转借使用，应严格遵守交通安全各项法律法规，严禁开霸王车、酒后驾车和无证驾车。

（3）分部分项养护方案

1）浇水与排水

①水是植物的基本成分，植物的含水量为40%～80%，叶子的含水量达80%。如果根部缺水，地上部分会做出反应并停止生长；当土壤含水量小于7%时，根系将停止生长，随着土壤深度的增加，根系将发生外渗现象，导致烧根而死亡。及时合理的浇水可使土壤长时间保持湿润，在炎热的夏天，除了浇灌根部外，还需要在树冠、树枝和树叶上喷水进行保湿。夏季浇水时间应尽量安排在早晨或晚上，而在冬季，应尽可能在下午3点之前浇水完毕，防止夜间冰冻。

②浇水次数和频率：应根据植物种类采用适当的灌溉方法。耐旱树木应少浇水，非耐旱树木应多浇水，浇水必须浇透。

③低洼土地的排水和填土：雨季容易形成地表水，应及时将其清除。如果出现低洼，应该回填种植土，并修复草坪以保持草坪平整。

2）施肥

①种植各种园林植物，尤其是木本植物，可以长时间从固定点吸收养分。即使原来肥力很高的土壤，肥力也会逐年消耗而减少。因此，应不断增加土壤的肥力，以确保种植的植物的旺盛生长。肥料的选择应根据植物种类、年龄、生长期的不同，使用不同性质的肥料，以达到最佳的施肥效果。草坪应经常补充氮肥，每亩约10kg，一年2～3次。

②常见的施肥方法有以下四种：环状沟施肥法、放射状开沟施肥法、穴施法、全面施肥法。

3）除草

①需定期清除绿地内的杂草。除草的原则是“除早、除小、除了”，初春杂草生长时就要开始除，由于杂草种类繁多，应进行多次除草，春夏至少进行2～3次除草，切勿让杂草结籽，第二年又会大量滋生，不仅对美观造成损害，还会浪费相关的人力资源。

②除草是一项繁重的工作。除草的一般方法是：手拔、用铲子或锄头除草、结合耕除草、用化学除草剂除草。其中化学除草剂除草方便、经济、高效，除草剂有两种类型：灭生性和选择性，应根据实际情况选择。如果使用除草剂，应在晴天喷洒。

4）修剪

①乔木和灌木的修剪：乔木和灌木的修剪要根据植物的生态习性和自然形态进行修剪，及时定形，切口平整，不要拉树皮，切面涂防腐剂。枝条均匀分布，没有枯枝或危险的枝条，生长季节没有异常的黄叶。妥善处理树线与树屋之间的矛盾，减少事故隐患。例如，桂花需要自然丰满的形状，球形植物要确保球体表面圆润光滑等。

②拼块灌木的修剪：种植后，应按规定的高度和形状及时修剪拼块灌木，灌木丛外的细长枝条应经常修剪，以保持灌木整齐平衡。此外，应尽快切除植物的残花废果，以免消耗营养。球形植物的修剪，应做到球体丰满，球面光滑密实，没有明显的孔洞，并保持同种球体大小相同。日常修剪及时到位，不脱脚，不出现单枝（芽）超出 5cm 未剪现象，缺株时根据季节及时补种。

③道路中央分隔带修剪以挡住人的视线 1 ~ 1.2m 高为宜，不同的树种采用不同的修剪方法。

④剥芽：剥芽的数量和位置应根据树种确定。剥芽应及时进行，剥芽的长度不应超过 10cm，剥芽时不损坏树皮。

⑤树木扶正：在台风季节注意经常检查、加固，及时清理倒地树木，及时扶正。夏季注意抗旱；冬季树木易受冻害，及时涂白、包扎、保暖、防冻。

4.3.2　景观维护管理

一般来说，景观可分为两种，一种是人造景观，另一种是自然景观。自然景观又称软质景观，如云、海洋、森林、光、蓝天等。人造景观也被称为硬质景观，如栏杆、喷泉、假山等景观。从自然属性的角度来看，景观的本质体现在与颜色、形状和体积相关的可感元素中，其中空间形态的构成和区域形态的单独客体密切相关；从社会属性的角度来看，景观的本质体现在文化意义上，除了自身的欣赏效能以外，还包括实际效能和环境改善效能。通过对其内在意义的分析，我们可以更全面地总结人们的感受及其相关的心理状态。这种景观效果通常包括四种方式，即内部自然环境表现、整体风格表现、景观环境构成和人文情景表现。

所谓的景观维护管理是通过有效措施保护和维护景观成果，它包括管理和维护。管理主要是根据法律、法规和办法保护建筑物、设施、绿地；维护主要是对景观的建筑、小品、水体、照明、给水排水、装饰（包括置石、塑石、假山、铺地等）设施进行维修和植物养护。管理方面应遵循法律原则、文化原则；维护应遵循体现建设目的和展示景观特色原则、协调发展和传承创新原则、系统及时性原则、适度性原则 [8]。

（1）景观管理要遵循的原则

1）景观管理要遵循法律原则。即应当利用具有强制性功能的法律、制度、法规和措施，通过法律法规对景观进行管理，使景观处于法律法规的保护之下。通过有关部门采取的一系列硬性措施，各种对绿色保护行动的宣传、报道、表彰、奖励，严厉打击各种破坏行为，让人们不敢去破坏景观，从而有效保护景观成果。

2）景观管理要遵循文化原则。即运用文化的教育、引导、规范、制约等功用，通过价值理念的途径，用文化来管理，使景观处于道德、美德、公德的保护之中。经过全民参与的系列性的软措施，对人们思想认识的熏陶、道德情操的陶冶，使全体社会成员都认识到人类的生存和发展必须依赖于景观生态环境，从而形成一种珍惜景观、爱护花草树木的文化氛围，自发地抵制、治理各种毁绿、损绿的行为。

（2）景观维护要遵循的原则

1）景观维护要遵循体现建设目的和展示景观特色原则。景观为了一定的目的而建，不同项目的重点不同，如住宅景观是突出营造美丽、舒适宜居的环境；公共广场景观是突出营造美丽整洁的活动、游玩和休闲的环境。景观维护是通过有效的工作来实现预期的生态效益、社会效益和经济效益。

2）景观维护要遵循协调发展和传承创新原则。景观作为整个社会经济和政治文化的人类系统与自然环境系统所形成的复合系统的一个部分，通过维护好体现历史文化、人文风俗的风景名胜、古树名园及体现发展进步、改革创新的景观，实现景观与其他行业，尤其是关联较大的行业之间的协调发展；实现景观与社会经济和政治文化的发展相协调，了解建设目的、领会设计意图、知晓造园风格、掌握技术要领，使景观特色得以持续、传承。通过维护好人工的景观，使之与非人工的自然景观相协调，达到人造景观与自然景观的相和谐。

3）景观维护要遵循系统及时性原则。将景观维护工作作为一个综合考虑和有机运行的系统，使维护工作能够在安全、优质、高效、低成本的经济实用状态下运行。景观养护的植物具有生命性，生命一逝不复返，且植物的生长、发育又有规律性，运用规律、及时采取措施，才能更好地养护植物。各种病虫害的预防和控制需要把握时机，及时进行，以取得更好的效果。

4）景观维护要遵循适度性原则。景观维护既是一门科学，又是一门艺术，所进行的是“美容师”的工作。因此，在具体实践中，一定要根据实际情况，把握好各项工作的“度”，只有把握好了“度”，才能养护好花木、维持好设施，否则就达不到要求，甚至造成不良后果。例如喷灌时未浇透，不能满足植物生长所需水分；喷灌得太多，不仅造成水资源的浪费，还会形成水涝影响植物的生长。施肥时，肥料种类的选择、施肥时机、肥料浓度要恰当，否则就起不到应有效果，甚至会发生烧苗现象。各种造型的修剪，都要根据造景的需求，把握好“度”，才能体现设计意图、展示造园艺术、形成优美景观。

4.3.3 卫生管理

（1）卫生管理任务

旧工业建筑再生利用项目卫生管理任务包括以下要求：

1）应配备足够数量与规格的环境卫生公共设施，如废弃箱、污水井等；

2）对道路及其他公共场所应做到定时清扫，及时保洁，同时应采取有效的降尘措施；

3）应对公园、绿地、花坛、道路绿化隔离带等保持整洁，养护人员应当及时清除垃圾杂物；

4）根据建筑的使用功能，应设置合理的废弃物分类方案，收集设施布设人性化且不影响园区内外环境；

5）公用设施应当与周围环境相协调，并维护和保持设施完好、整洁；

6）环境卫生行政主管部门，应当配备专业人员或者委托有关单位和个人负责公共厕所的保洁和管理；有关部门和个人也可以承包公共厕所的保洁和管理。公共厕所的粪便应当排入贮（化）粪池或者城市污水系统。

（2）环境卫生保障要求

1）应设置公共卫生间；

2）电梯、楼道及其他封闭性公共空间应设置为无烟区或禁烟区；

3）应在公共空间适当位置设置可装宠物粪便的塑料袋的装置；

4）应设置除虫药物投放标示牌；

5）公共卫生设施应进行定期的维护和修理。

4.4　旧工业建筑再生利用项目道路与管线维护管理

旧工业建筑再生利用项目往往处于一个较大的工业区中，改造完成后，对于园区内道路与管线的维护管理也十分重要。旧工业建筑再生利用项目的道路与管线维护管理与一般公园道路及管线管理大致相似，最大的不同点在于旧工业改造项目中会涉及大功率用电以及地下管线预埋过多的问题。

4.4.1　道路交通维护管理

园区道路养护对象主要包括路基、路肩、边坡、路基排水设施、路面以及人行道等。对道路排水设施应加强检查，保持通畅，如有冲刷、堵塞和损坏，应及时疏通、修复或加固。

（1）路基养护

路基养护工作内容与要求见表 4.15。

路基养护工作内容与要求　　表 4.15

路基养护工作的内容	路基养护工作的要求
维修、加固路肩、边坡	路基各部分经常保持完整，各部分尺寸保持规定的标准要求，不损坏变形，经常处于完好状态
疏通、改善排水设施	路肩无车辙、坑洼、隆起、沉陷、缺口，横坡适度，边缘顺适，表面平整坚实、整洁，与路面接茬平顺

续表

路基养护工作的内容	路基养护工作的要求
维护、修理各种防护构造物	边坡稳定、坚固，平顺无冲沟、松散，坡度符合规定
清除塌方、积雪，处理塌陷，检查险情，防治水毁	边沟、排水沟、截水沟、跌水井、泄水槽（路肩水簸箕）等排水设施无淤塞、无高草，纵坡符合要求，排水畅通，进出口维护完好，保证路基、路面及边沟内不积水
观察和预防、处理翻浆、滑坡、泥石流等病害	挡土墙、护坡及防雪、防沙等设施完好无损坏，泄水孔无堵塞
有计划、有针对性地对局部路基进行加宽、加高，改善急弯、陡坡和视距不良路段	做好翻浆、塌方、山体滑坡、泥石流等病害的预防、治理和抢修，尽力缩短阻车时间

（2）路肩的养护

路肩养护与维修工作的重点是减小或消除水对路肩的危害，主要养护措施为：

1）设置截水明槽；

2）用粒料加固土路肩或有计划地铺筑硬路肩；

3）在陡坡路段的路肩和边坡上全范围人工植草，以防冲刷。

（3）边坡的养护

边坡包括路堑边坡和路堤边坡，其中路堑边坡在旧工业建筑再生利用中应用较多，包括石质和土质两种。石质路堑边坡可采用清除、抹面、喷浆、勾缝、嵌补、锚固等措施，避免危及行车、行人安全和堵塞边沟，影响排水；土质路堑边坡可采用种草、铺草皮、栽灌木林、铺柴束、篱格填石、投放石笼、干砌或浆砌片石护坡等措施，进行防护和加固。土工合成材料有土工网、土工格栅、防老化的塑料编织布、土工膜袋等，优点是：施工简便、进度快、造价低、效果好。

（4）路面养护

定期对路面的技术状况进行调查和评定，应以路面管理系统分析结果为依据，科学制定路面养护维修计划。沥青路面养护、水泥路面养护类型分为小修保养、中修工程、大修工程和改建工程。评价指标采用 PCI、PQI、BPN 和 SFC。沥青路面、水泥路面养护对策应参照现行《城镇道路养护技术规范》CJJ 36 相关规定执行。人行道养护应包括人行道基层、面层及人行道无障碍设施、人行道缘石、树池和踏步等，并参照现行《城镇道路养护技术规范》CJJ 36 相关规定对人行道及其附属设施进行巡查。

1）路面养护的目的

路面应保持有一定的强度、刚度及稳定性，使路面结构具有足够的抗疲劳强度、抗老化和变形累积的能力，确保其耐久性，并使路面平整、完好，路拱适度，排水畅通，行车顺适、安全。

2）路面养护的要求

①保持路面平整完好，经常清扫路面，做好路面排水；

②防止路面下沉，无裂缝；

③加强路况巡查，发现安全隐患，及时处理。

（5）路面常见破损及其产生的原因

水泥混凝土路面破损大致可分四类：面层断裂类、面层竖向位移类、面层接缝类、面层表层损坏类。

1）面层断裂类

①原因：路基不均匀沉降，重载重复作用，翘曲应力，施工不当，接缝材料养护不及时，渗水等。包括纵、横、斜、交叉裂缝及断裂板。

②处治：扩缝灌浆法、条带罩面。

2）面层竖向位移类

①原因：地基沉降、路基的冻胀、膨胀土所引起的沉降和胀起等。

②处治：顶升法、灌浆法。

3）面层接缝类

①原因：由于接缝养护不及时，基层稳定性不好，强度不同所引起的接缝填缝料损坏、纵向裂缝张开、唧泥、板底脱空、错台、接缝碎裂、拱起等。

②处治：接缝——清缝、回填；唧泥——压浆法；板块脱空——灌浆法；错台——磨平、顺接。

4）面层表层损坏类

①原因：主要由于行车荷载的反复作用，以及混凝土的耐磨性欠佳所造成的磨损、露骨。混凝土面层表面水泥砂浆在车轮反复作用下被逐渐磨损，沿轮迹带出现微凹的表面。长期磨损使表层砂浆几乎全部磨去，粗集料外露，并且部分粗集料被磨光。

②处治：一般公路采用稀浆封层加以处治；对于较大面积采取稀浆封层及沥青混凝土罩面措施。

4.4.2 地下管线维护管理

（1）地下管线普查及探测

地下管线探测的目标就是查明现有在用的、已废弃的以及规划中在建的全部管线、管沟和管廊的平面位置关系、种类、规模、用途、产权、走向、管径、尺寸运行年限以及相应部位的地面标高等信息。对现状不明的地下管线进行补查，对于已有管线数据且具有一定准确性的管线进行核查，在补查和核查完成后，需要做好普查成果的保护和继承，为地下管线增加“电子身份证”，提高地下管线定位的准确性，降低地下管线开挖的事故率，减少开挖面积。

对明显管线点主要查明地下管线的点属性数据、线属性信息。用钢卷尺通过开井、下井量测断面尺寸、管顶（底）深度、井底深度，读数至厘米；调查时记录管线材质、管偏、井盖材质、电压、流向等数据。隐蔽管线点探测主要采用RD8000及PL960型地下管线探测仪进行定位定深。部分疑难管线可结合探地雷达、开挖、钎探等方式查明管线位置及埋深。

地下管线普查过程包括：已有资料的收集、现场踏勘、物探方法试验及管线探测仪校验、编写施工方案或设计书、地下管线调查与探查、地下管线测量、建立地下管线数据库、地下管线图编绘、编写并提交总结报告等，具体工作流程如图4.17所示。

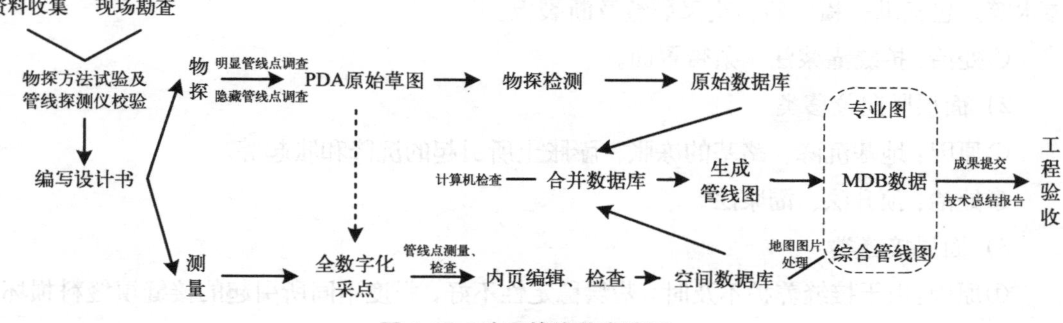

图4.17 地下管线普查流程

（2）地下管线评估与检测

在地下管线探测的基础上，利用检测设备对管线运行状况进行无损在线检测，查找管线存在的各种腐蚀、破损、泄漏等安全隐患，综合运用内外探测手段判别地下管线的整体运行情况，对管道状况进行安全评估；利用补查和隐患排查数据，通过隐患模型，分析和评估地下管线自身隐患、管线之间的隐患、管线周边环境隐患，形成相对完善的隐患信息数据库；在普查的基础上，在专业管线的在线监测系统和巡检管理系统的支撑下，通过对地下管线关键节点的状态信息、巡检情况及历史信息等的深入分析，识别地下管线的综合安全风险；在安全预警系统的支撑下，以事故发生的可能性和后果的严重性为准则，系统考虑地下管线寿命、环境和故障率等相关因素影响，综合分析形成地下管线的风险等级和安全策略，实现管线的健康管理；根据管线隐患、监测预警与健康管理分析结果，形成详细的消隐方案。

（3）地下管线清淤和修复

市地下管线的畅通是保障智慧管线顺利执行的基础保障，需要对城市主要管线进行清淤和修复。

1）管线清淤

主要工作内容如表4.16所示。

2）非开挖施工修复

与传统的施工法相比，非开挖施工法具有保护环境、不妨碍交通、施工周期短、综合成本低、社会效益显著等优势。尤其适合在一些无法实施开挖作业的地区，如闹市区、高速公路等，可广泛用于市政、供水、燃气、电力、石油管道、通信、热力等管线的铺设、更新或修复。

管线清淤工作内容　　表 4.16

管线清淤	具体内容
施工安全及封堵、临排	为保证施工的安全，需对疏通管段临时封堵并做好毒气检测及通风工作，确保施工人员的人身安全。封堵后上游流向施工管段的污水需进行临时导流，以避免管道内污水外溢
高压水射流清洗技术	利用高压水射流清洗技术可以清除排水管道、下水道等管道中的堵塞物，射水装置能利用高压清理管道上的沉淀物，冲走管道内的瓦砾碎屑，更高效地完成对管道的清淤处理。随着社会的发展，高压水射流清洗技术已逐渐代替人力疏通方式成为机械疏通的主流方法

4.4.3　架空杆线维护管理

（1）输电线路巡视

1）巡视类型

①定期巡视：其目的是定期掌握线路各部件的运行情况和沿线情况，及时发现设备缺陷和威胁线路安全运行的情况。定期检查由专业检查员进行，通常每周检查一次，其他检查由运行单位根据具体情况确定，并可根据具体情况适当调整，巡视区段为全线。

②故障巡视：为了找出故障发生时（接地、跳闸）故障点、故障原因和情况，应在故障发生后及时进行故障检查，通常应检查发生故障区段或整个线路。在故障检查中，检查员应不间断、无遗漏地完成所有检查部分，收集并带回可能导致故障的所有物件，并对故障现场做好详细记录，以作为事故分析的依据和参考。

③特殊巡视：当气候急剧变化（大雾、导线覆冰、大风、暴雨等），自然灾害（地震、河流泛滥、森林火灾等），线路超载等特殊情况时，对全线、某几段或某些部件进行检查，以发现线路的异常现象和零件的变形损坏。特殊巡视应根据需要及时进行，通常巡视全线、某线段或某部件。

④夜间、交叉和诊断性巡视：是为了检查导线的连接器的发热或绝缘子污秽放电情况。该巡视根据运行季节特点、线路的健康情况和环境特点确定重点，并根据运行情况及时进行，一般巡视全线、某线段或某部件。

⑤登杆塔巡视：是为了弥补地面巡视的不足，而对杆塔上部部件的巡查。

⑥监察巡视：运维检修部及上级单位的领导干部和技术人员了解线路运行情况，检查指导巡线人员的工作。监察巡视每年至少一次，一般巡视全线或某线段。

2）巡视要求

①输电技术组要严格按照输电线路巡视计划执行，如有其他原因推迟巡视时间，输电技术组负责人应说清原因，并尽快安排时间继续巡视。

②巡视检查的内容应按现行《架空输电线路运行规程》DL/T 741 执行。运维检修部相关专责人员，应定期参加线路巡视，以了解线路运行情况并检查、指导巡视人员的工作。

③定期巡视在地形条件较好地段，可由有一定工作经验的巡视人员一人进行。特殊巡视、夜间巡视、故障巡视及登杆塔巡视必须由两人或两人以上进行。运行人员在巡视时应做到“四到”（走到、看到、听到、宣传到），“三准”（缺陷判断准、记录填写准、图表资料准）。

④线路发生故障时，不论重合是否成功，均应及时组织故障巡视，必要时需登杆塔检查。巡视中，巡线员应将所分担的巡线区段全部巡视完，不得中断或遗漏。发现故障点后应及时报告，重大事故应设法保护现场。对发现的可能造成故障的所有物件应收集带回，并对故障现场情况做好详细记录，由工作负责人采集故障点的全方位影像图片，以作为事故分析的依据和参考。

⑤技术组依据调度中心提供的超负荷线路信息，适当调整巡视计划，及时开展红外测温工作。

⑥线路维护班组应根据线路地形地貌、周围环境、气象条件及气候变化等划分区域，针对不同区域调整巡视周期。对于特殊区域要加强巡视，如易受外力破坏区、树竹速长区、偷盗多发区、采动影响区、易建房区等，巡视周期一般为半个月。

3）巡视主要内容

线路设备的运行监视、缺陷的发现，主要是采取巡视检查的方法。通过巡视检查来掌握线路运行状况及周围环境的变化，及时发现设备缺陷和危及线路安全的因素，以便及时消除缺陷，预防事故的发生。巡视的主要内容见表 4.17。

线路设备主要巡视内容 **表 4.17**

检查部位	检查内容
沿线环境	防护区内的建筑物、易燃、易爆和腐蚀性气体
	防护区内的树木
	防护区内进行的土方挖掘、建筑施工和施工爆破
	防护区内架设或敷设架空电力线路、架空通信线路和各种管道及电缆
道路及桥梁	巡视使用的道路及桥梁的损坏情况
杆塔、拉线和基础	基础表面水泥脱落、酥化或钢筋外露
	杆塔倾斜、横担歪扭及杆塔部件锈蚀变形、缺损
	杆塔部件固定螺栓松动、缺螺栓或螺帽，螺栓丝扣长度不够
	拉线及部件锈蚀、松弛、断股抽筋、张力分配不均
导线、地线	导线、地线锈蚀、断股、损伤或闪络烧伤
	导线、架空地线的驰度变化

续表

检查部位	检查内容
导线、地线	导线、地线上扬、振动、舞动、脱冰跳跃等情况
	导线、地线接续金具过热、变色、变形、滑移
绝缘子	绝缘子脏污，瓷质裂纹、破碎，钢化玻璃绝缘子爆裂，绝缘子钢帽及钢脚锈蚀，钢脚弯曲
	合成绝缘子伞裙破裂、烧伤，金具、均压环变形、扭曲、锈蚀等异常情况
	绝缘子有闪络痕迹和局部火花放电留下的痕迹
防雷设施与接地装置	架空地线、接地引下线、接地装置间的连接固定情况
	接地引下线的断股、断线、锈蚀情况
	接地装置严重锈蚀，埋入地下部分外露、丢失
金具	金具锈蚀、变形，磨损，裂纹，开口销及弹簧销缺损或脱出
附件及其他设施	预绞丝滑动、断股或损伤
	防振锤移位、偏斜，钢丝断股，绑线松动
	绝缘子上方防鸟罩、防鸟刺是否歪斜和掉落，防鸟设施损坏、变形或缺少
	相位、警告牌损坏、丢失，线路名称、杆塔编号字迹不清
	均压环、屏蔽环锈蚀及螺栓松动、偏斜
	附属通信设施损坏

4）巡视记录的要求

①巡视人员要熟练掌握移动作业平台（PDA）的操作，和PMS系统录入规范，及时将当天任务上传到PMS；

②巡视记录应该同时具备电子版，方便调出和打印；

③相关部门应保留至少1年的巡视和缺陷记录，为后续设备评价和检修提供依据。

(2) 输电线路故障处理

1）线路事故原因查找

输电技术组在接到线路跳闸指令后，应立即组织人员按照故障巡视的要求，尽快查出故障点。

2）故障抢修

①输电技术组工作票签发人应当组织现场调查，确定施工计划；

②对于危险性、复杂性和难度较大的工作，应编制“四措一案”，并报运营检修部；

③如果需要停电维修，输电技术组应提交停电申请表，经运维检修部批准后，可以通过事故紧急维修单或工作票来消除故障。

3）恢复送电

①完工后，工作负责人(包括小组负责人)应检查线路检修地段的状况，确认在杆塔上、

导线上、绝缘子串上及其他辅助设备上没有遗留的个人保安线、工具、材料等，查明全部工作人员确由杆塔上撤下后，再命令拆除工作地段所挂的接地线。接地线拆除后，不准任何人再登杆进行工作。多个小组工作，工作负责人应得到所有小组负责人工作结束的汇报。

②工作负责人应及时收集现场照片。如果是夜间抢修，工作负责人应在第二天检查抢修工作的质量，对于那些不符合规范要求的，应及时向维修计划报告并彻底消除缺陷。

(3) 新建输电线路维护

新建输电线路维护内容见表 4.18。

新建输电线路维护内容　　表 4.18

维护阶段	维护内容
输电线路投运前	新建输电线路验收合格后，送电前输电技术组应安排人员对全线廊道进行排查，确保线路廊道畅通无阻。新建输电线路的通道环境，尤其是树障不满足线路保护区运行要求的，属基建项目的，输电技术组应及时将树障情况上报运维检修部
输电线路投运后	新建线路和切改区段在投运后 3 个月内，每月应进行 1 次全面巡视，之后执行正常巡视周期。新建线路投运后的 1 个月内，要组织开展一次红外测温工作

参考文献

[1] 宋彧．工程结构检测与加固 [M]. 北京：科学出版社，2005.

[2] 张琦．浅析混凝土结构工程常见质量问题 [J]. 化工管理，2018（21）：223.

[3] 李远强．探析砌体结构常见的质量问题 [J]. 法制与经济（下旬），2010（07）：120.

[4] 张世怡．钢结构工程施工常见质量问题分析与处理 [J]. 住宅与房地产，2019（09）：232.

[5] 张新华．大型公共建筑设施管理系统研究与应用 [D]. 武汉：华中科技大学，2015.

[6] 王聪．暖通空调系统设备管理与故障问题的维护探讨 [J]. 中国设备工程，2019（03）：66-67.

[7] 王静．旧工业建筑绿色节能改造技术的应用研究 [D]. 西安：西安建筑科技大学，2015.

[8] 宗翠花，刘虎林．园林景观的后期维护探析 [J]. 文艺生活·文海艺苑，2014（8）：204-204.

[9] 王金阁．木结构腐朽的安全检查与加固技术的探讨 [J]. 住宅科技，2011，31（S1）：259-260+348.

第 5 章　旧工业建筑再生利用项目运维成本管理

5.1　旧工业建筑再生利用项目运维成本管理基本理论

国外某研究机构对公共建筑在全生命周期的成本费用进行分析之后发现，设计和建造的成本只占到了整个建筑生命周期成本的 20% 左右，而运营阶段的成本占到了全生命周期成本的 67% 以上，科学地进行运维成本管理尤为重要。

5.1.1　传统项目运维成本

(1) 全寿命周期成本管理

全寿命周期（Life Cycle）一般是指项目经历决策、设计、施工、运营维护到拆除报废所持续的全部时间[1]。全寿命周期成本则是建筑物或构筑物在其生命周期内持有、运营、维护和拆除报废的折现货币值[1, 2]。我国行业内对全寿命周期成本普遍认可的概念是指：建设工程项目在全寿命周期内决策、设计、建造、安装、运营维护和拆除报废所有阶段成本费用的总和[1, 3]。全寿命周期管理（Life Cycle Management）则是对全寿命周期内各种建筑材料构件安装生产，人员与机械配备，规划、设计与建造，运行和维护，拆除与处理全过程中所产生对环境效益、社会效益和经济效益的管理。

全寿命周期成本管理是指从全寿命周期角度出发考虑项目的成本管理问题，把管理论、协同论、控制论、系统论等理论结合运用到建设项目的成本管理活动中，并采用先进的分析方法和技术手段对各阶段的成本构成进行分析，掌握全寿命周期内各个阶段成本之间的相互联系和存在的制约关系，从而有针对性地制定高效的成本管理措施，以提高管理效果，优化管理结构，实现项目利益最大化和全寿命周期内成本最优化的目的[1, 4]。运营维护作为全寿命周期中的一个阶段，运营维护管理服从于全寿命周期管理，其成本管理也服从于全寿命周期成本管理。

(2) 运维成本

项目的运维费用是指维持项目建成投产后设备的正常运行所产生的各种费用，主要包括设备、材料、修缮、保养、人工及其他费用[5]。一般建筑的成本变化从全寿命周期的视角出发，包含了从设计建造到使用全过程，分为初始成本和运维成本。运维成本属于全寿命周期成本中的未来成本，包括空间管理成本、资产管理成本、维护管理成本、公共安全管理成本和能耗管理成本。运维成本管理是在运维阶段满足建筑质量和安全要求的前提下，制定合理的运维方案并运用现代科学的技术和方法，对已投入使用的建筑设施进行全方位的管理，为建筑设施的所有者和使用者提供高效服务，从而提高建筑设施的经济和实用价值以降低运维成本。

为准确研究运维成本，在经过历史成本数据的搜集和分析及对未来成本支出特点的掌握的前提下，预测和估计未来运维成本，并作为制定相应方案的依据。同时运用定性分析和定量分析，选择最佳方案，并持续动态监测成本控制情况，保证成本方案持续改进，如图 5.1 所示，运维阶段全寿命周期评价控制基本流程。

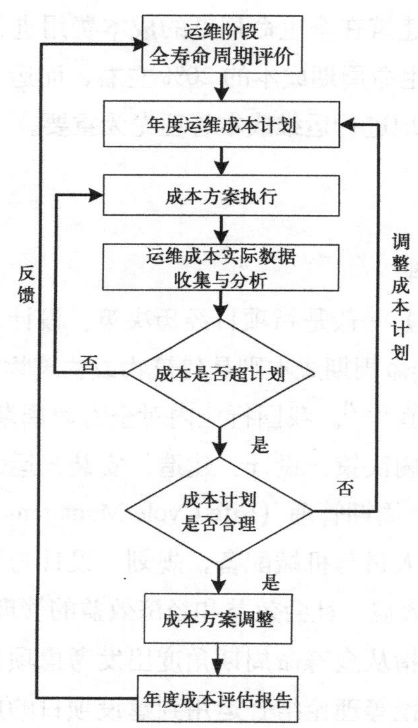

图 5.1 运维阶段全寿命周期评价控制基本流程

5.1.2 再生利用项目运维成本

（1）旧工业建筑再生利用项目运维管理

全寿命周期对旧工业建筑再生利用项目而言，包括旧工业建筑再生利用的改造决策、设计、实施、竣工验收、运营维护以及最后的报废阶段全过程。从系统工程学理论角度出发，一个系统的生命周期可分为四个阶段，如图 5.2 所示。在其生命周期内系统各部分相互联系、影响和制约，在旧工业建筑再生利用项目的运维阶段，基于全寿命周期管理的主要工作如图 5.3 所示。

1）理解旧工业建筑再生利用项目特征、质量、功能、可靠性、可维护性等特点，为运维打好基础；

2）监测旧工业建筑再生利用项目性能状况，制定合理的运维方案；

3）基于全寿命周期成本的运维方案的执行与评估；

4）运维成本数据的收集整理与更新反馈。

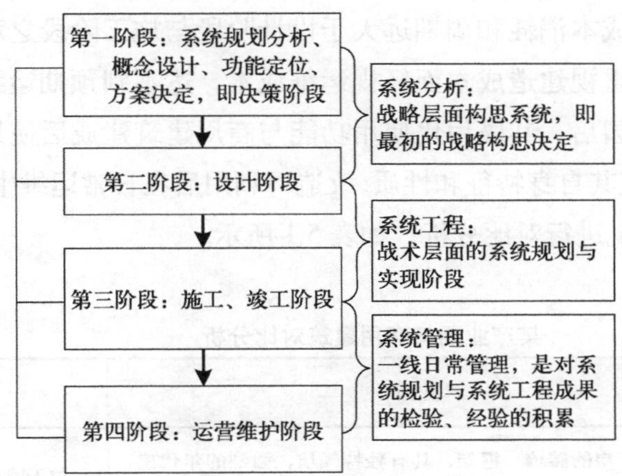

图 5.2　系统生命周期的工作内容

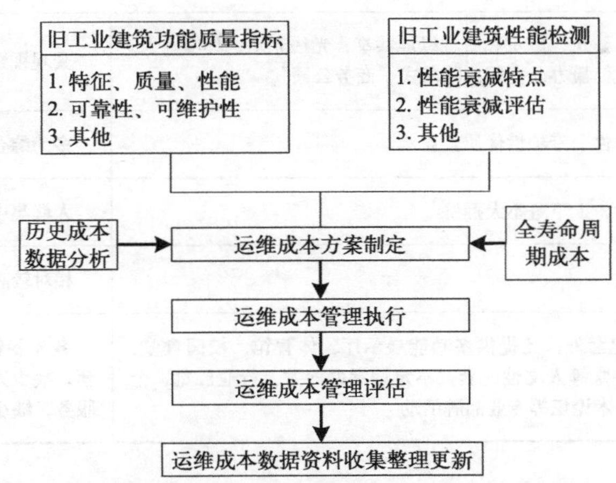

图 5.3　运维阶段基于全生命周期管理的主要工作

旧工业建筑再生利用项目的运维管理与商用建筑的运维管理很相似（特指旧工业建筑转型为产业园项目）。但旧工业建筑再生利用项目的运维管理除对旧工业建筑自身的持续维护保养外，甚至还肩负着文化传承的重担，因此企业的综合协调管理，需要多专业配合，需要企业各个部分及管理人员配合。目前旧工业建筑再生利用项目的运维管理研究还处于探索阶段，很多项目因片面强调其改造成本最小化，而忽视未来的运维成本，从而造成运维阶段成本的不合理增加。正确的运营和维护服务对于确保良好的建筑性能和维护建筑物的经济租金是至关重要的，应该全方位考虑运维阶段成本的产生，促进运维阶段信息向前集成。

（2）旧工业建筑再生利用项目运维成本

旧工业建筑以再生利用为产业园项目为例，商用建筑类型较为常见，而商用建筑是以盈利为目的、主要用于商业和经营的建筑物。运维阶段是商用建筑投入使用和盈利的开始，且运维阶段的成本消耗和周期远大于设计阶段与施工阶段之和。基于商用建筑投资者在成本管理方面重视建造成本而轻视运维成本，达不到预期运维效果，发现旧工业建筑再生利用为产业园后，其民用化使用功能与商用建筑建成后使用功能有很多相同的地方。由于旧工业建筑其自身特征和性质，改造再利用后在日常运维中又存在不同的地方，故将产业园与商用建筑进行对比分析，如表 5.1 所示。

某产业园与商用建筑对比分析 表 5.1

类别	产业园	商用建筑
建筑属性	保留原厂房的砖墙、框架，具有独特气质，强烈的年代感，融合休闲与办公功能	位于城市中心区，多为现代化建筑
建筑密度	原单层厂房改造后为二层或三层，低密度建筑	多为高层和超高层，高密度建筑
公共空间	低密度，建筑、庭院和景观绿地共享，光线充足、环境宜人，共享公园式健康办公空间、院落式“商务公园”	景观视野和舒适度较差
入驻企业	多为专业性、专项性优质企业	多为综合性、多元化企业
上下班拥挤度	人流较少，上下班不太拥挤	人群集中，上下班电梯拥挤
租用成本	相对较低	相对较高
配套服务	除商业配套外，还提供多功能展示厅、体育馆、校园食堂、专家学者讲堂等人文性配套，不定期举办沙龙、行业展览、企业年会、学术论坛等专业品牌活动	多为餐饮、文娱、购物等商业配套，缺少人文性；多数仅为基础物业服务，缺少专业性品牌交流活动

综上，以产业园类型为例，旧工业建筑运维成本管理是指旧工业建筑再生利用为产业园后，在投入使用后的运维过程中，为了维护旧工业建筑自身及产业园的正常运行，并使投入资金不断回笼以达到运营收益的效果，且使成本达到最优的状态而进行的成本管理行为。这要求产业园在进入运维阶段后，需要以实际情况来制定相应的运维方案，并将全寿命周期成果效益最大或成本最低作为方案制定的基本目标和要求。运维成本管理即通过编制科学合理的运维方案，采用先进的运维管理理念和科学的运维技术手段，对正在使用的建筑物、构筑物及各类设备实施全面综合的管理，从而减少运维的费用，达到经济效益提升的目的，同时，实现成本不断优化管理的要求。

5.2　旧工业建筑再生利用项目运维成本影响因素分析

5.2.1　运维成本构成

根据运维成本管理的概念将运维成本管理分为空间、资产、维护、公共安全和能耗五个要素模块，如图 5.4 所示。

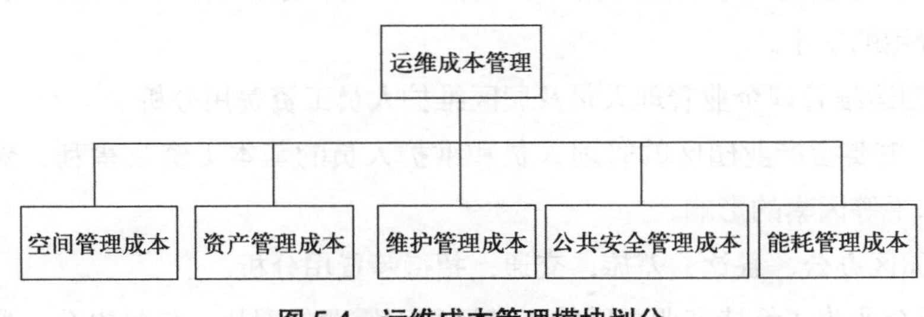

图 5.4　运维成本管理模块划分

每个成本要素模块的构成都很繁杂，想要更好地探析运维成本各个要素的影响因素，就必须先对运维成本要素的构成进行分析。建筑物必须保持在一个可接受的标准状态以确保建筑物的正常使用，而运维成本就是使建筑物保持在可接受的标准状态上所产生的一切费用。成功的运维成本管理不仅使建筑物及设施设备能够得到持续的更新维护，还能使维护修理费用得到合理降低，以达到降低总运维成本的目的。同时，在旧工业建筑再生利用为产业园后的运维阶段，通过分析成本要素的构成达到为构建运维成本管理影响因素体系服务的目的，具体分析各成本模块的组成如下。

（1）空间管理成本组成分析

1）产业园区旧工业建筑内部空间重组费用分析

在维持原结构的前提下，根据租户的使用需求与期望，对旧工业建筑内部功能空间进行垂直和水平分割，并加设楼梯或电梯，对产业园区的暖通空调、线路管网等进行二次改造以满足租户对使用空间舒适度、健康与安全要求，这些工作会产生大量内部空间重组费用。

2）产业园区设施改善费用分析

为保证园区的运行效果，有时需要增加绿化面积，加宽或增加道路，修缮或增加给水排水设施，更换照明等电路设施，修建排烟及暖通设施。同时，旧工业建筑原本用于各种工业生产，园区内没有固定停车场，投入运营后车流量大，对园区的交通秩序产生不利影响，所以在园区内或是园区外修建停车场是有必要的。这些工作需要投入设施改善费用。

3）产业园区租金收益费用分析

铺位租金的收取是运营收益的主要来源。旧工业建筑再生利用为产业园并投入使用后，出租是经营模式中能最直接回收资金的模式，收取租金是运营企业比重较大的资金来源。同时，为了提高运维管理企业的效益，运维管理企业还可自行运营商铺或与入驻企业联合经营（孵化项目）来获取项目收益。

(2) 资产管理成本组成分析

1）产业园区物业费用分析

为了保证各个租户正常的经营与生活，需要向各个租户收取保洁、维修等物业管理费用。收取的费用主要用于保洁人员工资及福利、维护保养费用、清洁费用、管理费用及其他相关费用的支出。

2）产业园运维管理企业管理人员及园区维护人员工资费用分析

人员工资主要指产业园区的管理人员和维护人员的基本工资及福利，受员工人数、职位和薪资水平等因素的影响。

3）产业园区办公、餐饮、差旅、交通、招待等费用分析

运维管理企业为了维持产业园区的正常运行而需要的费用。包括办公、餐饮、差旅、交通、招待等费用。

(3) 维护管理成本组成分析

包括保养与修理所需要的人工、材料、机械费用，设施设备更新费用，即旧工业建筑日常维护费用。

1）产业园区建筑物维护费用分析

由于建筑本身已经使用一定年限，所以部分旧工业建筑使用寿命剩余不多或已经达到使用寿命，而旧工业建筑再生利用实质是在旧工业建筑已使用年限的基础上延长其使用寿命。在延长旧工业建筑的使用寿命前，必须对厂房进行全方位的结构安全性、耐久性及可靠性检测，对需要加固处理的梁、板、柱，根据实际需要进行加固改造。旧工业建筑安全鉴定是对其地基及基础、结构体系、承重构件的完损程度和使用状况是否危及建筑的安全使用进行鉴别和评定。其中，结构安全鉴定是对服务多年的建筑物进行结构作用与结构抗力的检查、测定和分析，并按照相关规范确定结构安全性等级[6]。从旧工业建筑自身维护角度来看，旧工业建筑再生利用投入使用后，需要进行维护、修缮及保养，所以，为保证建筑物处于安全的使用状态需要投入维护费用。

2）产业园区建筑物屋面与外墙面维护费用分析

旧工业建筑屋面防水材料和设施已使用一定年限，其寿命也受到风雨雪等自然因素的影响，从而导致屋面防水效果差，甚至发生漏水渗水现象，使得结构存在安全隐患。有的旧工业建筑在前期改造中，为节约施工成本和工期，对屋面防水未进行处理，使得屋面防水工作不到位，导致雨水浸入室内，损坏已经装修好的内外墙面及设施。这些问题均会在运维阶段产生维护费用。

3）产业园区及设施维护费用分析

从产业园区角度来看，园区内的绿化、给水排水设施、电路照明设施、暖通设施、

道路设施及其他市政管网，是在原设施基础上改造或是新敷设的，为满足正常使用，需进行定期检修，这些工作会产生大量的维护费用。

4）产业园区消防设施维护费用分析

旧工业建筑原功能是工业生产，功能转型后，转变为公共建筑，其消防设施是新建的。消防设施的维护更加体现了“预防为主”的消防理念。旧工业建筑消防设施的运营维护管理是当旧工业建筑再生利用投入使用后，对消防设施及人员、设备、制度进行综合管理的过程。该过程会产生一定的维护费用。

（4）公共安全管理成本组成分析

产业园区公共安全管理成本包括应对火灾、自然灾害、安全事故及公共卫生事故等突发事件的成本。

1）建筑火灾对火源建筑的居民、毗邻建筑的居民及消防人员等人身安全造成严重影响。火灾预防与控制成本是火灾风险管理中极其重要的一个部分，主要包括各种自动报警、探测及灭火设备的购置费用、维修费用、防火宣传费用等。

2）自然灾害是影响建筑物、构筑物及设施设备物理寿命的重要因素。应对自然灾害发生的成本包括应对人员人身财产安全费用和房屋倒塌、公共服务设施、基础设施恢复重建费用等。

3）安全事故是指由于人的不安全行为、物的不安全状态及管理的缺陷等因素造成的人身伤害和财产损失。应对安全事故的成本由预防安全事故投入的保证性安全成本和事故发生后投入的损失性安全成本两个部分组成。

4）公共卫生事故是指造成社会公众健康严重损害及严重影响公众健康的事故。公共卫生事故的突发性及不确定性等特点决定了其应对成本存在很大的不确定性和难以预测性。

（5）能耗管理成本组成分析

旧工业建筑为了满足原有特殊生产活动的温度条件，围护结构往往具有较差的保温隔热性能。初期改造时，为了降低初期建设费用，设计与施工阶段选择便宜而高耗能的材料，采用低性能、高能耗、耐久性差的新型建筑构造方式及建筑结构体系等，使得后期使用与维护过程将会浪费大量的能源与资源。

1）产业园区供电费用分析

产业园区供电可分为两部分，公共区域供电与租户区域供电。产业园区供电需要的费用是运维阶段成本中的一笔较大开销，优化高峰期供电对节约供电成本具有十分重要的意义。旧工业建筑进行节能改造后，空间虽有分隔，但各部分空间的空气流通性较好，外墙、门窗、屋顶均可获得良好的隔热效果。

2）产业园区供水费用分析

产业园区供水可分为两部分，公共区域供水与租户区域供水。公共区域供水主要有公共卫生、园林绿化等用水，整个园区供水需要产生一定的费用。

3）产业园区采暖费用分析

在寒冷地区，冬季采暖是运维阶段较大的一笔费用支出，园区供暖主要由公共区域供暖和租户供暖组成。如果对旧工业建筑进行节能改造，则外墙、门窗、屋顶获得良好的保温效果，建筑能耗降低，用户可以通过散热器供暖支管处的散热器恒温控制阀进行温度控制，减少用热量，从而引起用户采暖费用降低；同时供热成本降低也可导致热力销售价格降低，也就使得用户采暖费用降低。

5.2.2 运维成本影响因素

(1) 运维成本管理存在的主要问题

影响运维成本的因素多且杂，通过寻找关键影响因素可以使成本管控更有效、更具有针对性。对于产业园项目而言，运维管理企业领导者及管理者相较于运维阶段更加注重前期改造成本的管理，这就会造成对运维成本管理重视程度不够、缺少专业人员的投入、理论知识准备不足、缺乏对运营阶段成本范畴研究等问题。以下对运维阶段成本管理存在的问题进行全面分析。

1）运维缺乏适当的政策和程序

对于建筑物运维阶段成本管理而言，缺少从业者可以参考的预算方法和预算程序，也不存在标准的工程。因建筑物规模、复杂性、组织设置不同，所以在制定政策和程序时应考虑到建筑物的特性和特殊要求。

2）运维成本管理重视程度不够

旧工业建筑再生利用为产业园项目，案例较少，运维管理对于大多数的管理者来说仍处于探究的阶段，在一些方面缺乏主动性，运维管理知识不全面，运维成本管理意识不强。另外，投资方、设计方、建设方及运维方各自负责相应阶段的管理工作，难以克服工作接口多和各自为营的问题，更无法全盘优化从规划到运维的全寿命周期成本管理，使得运维阶段成本无法有效管控。

3）运维阶段成本历史数据缺失

可靠数据的缺乏使得衡量运营和维护服务是否物有所值非常困难，更无法准确控制基准运维绩效。缺乏适当的运营维护信息与历史数据，使得运维阶段成本管理没有以往的经验可借鉴。

4）运维成本管理理论研究不足

首先，旧工业建筑再生利用项目成本管理研究更多的是集中于改造期间的成本管理，且由于项目运维成本管理自身复杂性，多数情况下是作为项目全寿命周期成本管理的一部分进行研究，对于运维阶段成本管理研究尚未形成完整的体系；其次，区域政策和经济发展状况的不同使得运维管理存在一定的差异性，影响着运维阶段成本管理。

5）改造施工阶段遗留问题多

根据课题组实地调研，大部分旧工业建筑的初期改造工作包括：厂区建筑的内墙、外墙、地面、屋面、门窗等的基础清理；工业厂房结构的全面检测与加固；拆除部分已经无法再正常使用的建筑；为满足产业园区正常运营而新建的部分建筑物和构筑物；园区道路的修缮与加宽；绿化面积的增加；市政设施的修缮与新建。因此，初期改造的成本投入和工期投入是有限的，企业为加快改造成本的回收和建筑投入使用的进度，及尽快实现收益，使得初期改造为后期使用过程中留下隐患，这需要在运维过程中不断进行处理。

（2）影响运维成本的因素分类

将运维成本管理影响因素体系划分为物、人、管理、能源消耗、经营源消效果、政策环境六类影响因素体系，以期更加有效、全面与系统地分析运维成本各个影响因素；同时该划分涵盖了运维成本中空间、资产、维护、公共安全、能耗管理成本的各个影响因素，如图 5.5 所示。

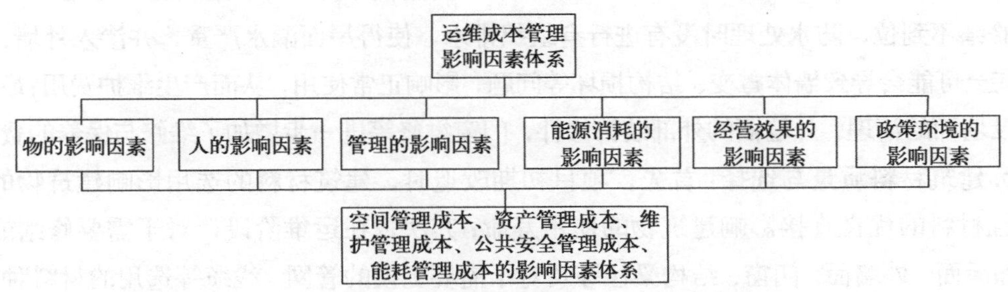

图 5.5　运维成本管理影响因素体系

影响运维成本管理的因素分析需选取特有的影响因素，并借鉴新建商用建筑的运维管理特点。旧工业建筑再生利用为产业园后，其空间功能发生了本质性的转变，使用性质、使用群体的变化使得进入运维阶段暴露出来的问题远远多于一般新建项目，为旧工业建筑改造为产业园项目控制运维阶段费用带来了很多不确定性因素；另一方面，在我国旧工业建筑改造中，由于其项目本身的特殊性，没有相关的案例可以借鉴，数据缺失严重，因此本研究依据旧工业建筑改造项目与新建商用建筑在投产使用过程中，两者在运营模式上的共同点来做具体分析。如下：

1）物的影响因素 A1：可分为旧工业建筑自身层面的因素和旧工业建筑再生利用后的产业园区层面的因素两大类，如表 5.2 所示。

物的影响因素　　　　**表 5.2**

项目层面	子项目层面	影响因素层面	影响因素编号
物的影响因素 A1	旧工业建筑自身层面的因素 B1	建筑结构维护	C1
		建筑材料质量与选择	C2

续表

项目层面	子项目层面	影响因素层面	影响因素编号
物的影响因素 A1	旧工业建筑自身层面的因素 B1	基于建筑特征的衍生维护	C3
		建筑的深化改造	C4
	园区层面的因素 B2	园区规划	C5
		园区设施修缮改造	C6
		园区的类型	C7

①旧工业建筑自身层面的因素 B1：

a. 建筑结构维护：首先，建筑物年龄影响着建筑物结构耐久性、安全性、可靠性，在厂房前期改造时，有的厂房已经达到了寿命年限，需要进行结构加固与改造以延长其使用寿命，改造后需要长期进行维护，从而产生维护费用；其次，由于前期施工考虑不周全，屋面修缮不到位，防水处理时没有进行有组织排水，使得屋面漏水严重，并渗入外墙、内墙，甚至可能会导致墙体霉变、结构损坏等问题，影响正常使用，从而产生维护费用；最后，屋面及墙面的清理，外墙面的外部装饰修补，门窗维修等进一步增加了维修与保养的费用。

b. 建筑材料质量与选择：首先，项目初期改造时，建筑材料的选用影响建筑物的质量，且材料的优良直接影响建筑物的使用寿命；其次，在运维阶段，对于需要修缮的构件，如屋面、外墙面、门窗、结构梁柱等及对于需要更换的管网、线缆等选用的材料种类、施工工艺和使用寿命不同，而产生的费用不同。

c. 基于建筑特征的衍生维护：主要指旧工业建筑自身的年龄、结构类型、高度、面积、规模、服务性质、建筑原有材料等特征所带来的衍生性维护。使用时间较久、体量较大、较高的旧工业建筑需要耗费更多的人工、材料、机械及管理资源，增加措施费用，从而增加运维的工作强度，增加间接成本。一般情况下，随着建筑物年龄的增长，其维护费用会越来越高。如图 5.6 所示，建筑物年龄变量对维修成本影响显著。

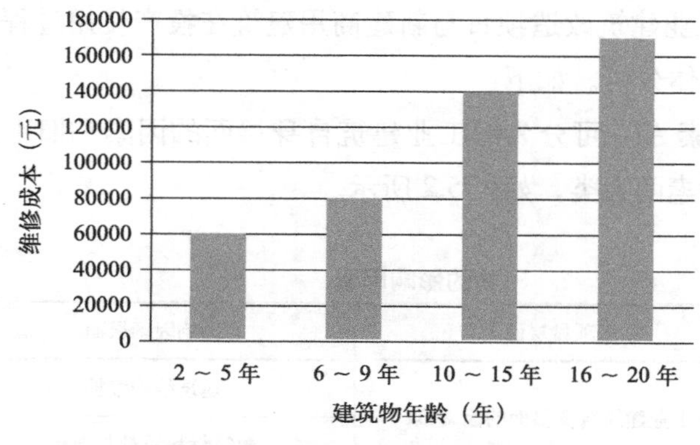

图 5.6　基于建筑年龄增长的维修费用

d. 建筑的深化改造：指旧工业建筑改造完成后在投入使用过程中，为了满足更多用户的需求而进行的改造。首先，由于旧工业建筑建造时间久远，无法准确获取其地质、主要结构构件的设计负荷和实际承载力、地基承载力等相关资料，且前后规范标准存在着一定的差异性，增加了设计与施工难度，使得设计和施工阶段存在表 5.3 中列出的各个问题，这些都将增加后期运维阶段深化改造费用。其次，旧工业建筑运维阶段，为满足内部的使用功能，需要对功能空间进行深化改造，在此过程还会产生深化改造费用。

旧工业建筑设计与施工对其运维阶段成本影响　　表 5.3

序号	设计与施工带来的影响因素
1	基础结构、屋面围护结构、外墙围护结构等改造设计缺陷
2	忽略风雪等荷载及气候条件对结构稳定性的影响
3	水电管网改造设计缺陷
4	维修实用性和充分性的设计缺陷
5	建筑材料、施工机械设备、施工工艺选用不合适

②园区层面的因素 B2：

a. 园区规划：园区规划的合理性影响着运维阶段的管理成本，如园区停车区域规划和园区交通规划的不合理都会致使成本费用增加。

b. 园区设施修缮改造：对基于旧工业建筑改造再利用的园区进行整体规划时，需要将园区的消防、绿化、道路、管网及其他设备设施修整改善而产生的费用计算在内。

c. 园区的类型：旧工业建筑再生利用的产业园投入运营时，不同类型的产业园区投资回收期也不尽相同。因此，这也是商家能否入驻园区的影响因素之一。

2) 人的影响因素 A2：分为旧工业建筑运维者层面的因素和使用者层面的因素两大类，如表 5.4 所示。

人的影响因素　　表 5.4

项目层面	子项目层面	影响因素层面	影响因素编号
人的影响因素 A2	旧工业建筑运维者层面的因素 B3	领导者的运营决策能力	C8
		管理者的运营管理能力	C9
		维护者的专业能力	C10
	旧工业建筑使用者层面的因素 B4	园区内使用者的自身素质	C11
		园区租户的使用要求	C12

①旧工业建筑运维者层面的因素B3：

a. 领导者的运营决策能力：领导者往往注重的是前期投资资金的快速回笼，将关注焦点集中在短期效益与利润，缺乏运维管理眼光，阻碍了运维成本管理体制的推行。

b. 管理者的运营管理能力：管理者管理素质较低，所具备的基础操作技能不专业，及运维管理知识匮乏等原因都会对运维成本管理产生一定程度的影响。

c. 维护者的专业能力：维护者没有专业的运维知识与技术，没有经过专业的培训学习，仅限于园区的物业管理工作等会影响运维成本管理效果。

②旧工业建筑使用者层面的因素B4：

a. 园区内使用者的自身素质：园区使用人员对公共设备设施使用时，往往缺乏保护意识，其使用过程中的爱护程度对园区建筑物、构筑物及设备设施等寿命影响很大。

b. 园区内租户的使用要求：每个入驻园区的租户按照喜好对所租区域进行设计与布置，如空间重新组合，外门窗更换，入户门面装修等。在局部改造时，会对建筑物本身产生一定的影响。同时施工会对园区产生影响，租户的高期望会影响运维费用。

3）管理的影响因素A3：分为运维管理企业层面的因素和运维成本管理行业研究层面的因素两大类，如表5.5所示。

管理的影响因素 **表5.5**

项目层面	子项目层面	影响因素层面	影响因素编号
管理的影响因素A3	旧工业建筑运维管理企业层面的因素B5	运维成本管理人力资源分配不合理	C13
		专业管理资料的缺失	C14
		专业管理经验缺乏	C15
		运维成本管理水平与技术的现代化程度不足	C16
		运维成本管理重视程度不够	C17
		成本预算的约束与低控制	C18
	运维成本管理行业研究层面的因素B6	行业现有的运维成本管理知识体系不完善	C19
		行业缺乏系统的运维管理指导性规范	C20
		运维成本管理复杂程度高	C21

①旧工业建筑运维管理企业层面的因素B5：

a. 运维成本管理人力资源分配不合理：实际工作中通常是“人员少，任务重”，且人员素质相对较低，导致企业运维成本管理水平不足；同时运维管理职能设置不明确，导致一人分饰多角，同步开展各项维护工作，手动操作，劳动强度大，工作效率低。

b. 专业管理资料的缺失：竣工资料或图纸档案不全是大多数再生利用项目的通病，不能如实反映旧工业建筑自身实体和产业园整体情况，影响运维阶段的维护管理。此处指的是信息性的缺失。

c. 专业管理经验缺乏：运维管理企业缺少可参考实例，同时，自身技能和知识、监测设备和技术、监测能力和可靠性维修能力的不足，以及维护数据和特性信息的缺失，使得管理达不到预期效果。此处指的是知识性的缺失。

d. 运维成本管理水平与技术的现代化程度不足：首先，运维管理企业的现代化信息程度不高，缺乏科学的运维方式，使得信息无法有效整合利用，且管理决策系统与报告程序低端使得无法在适当的时间内采取维护措施；其次，运维管理企业对运维阶段成本管理认识不足，思路不清晰，层次划分不明确，使得管理盲目；最后，运维管理企业缺乏完善的运维成本监管体系，运维管理部门缺乏系统的成本管理方案，专业的运维管理知识不足，导致运维管理效果差。

e. 运维成本管理重视程度不够：旧工业建筑再生利用项目的直接盈利是管理者的终极目标，项目前期缓慢的营业增长值，使得领导层无法从长远的角度，重视运维成本管理，正确预估运维成本管理所带来的持续性和长久性效益。

f. 成本预算的约束与低控制：运维管理企业在预算控制时缺乏合理的成本管控方案，而且没有形成管理体系，以致预算管理不合理、控制效果不佳，使得成本预算超支。

②运维成本管理行业研究层面的因素B6：

a. 行业现有的运维成本管理知识体系不完善：目前运维成本管理研究较少，再加上可借鉴的实际案例较少，行业难以形成完整的、先进的运维成本管理体系，该因素也在一定程度上反映了运维成本管理理论研究的不足。

b. 行业缺乏系统的运维管理指导性规范：目前相比于全寿命周期成本管理已有的较为完整系统的指导性规范，运维成本管理还没有专门的规范。

c. 运维成本管理复杂程度高：运维阶段的生命周期很长，需要持续不断地投入人力和物力资源；且运维阶段的管理要素繁杂，使运维管理各模块之间难以协调和统一；运维成本在很大程度上还受到设计和施工成本管控的影响，使得成本管理工作难度加大。

4）能源消耗的影响因素A4：由于过度或不合理地使用电、暖、空调等产生能源消耗的因素，如表5.6所示。

能源消耗的影响因素　　表5.6

项目层面	子项目层面	影响因素层面	影响因素编号
能源消耗的影响因素A4	使用电、暖、空调等产生能源消耗的因素B7	公共区域能源消耗	C22
		租户非可见能源消耗	C23
		整个设施的能源损耗	C24
		能源消耗的优化	C25

a. 公共区域能源消耗：由于公共区域的照明设计存在不合理的地方，造成用电的浪费；同时公共用水的流量与流速大，造成用水的浪费，且寒冷地区公共区域的暖气设置存在不合理的地方造成能源浪费。

b. 租户非可见能源消耗：租户缺乏节约用电意识及用户室内用电无节制，存在浪费现象；同时租户使用暖气片或采用地暖时，没有合理地设计用暖设施，且围护结构没有做外墙外保温，使得室内保温效果差，空调的大量使用造成用电量大。

c. 整个设施的能源损耗：线路的老化，配电箱的老化，暖气设施的不合理设置，及空调的不合理设置等造成的能源浪费。

d. 能源消耗的优化：通过调研，发现园区运营过程中，能源消耗在高峰期（夏季空调、冬季空调与暖气）耗费较大，不能对能耗信息进行高效地采集分析，且高峰期能源使用情况消耗成本无法合理优化。

5）经营效果的影响因素 A5：可分为旧工业建筑运维管理企业层面的因素和入驻企业层面的因素两大类，如表 5.7 所示。

经营效果的影响因素 **表 5.7**

项目层面	子项目层面	影响因素层面	影响因素编号
经营效果的影响因素 A5	旧工业建筑运维管理企业层面的因素 B8	入驻企业选择的目的性和规划不足	C26
		招商引资管理与宣传力度不足	C27
		运维管理企业的经营性服务不足	C28
		物业管理水平差	C29
	入驻企业层面的因素 B9	租金收取困难	C30
		店铺经营效果差	C31
		协同效应差	C32

①旧工业建筑运维管理企业层面的因素 B8：

a. 入驻企业选择的目的性和规划不足：运维管理企业更多注重将房屋尽快出租以带来直接的租金收益，而不注重整个园区内入驻企业自身的造血能力，入驻企业之间无法协同发展，同时运维管理企业为了让资金快速回收，注重眼前的利益而忽视长期的运营管理，没有对经销商的引入进行筛选，使得整个园区运营难以形成完整的产业链，因此在花费同等运维成本情况下，运维管理企业未能达到应有的经营效果。

b. 招商引资管理与宣传力度不足：运维管理企业没有将园区的宣传网站与招商管理系统、物业管理系统、企业服务系统进行有效整合，所以难以实现一体化服务而进行重复性工作。且企业宣传人员的宣传力度不够，宣传的方向不对，以及专业知识的不足，如针对园区所处位置的交通、文化、商业、经济等宣传工作不到位，都会影响着园区的经营效益，使得在花费相同运维成本情况下，运维管理企业没有达到预期运营效果。

c. 运维管理企业的经营性服务不足：运维管理企业没有给用户提供有效的经营服务平台、指导与帮助，使得入驻企业对园区产生不好的印象，甚至离开园区另寻他处。

d. 物业管理水平差：物业管理直接影响到园区使用人员的整体生活工作质量。园区物业管理水平差，使得入驻企业人员对产业园的印象差，削弱了其进入园区生活工作的意愿，对运营维护企业的经营效果产生负面影响。

②入驻企业层面的因素 B9：

a. 租金收取困难：入驻企业经营效果不佳，店铺的经济收益较差甚至亏损，导致运维管理企业租金收取困难。

b. 店铺经营效果差：店铺的经济效益差，效率低下直接影响园区运营收益。如园区孵化项目成本管理力度不够：将所有孵化项目从入孵开始，到中间的评估、加速，到后期的淘汰，进行运维阶段全寿命周期的管理时，没有与企业服务平台很好地结合应用，没有与孵化项目建立紧密的沟通，从而不便于运营管理企业核算孵化项目的投入情况。

c. 协同效应差：各入驻企业之间缺少联系与互动，彼此是相互独立闭塞的个体。园区作为一种个性化、艺术化、智能化的产业，若入驻企业之间无法形成完整的“生态链”，且在入驻企业的选择上不谨慎，将会影响到园区文化附加值的提升。

6）政策环境的影响因素 A6：政治环境会对园区的发展产生全局性影响，如国家或地方实行的工业遗产保护政策、城市的整体规划及财政税收优惠政策等都会在很大程度上刺激旧工业建筑的发展。对于旧工业建筑再生利用的产业园项目而言，这些影响因素一般不能直接以确切的数据表示出，需要从定性角度分析，或是运用数学工具转化成定量值用于评价，如表 5.8 所示。

政策环境的影响因素 **表 5.8**

项目层面	子项目层面	影响因素层面	影响因素编号
政策环境的影响因素 A6	政策层面的因素 B10	政策优惠程度	C33
		政府参与程度	C34
		新的健康和安全条例及规范标准	C35

a. 政策优惠程度：旧工业建筑再生利用的产业园项目可以推动旧工业区再生、保持城市可持续发展、维护社会公平。在这种情况下，若政府对旧工业建筑再生利用的产业园项目给予一定程度的政策优惠，加大支持力度，如补贴、减税、免税等奖励措施，并且积极鼓励将旧工业区转型为大规模的产业园，将会对旧工业建筑再生利用后运维阶段成本管理产生很大影响。同时不同地区的政策不同，使得运维管理存在一定的区域差异性，从而影响着运维阶段成本管理。

b. 政府参与程度：旧工业建筑改造再利用项目中，主要存在以政府为主导的旧工业区更新项目；原企业破产转让后改变用地属性由新业主开发建设的项目；由原企业租赁或成立“物业公司”自行开发的项目，这三种开发再利用模式都必须符合我国法规体制，保证国有土地的保值增值、城市发展的有序、市场竞争的公平。作为投资项目的一种形式，旧工业建筑改造再利用项目应置于政府相关部门的监控管理之下，服从于我国对投资项目的政策管理。

c. 新的健康和安全条例及规范标准：工业建筑建成时现行的法规和条例与旧工业建筑再生项目所处年代的现行规范标准可能存在不一致的地方，如果强行要求旧工业建筑再生利用项目适用于当下现行规范标准，则可能会出现改造技术与原有结构不符的问题。

（3）影响因素体系建立

影响因素体系由项目层面、子项目层面、影响因素层面三级指标构成。项目层面由物的影响因素 A1、人的影响因素 A2、管理的影响因素 A3、能源消耗的影响因素 A4、经营效果的影响因素 A5、政策环境的影响因素 A6 六大类组成。对应子项目层面由旧工业建筑自身层面的因素 B1，旧工业建筑园区层面的因素 B2，旧工业建筑运维者层面的因素 B3，旧工业建筑使用者层面的因素 B4，旧工业建筑运维管理企业层面的因素 B5，运维成本管理行业研究层面的因素 B6，使用水、电、暖、空调等产生能源消耗的因素 B7，旧工业建筑运维管理企业层面的因素 B8，入驻企业层面的因素 B9，政策层面的因素 B10 十个部分组成。影响因素层由 C1 ~ C35 共 35 个影响因素组成，如表 5.9 所示。

旧工业建筑再生利用为产业园的运维成本影响因素体系 表 5.9

项目层面	子项目层面	影响因素层面	影响因素编号
物的影响因素 A1	旧工业建筑自身层面的因素 B1	建筑结构维护	C1
		建筑材料质量与选择	C2
		基于建筑特征的衍生维护	C3
		建筑的深化改造	C4
	旧工业建筑园区层面的因素 B2	园区规划	C5
		园区设施修缮改造	C6
		园区的类型	C7
人的影响因素 A2	旧工业建筑运维者层面的因素 B3	领导者的运营决策能力	C8
		管理者的运营管理能力	C9
		维护者的专业能力	C10
	旧工业建筑使用者层面的因素 B4	园区内使用者的自身素质	C11
		园区租户的使用要求	C12

续表

项目层面	子项目层面	影响因素层面	影响因素编号
管理的影响因素 A3	旧工业建筑运维管理企业层面的因素 B5	运维成本管理人力资源分配不合理	C13
		专业管理资料的缺失	C14
		专业管理经验缺乏	C15
		运维成本管理水平与技术的现代化程度不足	C16
		运维成本管理重视程度不够	C17
		成本预算的约束与低控制	C18
	运维成本管理行业研究层面的因素 B6	行业现有的运维成本管理知识体系不完善	C19
		行业缺乏系统的运维管理指导性规范	C20
		运维成本管理复杂程度高	C21
能源消耗的影响因素 A4	使用电、暖、空调等产生能源消耗的因素 B7	公共区域能源消耗	C22
		租户非可见能源消耗	C23
		整个设施的能源损耗	C24
		能源消耗的优化	C25
经营效果的影响因素 A5	旧工业建筑运维管理企业层面的因素 B8	入驻企业选择的目的性和规划不足	C26
		招商引资管理与宣传力度不足	C27
		运维管理企业的经营性服务不足	C28
		物业管理水平差	C29
	入驻企业层面的因素 B9	租金收取困难	C30
		店铺经营效果差	C31
		协同效应差	C32
政策环境的影响因素 A6	政策层面的因素 B10	政策优惠程度	C33
		政府参与程度	C34
		新的健康和安全条例及规范标准	C35

5.3　旧工业建筑再生利用项目运维成本管理机制

5.3.1　沟通机制

沟通是实现信息传递的有效途径，良好的沟通是运维管理团队合作和协调的保证，沟通让团队有一个明确的目标、相互激励，实现团队和谐，团结互助。沟通需要排除彼此的心理障碍，将对方置于一个平等的位置，怀着合作共赢的初心，开诚布公、推心置腹地进行信息的交流和共享。运用现代技术整合几乎所有的运维数据信息，形成一个相对完善的决策案例资源库。运维管理团队能够通过浏览器和客户端 APP 进行授权登录，以获取工作相关的运维信息资源。通过同一个网络运维管理平台，团队成员获取了相同的数据信息，沟通就变得相对容易[7]。

基于 BIM 平台的运维管理在发展中逐渐凸显优势，沟通机制在"清晰"和"高效"的基础上，取得了"流程"和"灵活"的平衡。过强的"流程"会导致成员拒绝"流程之外"的沟通，而过于"灵活"的沟通则会导致信息传播失控。沟通途径有正式的文件报告、决策会议、微信和 QQ 群等，实现多种方式共存的沟通。另外，通过客户端设置网络公告栏，发布重要的公告信息可以起到不错的信息传递和沟通效果[7]。旧工业建筑再生利用项目若可以将这些运维管理系统平台加以有效利用，不仅会使消费者及租户之间建立良好的交流平台，提升企业项目的知名度，还利于领导层建立更加宏观的管理概念，从而大大提升其运维阶段的效益，使得项目长远发展。

5.3.2 激励机制

旧工业建筑运维管理需要聘用大量专业化、高素质的复合型人才，根据马斯诺需求层次理论，在生存需求和安全需求得到保证的情况下，这些复合型人才更多地需要在社交需求、尊重需求和自我实现需求等方面得到满足[8]。事实证明，制定合理的激励机制可以充分调动员工的主观能动性，改变员工的工作态度、行为方式，改善其工作的积极性和工作状态，提高管理水平[8]。

运维管理激励机制包括精神激励，薪酬激励和工作激励三个方面。对于优秀的员工，采取精神激励进行表彰或赞许，让员工获得企业的重视和认可，员工与员工之间，员工与领导之间的这种认可、褒奖和尊重能够极大地提高复合型人才的自我认可度。薪酬激励是对员工的绩效进行评估，对绩效好的员工发放绩效工资、年终奖或分配股权，满足员工对更高薪酬的需求。工作激励则是对表现突出的员工进行职位晋升，获取更多的工作资源和机会。工作激励是员工自我实现需求满足的重要方面，当员工通过团队协作或自身努力完成了较难的工作或较大的工作任务时，往往能获得巨大的成就感和释放感，员工对工作的自信度将获得较大的提高。激励机制应满足机会均等的原则，奖励合作、反对内讧，奖励忠诚、反对背叛，奖励高质量工作、反对敷衍了事，奖励创新、反对跟风和抄袭等。

5.3.3 组织文化

组织文化是运维管理团队全体成员认可和接受的价值观、团队意识、思维方式、工作风格、行为准则和团队归属感等元素的集合。组织文化能够对组织成员产生积极导向功能，约束成员行为，使之与组织整体的目标相协调，从而产生巨大的组织向心力，并帮助新成员尽快适应。

组织文化运用制度和道德约束员工，因此合理的制度和道德是良好的组织文化的基础。组织制度是成员的行为准则，所有成员必须严格遵守。组织道德要求组织成员具备较高个人素养和约束自己的能力。旧工业建筑运维管理团队由专业化、高素质和复合型人才组成，组织成员具备较高的文化修养和自我约束能力，追求自我实现和自我存在。因此，组织文化要致力于激发员工的潜力和积极性，使其充满激情和成就欲望。组织文化应当强调学习和成长，倡导全员保持学习和进步，提升自身的能力和素质，与时俱进。组织文化需要鼓励创新，让员工充满活力，给企业注入源源不断的核心力量。强调以人为本的组织文化，能够满足组织成员各项需求，增强团队凝聚力、责任感和归属感，实现平等互助与合作共赢、形成良好的组织氛围。

5.3.4 决策机制

决策机制是管理机制中最关键的部分，优秀的决策机制能够提升整体的运维管理效率和效果。决策机制包括决策主体确定、决策权划分、决策组织和决策方式选择四方面内容。旧工业建筑运维管理决策机制采用分散决策和集中决策相结合的方式，决策主体是整个运维管理团队，而决策权则根据适度授权的原则，赋予职能部门更多的自主决策权，负责日常事务和专业化的、重要性较低的决策，而战略和重大决策的制定则由战略、决策团队负责，决策组织和决策方式可以由相关部门组织召开现场决策会议或是网络视频会议等方式进行。另外，扁平化的网络型组织结构简化了信息获取途径，增强了运维信息的共享，是决策机制的有力保证。

旧工业建筑运维管理平台提供了优秀的决策支持系统，可以提供充分的数据源，进行模型建立，调用工具进行数据分析，运用先进的存储技术实现信息存储和高效利用等。在此基础上，构建决策评价系统、监督系统和反馈系统，让整个决策机制更加完善，决策更加科学合理，运维团队的管理水平也将大大提高。

5.4 旧工业建筑再生利用项目运维成本管理模型

5.4.1 混合模型原理

Tashakkori 和 Teddlie 在早期的研究中将混合研究方法界定为“一种把定性和定量方法用于问题类型、研究方法、数据收集、分析过程和 / 或推论的研究设计”。即在同一研究中，混合方法通过综合运用定性和定量研究的含义、工具和技术方法，能高效地发现问题的本质以便于制定客观全面的解决办法。

要对旧工业建筑再生利用为产业园后运维成本进行科学管理，就需要构建一个规范、标准化的成本模型。结合园区运维成本的产生特征，以混合模型的基本思路和方法来解决该问题。混合方法研究问题时强调该项研究必须同步使用定量和定性两种研究方法。如运用专家访谈和问卷调查的方法进行研究时，从方法论的角度可归属于混合方法研究的范畴，因为其中包含定性研究的专家访谈法和定量研究的问卷调查（尤其是分析型问卷调研）两种研究方法。

5.4.2 运维成本管理的探索性模型构建

（1）运维成本管理影响因子问卷设计及可行性检验

主要通过问卷形式确定旧工业建筑再生利用为产业园后运维成本管理的关键影响因子，具体内容及工作如下：

1）调查问卷的组成

问卷由调查对象个人基本信息、调查的主要内容（即影响因素打分表）及开放式问题(验证性访谈)三部分组成。第一部分是个人基本信息,包括性别和职位(企业管理人员、运维人员、招商销售人员、财务人员、专家、其他）的调查；第二部分是依据第3章确定的运维成本管理影响因素的Likert打分表，由物的影响因素、人的影响因素、管理的影响因素、能源消耗的影响因素、经营效果的影响因素、政策环境的影响因素及最后的建议组成。问卷影响因素体系中，影响因素的项目层面有6大类，子项目层面有10大类，影响因素层面有35个因素，共3个等级；采用7点量表对影响因素打分表测量，其中“1～7”代表影响程度从“完全没有影响”到“影响非常高”，第三部分主要是后续为了验证某些分析所提出的相关开放式问题。

2）调查问卷样本数据采集

结合旧工业建筑运维阶段成本管理的现状，通过发放调查问卷的方式，邀请专家、高校相关科研人员、产业园区招商销售人员、财务人员和管理人员等对影响因素及相关开放式问题进行打分、回答；之后收集数据，实现对影响因素的定量化分析，最终确定影响因素指标权重值。

3）样本数据的检验

①样本数据信度检验

由于不同的工作环境、不同层次的工作经验制约着被调查者的认知能力，他们对旧工业建筑再生利用为产业园后运维成本管理的看法也不尽相同，为保证获得满足数据分析要求（有效性、可靠性、一致性）的调查问卷样本数据，选用Stata统计分析软件对样本数据进行Cronbach's α 系数检验作为信度检验的指标。

②因子分析法适用性检验

对调查问卷所得的影响因素进行因子分析时，需先用KMO和Bartlett球形检验对该样本数据做适用性检验。通过Stata软件分析，如果各个项目层面运维成本管理影响因素的KMO值均大于0.6，同时Bartlett球形检验在项目层面的显著性水平（Sig.）均为0且都小于显著水平0.05，则说明影响因素变量之间存在相关性，所以通过调查问卷所得的影响因素样本数据适用于因子分析法。

（2）运维成本管理关键影响因子分析

在获得旧工业建筑再生利用为产业园后运维成本管理的基本影响因子，且确定对其进行因子可行性检验已通过，需对其进行关键影响因子分析，例如，计算关键影响因素重要性指数（表 5.10）。

计算关键影响因素重要性指数　　表 5.10

影响程度	得分权重 w	响应频率 f	重要性指数 $w \times f$
完全没有影响	1	3	3
没有影响	2	8	16
有些不影响	3	16	48
一般影响	4	15	60
有些影响	5	26	130
影响	6	18	108
影响非常高	7	6	42
共计		92	407

$$\text{重要性指数} = \left(\sum_{i=1}^{7} w_i \times f_{xi}\right) \times \frac{100}{7n} = 407 \times \frac{100}{7 \times 92} = 63.2$$

对六个项目层面影响因素的重要性指数进行计算，并提出关键影响因素的重要性指数，对关键影响因素进行排序，最后得到关于关键影响因素的排名。

5.4.3　运维成本管理的确证性模型构建

（1）基于访谈的运维成本管理质性关键影响因子验证

1）通过专家访谈验证探索性模型中提取的质性关键影响因子是否为关键影响因子；

2）通过专家访谈验证探索性模型中所提取的质性关键影响因子的重要性程度是否与问卷分析相一致；

3）由访谈结果，查找旧工业建筑功能转换为产业园后运维阶段成本管理的不足。

（2）基于 Tobit 模型的运维成本管理量化关键影响因子验证

为了验证探索性模型所确定的运维阶段关键影响因子是否为产业园成本管理的关键影响因子，采用 Tobit 模型加以验证。具体方法是：

1）计算产业园总成本与总收益的比值作为模型因变量；

2）将探索性模型中确定的运维阶段关键影响因子作为自变量，构建因变量与解释变量的回归分析方程；

3）基于 Stata 和 Tobit 模型进行回归分析；

4）观察各解释变量对被解释变量的影响显著性水平、方向和系数；

5）确定产业园运维阶段成本的最终关键影响因子，分析其影响方向和程度。

5.4.4 案例应用

（1）园区概况

陕西某钢厂是全国八个特钢企业之一，1958 年建成，1998 年破产倒闭。在保护与再利用的双重目标下，2013 年将特钢厂区功能转型为文化创意产业园。初期规划中，根据原厂房的分布情况、结构安全检测等级、原厂区道路交通，按照文化创意产业园的基本功能，对整个园区进行功能划分，保留了 1 ～ 8 号厂房、10 ～ 12 号厂房，根据结构可靠性检测鉴定结果，9 号厂房由于抗震能力弱，结构整体性差，需拆除重建，并在原位置新建五层钢结构校园商业综合体，仍编号为 9 号厂房，其余楼栋只需进行加固和修复处理（如图 5.7 所示）。产业园从 2013 年 12 月开始建设，到 2016 年 12 月初步完工，建设工期 3 年，且 2014 年 9 月部分正式营业。产业园已经成为集“多功能活动厅、创意办公区、创意设计展示区、创意广场、商务休闲区、生活休闲区”为一体的综合园区，园区具体功能分布如图 5.8 所示。旧工业建筑再生利用为产业园，让拥有悠久历史的老钢厂厂区得以保留，同时也给该地区人们提供了活动空间，并给该区域注入了新鲜活力。

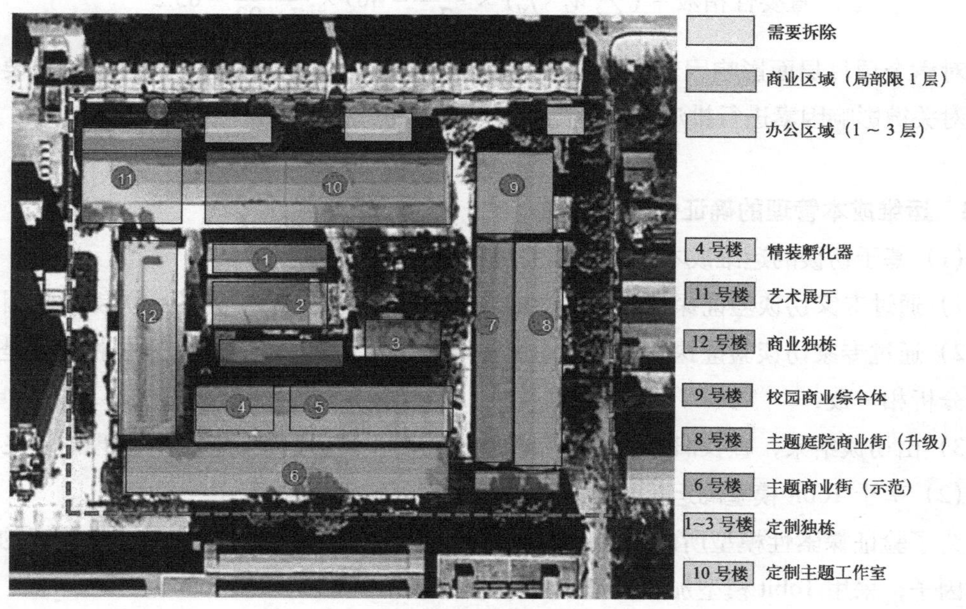

图 5.7 初期规划

该产业园是西安首家以设计创意为主题的文化创意产业园，南靠华清学府城，地理位置优越，交通方便。在对产业园功能定位时，综合考虑其所处地理位置优势，打造以创意展示交流平台、Loft 个性办公空间、大学生创业中心三部分为主的文化创意产业园，如图 5.9 所示。原酸洗车间改造成一个集文化创作与艺术交流的平台，吸引了国内外大量旧工业建筑再生利用方面的开发商、建筑师、运营商，扩大了园区的社会影响力。产业园作为国内唯一一处坐落于大学校园内的文创园区，具有其他文创园区不具备的优势，入驻企业从规划、设计到施工，形成一条友好互补型的产业链。在整体运营同时，产业园为大学生课余文化的丰富、专业技能的提升和就业问题提供了一个很好的场所，同时也为学校创办科研教学基地、实习基地和创业基地提供了一个很好的平台。

通过以上对产业园项目介绍及现场调研，首先可知产业园项目采用典型的先改造再出租的方式，运维管理企业（由西安华清创意产业发展有限公司及西安华清科教集团联合经营管理）先整体租用园区内所有厂房，租期为 20 年，实行“统一规划、统一招商、统一运营、统一物业管理”，所以运维管理企业的营业收入主要是厂房铺位租金。工程改造施工前期计划是 1.2 亿元，目前已用大约 9500 万元。产业园由运维管理企业（西安华清创意产业发展有限公司）统一运维管理，公司设置运营部、招商销售部、财务部、策划部等，各部门协调工作。其次，原有的厂房改造再利用后，其使用功能转变为商用建筑，融合了各种设计工作室、工艺品展厅、艺术创作空间及配套的休闲娱乐场所等，影响着产业园项目的运维成本管理。

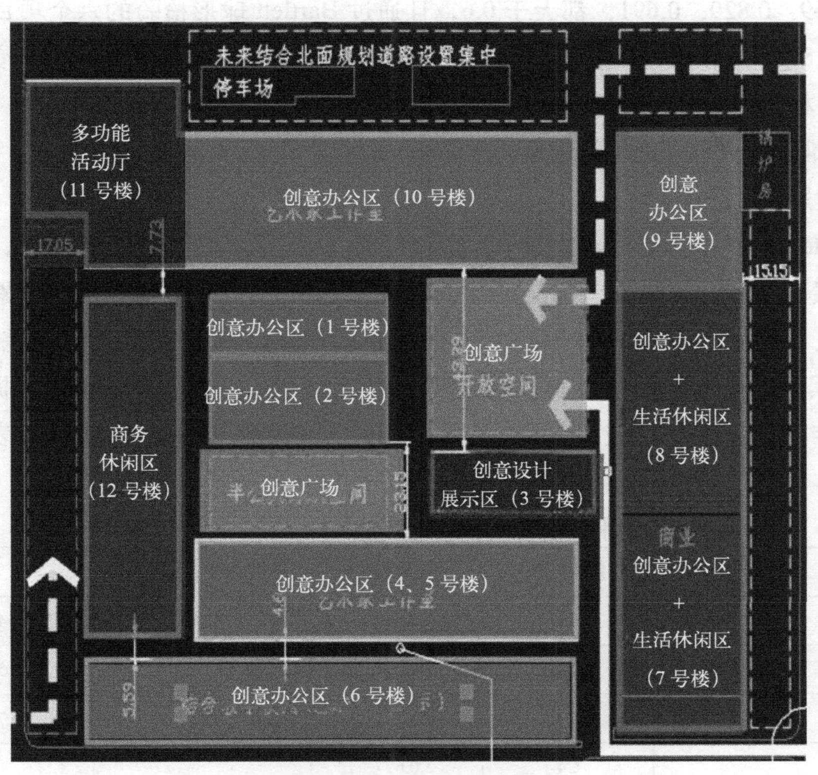

图 5.8　创意产业园的功能划分

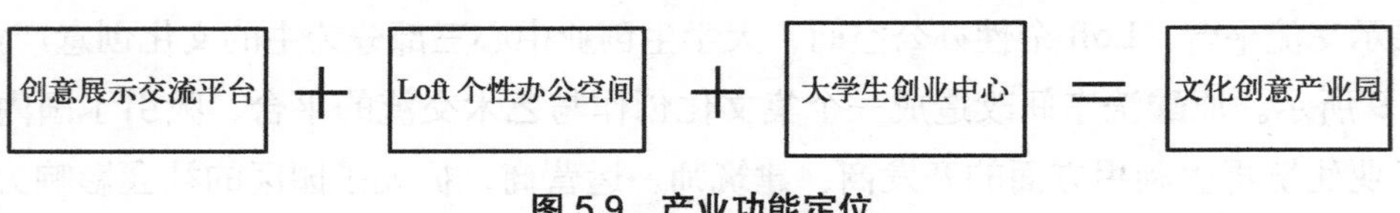

图 5.9 产业功能定位

(2) 老钢厂创意产业园运维成本管理的探索性模型构建

1) 问卷发放与回收

问卷的发放范围为老钢厂创意产业园的从业人员及西安各个高校专家、高校其他研究人员，累计回收有效问卷 106 份。

2) 样本数据的检验

①样本数据信度检验

通过 Stata 软件信度检验，物的影响因素 A1、人的影响因素 A2、管理的影响因素 A3、能源消耗的影响因素 A4、经营效果的影响因素 A5、政策环境的影响因素 A6 共六个项目层面影响因素的 α 系数分别为 0.786、0.801、0.881、0.848、0.863、0.796，均大于标准值 0.7。该检验结果说明样本数据满足了信度检验要求，从而可进行后续研究。

②样本数据适用性检验

通过 Stata 软件适用性检验，六个项目层面影响因素的 KMO 值分别为 0.764、0.674、0.855、0.769、0.829、0.691，都大于 0.6，且通过 Bartlett 球形检验的六个项目层面的显著性水平（Sig.）均为零，均小于显著性水平 0.05，该检验结果表明影响因素变量之间存在相关性，样本数据适用于因子分析法。

3) 运维阶段成本管理关键影响因子分析

①关键影响因子提取

通过 Stata 软件计算出样本数据中六个项目层内每个影响因素的解释方差，同时提取出各项目层面中累计解释方差在前 60% 的影响因素指标，其中 C1、C2、C3 累计方差为 70.91%；C8、C9 累计方差为 74.59%；C13、C14 累计方差为 60.73%；C22 累计方差为 66.62%；C26、C27 累计方差为 63.89%；C33 累计方差为 69.57%。对这些指标进行概括，提取关键影响因素，再结合各指标的特征，使用方差最大法对其载荷矩阵正交旋转，结果见表 5.11。

运维阶段成本管理关键影响因素表 表 5.11

项目层面	关键影响因素	影响因素	因素载荷	解释方差占比（%）	累计方差（%）
A1	I1	C1	0.562	41.13	41.13
	I2	C2	0.677	18.61	59.74
	I3	C3	0.723	11.17	70.91
		C4	0.677		

续表

项目层面	关键影响因素	影响因素	因素载荷	解释方差占比（%）	累计方差（%）
A1		C5	0.646		
		C6	0.637		
		C7	0.549		
A2	I4	C8	0.751	53.70	53.70
	I5	C9	0.763	20.89	74.59
		C10	0.806		
		C11	0.743		
		C12	0.581		
A3	I6	C13	0.645	48.63	48.63
	I7	C14	0.669	12.10	60.73
		C15	0.772		
		C16	0.781		
		C17	0.745		
		C18	0.679		
		C19	0.689		
		C20	0.698		
		C21	0.575		
A4	I8	C22	0.789	66.62	66.62
		C23	0.801		
		C24	0.885		
		C25	0.786		
A5	I9	C26	0.675	52.20	52.20
	I10	C27	0.652	11.69	63.89
		C28	0.692		
		C29	0.627		
		C30	0.780		
		C31	0.842		
		C32	0.764		
A6	I11	C33	0.869	69.57	69.57
		C34	0.846		
		C35	0.785		

②关键影响因素重命名

从表 5.11 中可以看出，六个项目层面中提取的关键影响因素累计解释方差在 60% ~ 75% 之间，都超过了 60%，则表明样本数据中每个项目层面影响因素的绝大部分信息都可以由提取出来的关键影响因素反映。对六个项目层面的关键影响因素重新命名，如表 5.12 所示。

a. A1 中提取出三个关键影响因素，分别重新命名为：I1，建筑结构维护；I2，建筑材料质量与选择；I3，基于建筑特征的衍生维护。

b. A2 中提取出两个关键影响因素，分别重新命名为：I4，领导者的运营决策能力；I5，管理者的运营管理能力。

c. A3 中提取出两个关键影响因素，分别重新命名为：I6，运维成本管理人力资源分配不合理；I7，专业管理资料的缺失。

d. A4 中提取出一个关键影响因素，重新命名为：I8，公共区域能源消耗。

e. A5 中提取出两个关键影响因素，分别重新命名为：I9，入驻企业选择的目的性和规划不足；I10，招商引资管理与宣传力度不足。

f. A6 中提取出一个关键影响因素，重新命名为：I11，政策优惠程度。

关键影响因素重命名表　　表 5.12

项目层面	关键影响因素层	因素名称
A1	I1	建筑结构维护
	I2	建筑材料质量与选择
	I3	基于建筑特征的衍生维护
A2	I4	领导者的运营决策能力
	I5	管理者的运营管理能力
A3	I6	运维成本管理人力资源分配不合理
	I7	专业管理资料的缺失
A4	I8	公共区域能源消耗
A5	I9	入驻企业选择的目的性和规划不足
	I10	招商引资管理与宣传力度不足
A6	I11	政策优惠程度

根据 11 个关键影响因素的重要性指数降序排列，得到关键影响因素排名，如表 5.13 所示。

关键影响因素排名 表5.13

排名	关键影响因素编号	关键影响因素	得分	属性
1	I4	领导者的运营决策能力	70.96	质性
2	I2	建筑材料质量与选择	70.81	量化
3	I5	管理者的运营管理能力	65.76	质性
4	I7	专业管理资料的缺失	65.63	质性
5	I3	基于建筑特征的衍生维护	65.28	质性
6	I11	政策优惠程度	64.44	质性
7	I1	建筑结构维护	63.67	量化
8	I10	招商引资管理与宣传力度不足	63.41	质性
9	I9	入驻企业选择的目的性和规划不足	63.35	质性
10	I8	公共区域能源消耗	62.74	量化
11	I6	运维成本管理人力资源分配不合理	62.11	质性

运维阶段成本是受人、物、管理的影响。由关键影响因素排名可以看出，人的影响因素和物的影响因素（C8、C2、C9）对运维阶段成本管理影响程度最大，其次是管理的因素（C14），而政策的影响因素、能源消耗的影响因素、经营效果的影响因素影响程度相对较小，实际上，这三个影响因素层面可以间接归属于前三个因素层面。

4）老钢厂创意产业园运维成本管理的确证性模型构建

①基于访谈的运维成本管理质性关键影响因子验证

通过对西安不同高校的专家访谈及老钢厂创意产业园区从业人员访谈，汇总并归纳意见如下。

Ⅰ.领导者的运营决策能力I4："从目前园区运营的总体情况看，领导者的运营决策能力确实至关重要。这一点大家都有类似的感受。"——园区高层管理者A

Ⅱ.管理者的运营管理能力I5："旧工业建筑产业园维护成本每月大约9000～12000元不等，除了正常修补、设备更换外，还有局部的继续改造，如分隔、打通、电箱、降水等方面，园区设施过了寿命期限，需及时更换，如给水排水道管、采暖管道等；园区建筑新旧墙体是分开的，外墙是原来的老墙，内部以钢结构居多，承重结构完全分开，所以对于墙体、屋面板、承重结构等需要维护，1～12号厂房中，其中10号厂房这里加固比较多，屋面混凝土梁用钢带加固，1号、2号、3号厂房单层砖木结构，对于屋面木结构需定期修缮。要管理的事情方方面面，没有很好的运营管理能力不行，因为是旧工业建筑功能转型而来的产业园，园区的可持续发展必须以良好的运营管理为基础。"——园区管理人员B

Ⅲ.政策优惠程度I11：通过对园区四名管理人员及专家的访谈，证明此因素是关键影响因素。

a.“旧工业建筑再生利用为创意产业园，我个人理解是顺应经济发展的客观趋势、响应国家方针政策号召；我们这个创意产业园位于政府规划改造的绿化商业带（幸福林带旁）上，利用自身良好的区位优势，能够带来可观的经济效益，因此政府鼓励产业园的发展，也给予了相应的优惠，这对本项目的成功实施有着非常重要的作用。”——园区管理人员C

b.“是的，我们非常关注政府的政策优惠程度，这对园区发展有很大的意义。比如说，政府对园区高新技术研发、关键技术研发、企业孵化、贸易服务平台等提供一定补贴，这些补贴会带动产业园向规模效应发展。”——园区管理人员D

c.“如果要助力产业园区创意文化产业发展，政府应给予贴息奖励、减免税款等优惠政策，这种类型的产业园需要这些好的政策。”——专家E

d.“建设针对园区中中小型企业的银行—政府—文化创意产业三级银行贷款服务平台，利用优惠政策引导政府、资金、科技、人才等优势资源倾向文化创意产业。总的来说，政策优惠程度对于产业园的运维成本管理影响很大。”——园区管理人员F

Ⅳ.招商引资管理与宣传力度不足I10：通过对产业园运营部与招商部三名员工的访谈中，发现产业园招商引资管理与宣传力度方面存在以下三个问题。

a.忽略了产业园的交通优势：“我觉得这个（招商引资管理与宣传力度）重要性是很大的，便利的外部交通环境与内部交通道路可以给产业园带来更广阔的发展前景，可以在无形中提升产业园区的整体效果。”——园区运营部员工G

b.没有更好利用旧工业建筑的文化优势：“人们选择对老厂区进行改造而不是拆除的重要原因就是考虑利用旧工业建筑的文化遗产优势，打文化牌；但是也仅限于改造初期，园区开始运营后实际上并没有更好地利用产业园特殊的文化环境，旧工业建筑功能转型后产业园区与其他产业园在文化氛围上的差别还是很大的。”——园区运营部员工H

c.忽略了旧工业建筑改造再利用项目所在地周围商业优势：“这（I10）是个关键影响因素，忽略所在地周围商业环境情况，这对产业园运行后的经济效益带来很大影响，应该说，良好的商业环境可能会给旧工业建筑园区内部的商业带来竞争并与园区共同形成规模效应。”——园区招商部员工I

Ⅴ.入驻企业选择的目的性和规划不足I9：“入驻企业的选择对租金收取影响很大，而租金是园区运维管理企业收益的主要来源，同时入驻企业经营好坏直接影响产业园的运维效果，这方面我们的目的性和规划确实不足，也受到了很大的负面影响。”——园区财务人员J

Ⅵ.专业管理资料的缺失I7：“尽管这个会有一定的影响，但是目前这个行业就是这样，大家都是在尝试做好，并没有丰富的、有价值的专业管理资料可借鉴”——园区管理人

员 K

Ⅶ. 基于建筑特征的衍生维护 I3："对于这个影响因素，实际工作中可能感触还是比较少"——园区管理人员 L

Ⅷ. 运维成本管理人力资源分配不合理 I6："这个不存在，我们的人力资源使用还是很有效的，这个也是基础性的工作，并不会给运维成本管理带来很大影响"——园区管理人员 M

通过访谈可知，由前述影响因子分析得出的运维成本管理 8 个质性关键影响因素中，领导者的运营决策能力（I4）、管理者的运营管理能力（I5）、政策优惠程度（I11）、招商引资管理与宣传力度不足（I10）、入驻企业选择的目的性和规划不足（I9）是关键影响因素，而专业管理资料的缺失（I7）、基于建筑特征的衍生维护（I3）及运维成本管理人力资源分配不合理（I6）不是关键影响因素。

此外，对于关键影响因素的重要程度，从访谈结果看，专家和园区从业人员普遍认为，关键影响因素的重要性程度总体上比较符合实际情况，但入驻企业选择的目的性和规划不足（I9）的重要性程度要高于招商引资管理与宣传力度不足（I10）。

5）基于 Tobit 模型的运维成本管理量化关键影响因子验证

通过对园区近 10 年相关运维数据的整理（以月为单位），以单位时间内总成本与总收益比值为因变量，以建筑结构维护（I1）、建筑材料质量与选择（I2）及公共区域能源消耗（I8）为自变量，运用 Tobit 模型进行分析验证。

通过 Tobit 模型对量化关键影响因素——建筑结构维护（I1）、建筑材料质量与选择（I2）及公共区域能源消耗（I8）进行分析，得出公共区域能源消耗不是关键影响因素，从而知关键影响因素中，可被列为该产业园区运维成本管理实际量化关键影响因素的只有建筑结构维护（I1）和建筑材料质量与选择（I2）。对两个因素的系数进行标准化处理发现，建筑材料质量与选择的重要性程度确实比建筑结构维护高，这与之前的关键影响因素指标重要性排名一致。

5.5　旧工业建筑再生利用项目运维成本管理效果及建议

5.5.1　运维成本管理效果

（1）旧工业建筑再生利用项目在进入运维阶段后，运维成本管理顺势成为项目管控的最重要的部分。通过分析，运维成本管理受空间管理成本、资产管理成本等五大管理成本模块的影响，而五大模块会受到各个方面的影响。由此，以全寿命周期理论及运维成本管理理论为基础，深入探讨旧工业建筑再生利用项目的运维成本管理影响因素，并选取产业园模式项目作为主要分析对象，构建旧工业建筑再生利用为产业园后的运维成本影响因素体系。为了更加明确各因素的影响程度，本章利用了基于混合模型的运维成本管理模型，通过运维成本管理的探索性模型构建与运维成本管理的确证性模型建立两个阶段进行分析：①利用因子分析法确定关键影响因素，并得到关键影响因素的重要性指数，进行排序。②通过基于访谈和基于Tobit模型分析来验证提取出的质性和量化关键影响因素是否对运维成本管理起关键性影响。结果表明，旧工业建筑再生利用项目运维阶段成本受人、物和管理的牵制，是运维阶段把控的要点。

（2）为了印证上述理论模型的适用性，选取陕西某钢厂作为实例研究对象。通过实例演绎混合模型，明确表明了旧工业建筑再生利用项目运维阶段成本影响因素同时包含定性和定量的双重因素；另外，通过探索性方法获取的关键影响因素并不能独立应用于运维阶段成本的管理，还需要确证性验证。确证性验证过程需要对定量与定性两种不同的关键影响因子采用不同的方式方法加以实施，从而将验证的关键影响因素应用于旧工业建筑再生利用项目运维阶段成本管理。

5.5.2 运维成本管理建议

（1）作为领导者，需要有大格局，懂得审时度势，创造和发现机遇。旧工业建筑再生利用项目不仅是体现物质资源的再生循环利用，更体现了一座城市甚至一个国家浓烈的人文情怀。运维阶段成本管理不仅需要管理者站在一定的高度，而且需要打造专业的管理团队，建立一套关于旧工业建筑再生利用项目运维阶段成本管理的特殊体制，引领中国旧工业建筑再生利用逐步稳定成熟。

（2）作为技术人员，应该具备全面的专业知识及丰富的实战经验。旧工业再生利用项目大多以群体馆类出现，其中多馆之间的融合，包括公共空间等场地资源都应该在技术人员掌控之下。这就需要有专业的技术团队，建立标准化的管理程序，以此来提升资源利用率，同时节省人力、物力和财力，使项目长久良好运营。

（3）作为业务人员，需要同时拥有消费者、租户及政府三方的思维模式。拓展旧工业建筑再生利用项目运维阶段的业务要能够同时站在消费者、租户及政府三方的角度，平衡好近期和长期利益关系，制订有针对性的园区功能设计和规划方案，尽可能为项目争取到政府政策的支持，选取优质的、符合项目定位的租户，吸引更多的消费者，从而使项目的利益最大化。

（4）作为营销人员，发散性的思维及稳扎稳打的调研精神尤为关键。项目正确的招商引资及宣传方式将成为运维阶段良好运行的保障。从不同角度、通过各种渠道介绍旧工业建筑再生利用项目的优势，包括产业园交通优势、文化优势以及产业园周围商业优势等，让相关投资者及感兴趣的厂商看到产业园的良好发展前景、影响力，增加其对项目发展的信心和关注度，同时吸引更多的人群，提升项目的影响力和知名度。

（5）作为物业人员，全局意识和服务意识应该高于一切。旧工业建筑再生利用项目因其建成时间较久远，因此在改造修缮过程中，要将建筑结构、建筑材料质量与选择放在首位，确保旧工业建筑的使用功能得以良好的保持，并且需要不断定期进行维护管理，不可盲目地遵循业主的要求而妄加改造，使得项目失去原有的底蕴。

参考文献

[1] 白佳敏 . 全寿命周期视角下商业地产项目运营维护阶段成本管理研究 [D]. 兰州：兰州理工大学，2017.

[2] National institute of Standards and Technology（NIST）. Handbook，1995，135.

[3] 全国造价工程师执业资格培训教材编审委员会 . 建设工程造价管理 [M]. 北京：中国计划出版社，2019.

[4] 左建洲 . 浅谈工程项目建设全寿命周期管理 [J]. 城市建设理论研究（电子版），2013（18）：1-9.

[5] 李金超，韩柳，肖智宏 . 项目评价理论和方法研究——以电力工程为例 [M]. 北京：知识产权出版社，2016.

[6] 陈旭 . 旧工业建筑（群）再生利用理论及实证研究 [D]. 西安：西安建筑科技大学，2010.

[7] 龚东晖 . 基于 BIM 的商业地产运维管理应用体系研究 [D]. 西安：西安建筑科技大学，2017.

[8] 刘辉 . 提升人力资源竞争力的激励机制设计 [J]. 现代经济：现代物业中旬刊，2009，8（8）：23-25.

[9] 王雅兰 . 基于旧工业建筑功能转型的产业园项目运维成本管理研究 [D]. 西安：西安建筑科技大学，2018.

第 6 章　旧工业建筑再生利用项目运维效果评价

运维效果评价是对完工且运营的项目所进行的一种系统而又客观的分析评价。对旧工业建筑再生利用项目运维阶段进行效果评价就是要通过效果评价，让再生利用项目运维阶段能够可持续发展。通过项目效果评价反馈的信息，及时纠正项目决策中存在的问题，提出针对性的改进措施。政府有关部门可以通过反馈的信息，合理确定和调整投资规模和投资流向，同时也由此建立必要的法规、法令、相关的制度和机构，促进投资环境的良性循环；投资方可以依据效果评价中总结的经验和教训制定下一步管理措施。开展旧工业建筑再生利用项目运维效果评价对提高此类项目管理水平、经济效益和社会效益具有重要意义。

6.1　旧工业建筑再生利用项目运维效果调研

6.1.1　运维效果反馈渠道

（1）反馈对象

1）服务对象

旧工业建筑再生利用项目运维阶段的服务对象包括但不限于游客、商户、附近居民、运维管理人员。根据此类服务对象进行的运维阶段效果评价侧重于挖掘项目体验性问题。主要体现在服务对象的人体感知与舒适度体验上。再生利用项目运维阶段能否得到可持续发展，获得稳定的人流量和稳固的市场份额，这与项目获得忠实的“粉丝”有关。因此，研究再生利用项目运维阶段服务对象视角下的效果评价意义重大。

2）专家反馈

旧工业建筑再生利用实践专家和学术专家对项目改造实施情况和效果进行评价，侧重于挖掘项目根源性问题。体现在景观布置，空间规划，文化传承与感知，建筑结构安全可靠性等方面。这是再生利用项目运维阶段技术、安全能否得到保障的重要基础。专家长期从事该领域的研究，掌握了不同改造模式，不同设计方案的再生利用项目全过程的特点和运维规律，因此，专家视角下的再生利用项目运维阶段效果评价举足轻重。

（2）渠道类型

效果评价的最终目的是将评价结果反馈给决策者或决策系统，作为待改建项目立项和评估的基础，作为决策和调整投资规划的依据，作为使用后项目进一步改造完善的指导。

因此，项目的效果评价必须保证具有良好的信息反馈机制。

1）人的层面

疏通意见反馈渠道，如：线上公众平台获取用户反馈、线下调研访谈获取用户反馈。突出服务对象的主体地位，根据服务对象的个性特征建立适宜的多路径信息反馈渠道。根据企业经营数据，参观者人数及到访规律，反馈运维效果。

2）建筑、设备层面

通过进行建筑、设备的结构、材料检测，获得科学的测评数据，以此反馈建筑设备层面的效果。

6.1.2　调研范围

（1）以城市级别划分范围

近年来，在城市更新，国企改革，技术进步，产品升级，生活方式转变的背景下，传统工业企业颓败，纷纷关停并转。同时，随着环境保护，绿色生产理念的流行，新型工业项目向工业园区及城市郊区拓展。由此，在市区内遗留了大量的旧工业建筑和场地。对工业遗存进行再生利用是新时代背景下增加城市容量的可持续发展趋势。但旧工业建筑在一线城市和二三线城市中的定位不同，在城市规划中的角色不同。如，二线城市中的旧工业建筑大都改造为以赢利为目的商业项目，即通过利用旧工业建筑的价值来创造新的财富。目前国内二线城市正处于经济发展高峰期。因此，在对再生利用项目运维阶段效果评价时不得不考虑不同城市定位中的再生利用项目的差异性效果评价。

刘力对国内旧工业地段更新已实施案例的统计与分析研究中得出旧工业再生利用项目的地点分布情况。北、上、广和江苏是目前工业地段更新完成项目最多的地区，其完成量约占全国 45%。其中上海、北京两地完成的项目数最多，占全国总数的 25%。究其原因有二：第一，较早具备完善的工业基础是这些地区率先开展工业再生的重要基础，这些地区在 20 世纪 80 年代以前便具备了这样的条件；第二，经济带动产业发展，近十几年来国内经济发展较为迅猛的地区自然具备了大量的人才和社会资本去开展这样的改造再生。因此，在项目数量上，上述四个地区领先于其他二三线城市。相较次之的，四川、重庆、陕西、河北、湖北、辽宁等地区也存在部分已完成更新案例[1]。一、二、三线城市旧工业建筑再生利用项目具有一定差异性，因此分析旧工业建筑在不同城市类别中的再利用特点，对再生利用项目分地域进行效果评价具有重要意义。

1）一线城市

国内一线城市较先出现旧工业建筑改造的成功案例。如北京 798 艺术区、上海 8 号桥等。随着城市更新，国企改革，一线城市率先借鉴国外再生利用项目的成功经验，实践了城市中的旧工业建筑再生利用。相较于二三线城市中的再生利用项目，一线城市中的项目经历了较早的尝试，由于在国内只有较少的借鉴项目，因此，在改造措施和先进的施工技术上，不免稍有逊色；另一方面，一线城市中的再生利用项目有更长的运维阶段，因此更易通过运维阶段的效果评价发现此类项目的运维特点和规律。

2）二三线城市

在一线城市出现旧工业建筑改造的成功案例之后，二线城市中的旧工业改造项目相继出现。在对青岛（轻工业发达的沿海城市）和兰州（西北地区重要的重工业城市）这两个典型地区的旧工业建筑改造项目案例进行调研发现二线城市的改造项目依然存在许多问题：在旧工业建筑改造过程中没有标准和规范，改造项目出现盲目模仿成功案例现象，部分二线城市没有充分重视改造项目，甚至称之为翻修工程，皆体现出改造项目的盲从性；没有对设计方案进行充分的经济分析与方案论证，缺乏科学性；不能很好地体现地方人文特色，缺少独特性[2]。

当前，在我国三线城市的旧工业建筑改造过程中，改造方法较为落后，改造标准单一。决策者更注重建筑物的外观形式的改变效果，对建筑内部进行的改造措施和形式都较为简单。这使得城市中旧工业建筑改造形式相对单一。在实际改造过程中既要对旧工业建筑的周围环境进行改造，更应该通过改造让其应用功能得到完善和更新。通过这样的方式才能够让工业遗存的自身价值在活化再生的载体中得到该有的体现[3]。

国内工业地段更新的项目率先在北京、上海等城市发起，经过近20年的发展逐步扩展至全国。在发展的态势上，其主要经历了由东部发展至西部，由一线城市发展至二三线城市的过程，这也基本与国内经济发展的态势相吻合。因此，可以说，工业地段的更新是经济发展到一定阶段的产物。其一，经济发展产生了工业地段更新的需要。其二，经济的发展也为工业地段的更新提供了必要的资金、技术乃至人力的支持以保证工业地段的更新能够顺利进行。考虑到传统的经济发达城市未更新的工业地段存量不足，因此，在未来相当长的一段时间内，二三线城市将成为国内工业地段更新的“主战场”[1]。

（2）以再生利用模式划分范围

通过对全国20多个城市进行调查研究，发现老厂房成功改造与开发企业采取的改造模式息息相关。成功的改造方案不仅基于对旧工业建筑有完美的认识，更是基于科学地判断、选取与本改造项目相适应的改造模式。针对不同的再生利用项目类型，除了对旧工业建筑再生利用运维阶段效果评价的共性因素进行评价外，还应根据不同的调研对象制定差异化的针对该再生利用模式的评价指标。如再生利用为博物馆相较于再生利用为创意产业园，应更加注重对工业景观、文化价值的保护和延续，而再生利用为创意产业园运维阶段更加注重与新的社会需求的适应情况和新功能的可持续发展。同时，不同的再生利用模式可以进行比较分析，希望通过这样的综合分析与比较找到适合此类改造模式的特点及良性运维的规律，为今后的再生利用项目提供指导。在旧工业建筑的保护和再利用过程中，旧工业建筑的价值在不同的改造方案下会受不同程度的影响。通过分析不同模式下不同的价值内涵，可以看到不同改造模式对旧工业建筑价值的保留程度。以下举例说明不同旧工业再生利用模式的特点，为再生利用项目分模式进行效果评价作铺垫。

1）博物馆模式

旧工业建筑大体量和规整的内部空间结构非常适用于规划游览路线和展示空间，这是它向文化建筑功能转变的重要原因。同时，旧工业建筑经过了历史的沉淀，见证了一定时期的工业发展历史，其本身就具有独特的文化特色，与文化建筑的主体功能不谋而合。因此，以传承工业文化和保留历史建筑为目的将旧工业建筑改造为主题博物馆能将旧工业建筑的价值完美传承，实现工业遗存研究、教育、保护、交流的功能需求。通过一定的设计手法保留工业建筑的历史韵味和建筑特点，保留部分建筑和设备，将旧建筑以博物展览馆的形式保留下来，使它成为城市文化的融合剂、催化剂和记忆库。例如英国曼彻斯特 MOIS 博物馆、烟台张裕博物馆、青岛啤酒博物馆、英国伦敦的泰特现代美术馆、重庆工业博物馆等。

2）创意产业园模式

再生类创意产业园最早是由艺术家自发改造形成的，将闲置的旧工业建筑租赁给艺术家及文化机构，经改造后成为艺术创造的场所。如北京 798 艺术区、上海苏州河“艺术家仓库”、西安纺织城艺术区、上海 1933 老场坊、上海八号桥、天津长江道 C92 创意工业园等。

3）商业场所模式

随着经济发展，城市范围向郊区蔓延，原先位于城市边缘的旧工业建筑变成了中心城区建筑。当旧工业建筑具备了城市中心的地理优势后，将旧工业建筑转变为商业综合体，将商业文化与工业文明有机结合。通过更新建筑外观，调整建筑内部功能布局，完善基础配套设施，再进行招商引资，在商业化的引导支持下使得工业建筑得以保留，并重新拥有经济价值。同时旧工业建筑独特的文化氛围和建筑特征也增加了商业建筑的吸引力。例如维也纳“煤气罐”购物城、青岛“天幕食城”等。

4）教育园区模式

利用工业建筑大空间易于改造的特点，通过简单必要的改造，使得旧建筑适应各种教育功能的要求。改造再生利用为学校的旧工业建筑往往具有较大窗墙比，同时其周边的配套设施比较齐全。这样的改造模式为项目周边居民或者下岗职工提供了许多就业岗位，也为学生提供了一种可以激发灵感的新颖的教室形式。陕西钢厂部分厂区被改造为西安建筑科技大学华清学院，取得了很好的社会经济效益。无独有偶，意大利的卡洛·卡塔尼奥大学校园也是利用棉纺厂改造而来。

5）遗址景观公园模式

当旧工业建筑所在的工业厂区范围较大，建筑分布分散时，对有较高社会和历史价值的旧工业建筑，往往将其场地及内部的工业建筑物、构筑物、工业设备遗存进行保护和再利用为遗址景观公园。其环境特征鲜明，有丰富的形状、变换的坡度、多样的绿化和保存完好的设备、机械构件等，再结合其周围邻近区域的历史人文因素打造成为遗址景观公园将是对旧工业建筑及其场所进行改造再生的重要方式。如北杜伊斯堡工业主题公园，它是由德国景观设计师彼得·拉茨与合伙人于 1991 年设计的一个后工业景观公园，位于德国西部鲁尔区北杜伊斯堡。为了更好地理解和纪念过去的工业，设计将废弃的炼钢厂、煤矿及钢铁工业所在地与公园设计紧密结合，将工业遗存再生与生态绿地完美结合。

6）居住类建筑模式

将旧工业建筑改造再生用作居住空间，就是将其内部空间划分为多个小空间单元。这是因为部分旧工业建筑处在拥有便利交通和城市中心地带的地理区位；另一方面，工业建筑内部空间高大宽敞，并且内部结构对称，这对其改造再生过程中的空间划分极为有利。加上各级地方政府也在积极探索解决目前房价高、租金高的社会现状，因此将工业建筑改造为廉租房（公寓）是一个解决民生问题的重要措施。例如浦东潍坊街道众鑫白领公寓等。

6.1.3 调研对象

调研对象是充分利用旧工业建筑的既有结构、保护利用其文化价值，综合效益良好，具有一定示范作用且运行一年以上的旧工业建筑再生利用项目。应以旧工业单体建筑或以项目整体为效果评价对象。项目整体效果评价时，新建建筑占地面积不应大于基地总占地面积的 50%。以下从旧工业再生利用运维阶段的载体——建筑，旧工业再生利用运维阶段的内容——工业文化，两个方面对再生利用项目效果评价对象进行介绍。

（1）建筑

在施工技术及工艺上旧工业建筑再生利用项目与新建建筑不同。其施工工序更复杂，风险因素更多。如在建筑结构上，决策、设计阶段需要确定功能置换的适应范围，要对旧建筑整体结构、质量可靠性和完整性等因素进行测度。检验如地基、柱、梁以及建筑立面、屋顶等的结构状况和承载力。同时还需要对新功能的适应性进行分析，研究建筑规模、层高和基础设施配套情况等对建筑再生利用的影响。最终通过合理设计建筑内部空间、加固建筑结构，将保护和再利用相结合，对旧工业建筑的整体或局部进行内部空间和外部形象重塑，使旧工业建筑得到重新诠释和理解。以下列举旧工业建筑改造再生利用的重难点，说明运维阶段进行“建筑”层面的再生效果评价、功能性效果评价、适应性效果评价、经济性效果评价、使用者满意度评价、可持续性效果评价的必要性。

1）再生利用设计。现存的旧工业建筑是历史上某一时期的建筑，大部分旧工业建筑距今已有几十年历史或者更长，超出了国家标准规定的建筑物的使用年限。因此在一定程度上，旧建筑的原始资料完整性对建筑的再生利用设计影响较大，关乎设计方案的准确性和安全性；其次，检测鉴定报告也是进行再生利用设计的重要依据，现场勘查检测的数据越真实，设计方案的可行性越强；再次，设计单位设计的方案包括了改造加固建筑承重构件和围护结构，及根据改造后项目的功能和用途，按照相关规范，如《建筑设计防火规范》GB 50016—2014、《建筑抗震设计规范》GB 50011—2010，对旧工业建筑进行防火设计、抗震设计；最后，还应对后期投入使用中需要的水、电、暖管网的铺设进行提前的预留设计。

2）再生利用结构和构件处理。根据检测报告的结果结合再生利用的设计方案，对承载力不足和破损程度比较严重的构件进行加固或者拆除，尤其注意在使用期内已经加固过的梁、板、柱。再生利用过程中对此类结构或构件应先进行临时支撑维护，以防止发生坍塌事故或高处坠落事故，再对其表面进行剔凿、打磨、植筋或者拆除构件。

3）再生利用检测。旧工业建筑已经过了较长的使用年限，易出现包括施工场地的水文条件等不确定性因素。为了保证建筑物基础的稳定性，应考虑地下水位的位置是否上移等。一定程度上一个片区内的建筑应视为一个整体，对旧工业建筑进行再生利用时，应考虑其对周边建筑的影响情况，如对邻近建筑进行沉降观测、节点的同步监测。在再生利用的旧工业建筑自身层面，新构件和旧构件的结合面应力分布不均，容易造成坍塌事故或者引起梁、板、柱变形。在建筑物改造加固过程中存在荷载分布过于集中的问题，这是造成局部构件承载力不足的重要原因。因此，还需对柱子横向位移和梁、板竖向位移进行实时监测。

4）再生利用安全。一般用耐火等级衡量建筑物的耐火程度，它由建筑物的所有组成构件（墙、柱、梁、板等）的燃烧性能和耐火极限决定。工业建筑的耐火等级往往受其发生火灾的危险性程度而定。通常，按照一、二级耐火等级要求设计甲、乙类生产厂房；高于或等于三级耐火等级是进行丙类生产厂房设计应遵循的标准。大部分旧工业建筑进行再生利用时，都摒弃了其工业生产功能，引入了全新的使用功能，因此与建筑功能相匹配的建筑物耐火等级要求就发生了改变。如，将框架结构的工业厂房改造为耐火等级为二级的办公建筑时，只有旧建筑的梁、板、柱的耐火设计满足规范要求，原建筑的外墙耐火等级不适用于办公建筑，其耐火等级达不到要求。当将其改造为一级办公建筑时，所有构件的耐火等级都不满足要求；将其改造为三级办公建筑时，部分构件满足耐火要求。旧工业建筑在长期的使用过程中经受了高温、腐蚀等影响，造成构件表面发生了局部破坏，如出现碳化现象。这都是构件耐火等级不满足新功能使用要求的因素。

因此，在对旧工业建筑进行再生利用时，对其耐火等级的判定不是根据单一因素就能决定的，这也是造成管理者决策不准确，再生后的旧工业建筑存在一定的火灾隐患的原因。由此可见，改造再生前与改造再生后的运维阶段都应对旧工业建筑构件进行耐火处理，如进行耐火补强处理，使其满足耐火等级要求。将旧工业建筑改造再生为民用建筑后，防火分区最大允许面积发生了很大变化。防火分区最大允许面积通常会减低，在将乙类二级单层厂房改造为二级单、多层民用建筑时，防火分区最大允许面积由 4000m^2

降为2500m^2。一般通过设置水平、竖向防火分区满足最大允许面积的要求。现实中，由于投资方的成本考虑，施工方的经济权衡，消防设计责任方的专业知识水平限制，大多数防火分区的划分变得形式化，而并没有体现实质性的作用，如防火卷帘设置不按规定，防火墙不具有满足使用要求的耐火性，甚至设置装饰性的隔断或临时分割墙作为划分防火分区的措施，这都造成了运维阶段极大的消防安全隐患[4]。

诸多注意事项和新旧建筑功能融合的关键性技术处理，都表明进行再生利用项目运维阶段"建筑"层面的效果评价的必要性。一方面是保证运维阶段的建筑安全性和使用性，另一方面对建筑改造措施的实施情况进行效果评价，以便建立类似再生利用项目的事故处理应对策略。

(2) 文化

保留工业遗存中有价值的部分，改变原建筑功能，再生后的旧工业建筑成为新兴的建筑功能的有效载体，使旧工业建筑活化再生，工业价值得到延续，这是一个全新的现代活动空间。因此，在对工业建筑进行改造设计时要进行可持续性考虑，使建筑不仅保留工业文化、延长建筑使用寿命，更重要的是在新的建筑载体内充分融合工业景观与新的使用功能。以下列举旧工业建筑再生利用过程中工业文化保护和传承措施，说明运维阶段进行"文化"层面的再生效果评价、功能性效果评价、适应性效果评价、经济性效果评价、使用者满意度评价、可持续性效果评价的必要性。

从城市区位角度出发是对旧工业建筑进行再生利用的总体定位。需要考虑的因素有生态环境及可持续发展、延续工业历史、满足体验需求的大型配套服务设施等。要将旧工业建筑及其厂区进行再生利用，赋予其区位价值，应首先判断其新的功能定位是否对其所在地区的城市发展具有促进作用；其次对旧工业建筑进行再生利用时，应追求建筑本身遗留价值（如，历史、经济、艺术价值及其综合体现）的最大化保留。寻求工业价值的保护与再利用之间的平衡，使得对每栋建筑进行的改造都是最适宜和最佳的处理方式。对工业遗存价值的保护再生重点包括以下几方面[5]。

1）场地记忆——工业文化的传承

将旧工业遗存进行再生利用，这样的场地承载了那个时代的历史记忆，对下岗职工而言，这里是曾经朝夕相对的生活工作场所，对现代人而言，这些建筑物、构筑物保存了近现代工业文明的活动印迹和故事。通过这样的方式使得城市的发展历史得以展现，工业时期的这段历史是城市发展历史中不可断缺的。因为时代的发展，生产技术的进步，在那个时期承担人民生计的钢铁厂、矿厂，已繁华不再，只残留了岁月带不走的高耸的烟囱、斑驳的红墙和锈蚀的钢架。将这些倍感亲切、富有时代印记的元素与符号融入现代社会，是人们情感上的极大慰藉，同时这些元素的新载体，将获得人们极大的认同感和归属感。因此，将已遭到损毁或湮灭的有形物质遗产，寄以"场所精神"，使满足当代人生活需求的具有新建筑功能的载体能延续其文化的价值。对工业遗存进行保护再生，其“场所精神”是否能延续是一切措施的关键。

旧工业建筑是城市历史的见证者，是一座城市的时代印记中不可或缺的组成部分。当今城市规模扩张，新建建筑的同时，将城市中遗存的工业建筑进行保护与再利用，是增加城市容量、保证城市印记完整的重要措施。主要从宏观到微观的三个层面对旧工业建筑的文化再生进行考虑：城市规划层面，明确符合城市规划要求和满足城市规划类型的再生模式与效果；旧工业建筑区位层面，重点分析其建筑周边的功能定位及明确旧工业建筑再生后扮演的社会角色，根据其周边社区的需求，打造适宜的改造设计方案与功能定位；旧工业建筑本身文化保护层面，将工业文化融入新载体，如联合国教科文组织倡导的将工业结合产业旅游进行保护再生，既能拉动产业经济，又能打造城市文化品牌，提高城市文化内涵，营造属于城市的文化氛围。将旧工业建筑进行保护再生，对当代人认识曾经的工业活动、工业过程及工业发展状况具有重要的社会历史教育价值。再生后的建筑中保留旧有工业符号等能还原工业时代生活原真性的印记，使城市记忆得以延续、建筑风格和建筑特色得以保持、原有环境得以重现还原。旧工业建筑再生利用遵循“修旧如旧”的原则，使原有的建筑外观和空间形态得以最大程度的再现，同时延续了城市记忆，使城市中的人文环境得以可持续发展。

2）多重体验——社区服务场所

旧工业建筑再生利用后应能融入人们的生活环境，满足人们的生活需求，这才是对其进行再生利用的意义所在。其中包括，满足区域内居民的需求，要求其能承担商业购物、休闲游憩、社区活动等功能，打造社区综合体；对原厂下岗的职工或者曾经生活在工业厂区附近的居民而言，满足其归属感与认同感，承担“乡愁”记忆则更为重要。因此，如何将新的功能要求与旧建筑原有特征之间进行匹配是旧工业建筑再生利用时要考虑的重要因素。再生利用主要从建筑形态、内部空间、结构可靠性、经济匹配、保护工业文化层面寻找契合点，使旧工业建筑融入新功能变得可行，对旧建筑进行整合后能适应新功能的要求和尺度，旧工业建筑再生后一般融入的是设计、展示、演出等文化产业，酒吧、餐饮、精品商店等服务性行业。这就是在保证工业文化得到保护的前提下，对遗留的工业建筑进行的重新定义、设计与改造，使旧工业建筑和新时代的生活方式得到创造性的融合。需要注意的是，对旧工业建筑进行再生利用时要有全局观，不管是对单体建筑还是旧工业建筑群进行再生利用时，既要考虑单体与整体的融合，更要考虑整体与社区的融合。对其进行再生利用不能让其成为一个孤立的纪念物，而应让融入了历史和文化的载体融合到现代生活当中，实现旧工业建筑及其场所的活化再生。

3）景观——环境可持续

设计以工业文化为题材的景观小品，运用环境可持续的手段连接各个功能空间，使得融入工业文化的新载体中融入自然生态的环境理念。如建立立体绿化、营造区域性绿核、打造主题生活公园或者其他休憩参观场所使工业建筑焕发生机。在进行再生利用的方案设计时，运用绿色植被坡道、垂直错落的院落空间、屋盖的透光处理来将生态和可持续发展的理念融入方案中，使得运维期的使用者能与自然环境进行亲密接触。这是将旧工业建筑进行再生利用后融入新的诸如消费购物功能有别于传统购物商场的地方，这样的方式让商业氛围更加亲和，同时在消费购物时获得多重体验。旧工业建筑体量较大，厂区范围也较大，给人空旷开阔的视野和感受，存在过大、过多、过空的灰空间地带。因此将开阔的大空间环境融入人文景观才能实现旧工业再生利用项目的人性化，呈现有品质的外部开放空间。其中与工业主题相适应的环境景观小品也是工业文化的良好载体，建筑墙面的涂鸦、小雕塑等都是烘托文化氛围的重要角色。

诸多传承和发扬旧工业文化，保护工业景观的措施与赋予再生利用项目区位价值的措施，都表明进行再生利用项目运维阶段“文化”层面的效果评价十分重要。一方面延续了工业文化价值，另一方面让工业建筑再生活化融入新载体，真正实现资源的可持续发展。对旧工业建筑再生利用项目运维阶段的“文化”层面的效果评价有利于实现含有工业文化价值的再生利用项目的可持续发展。

6.2 旧工业建筑再生利用项目运维效果评价体系

6.2.1 效果评价适用标准

在国外自1953年提出“工业考古”一词便开启了旧工业建筑保护再生利用的新篇章，自2003年《下塔吉尔宪章》问世，便有了专用于工业遗产保护的国际准则。国内相关探索起步于20世纪90年代。相较于国外，起步较晚，各种保护体系并不完善。在国际大环境背景下，国内越发重视对工业遗存的再生利用，近年来，在保护再生理论与再生实践两个层面都有了较大发展。国内旧工业建筑的再生利用历程分为三个时期：

一是萌芽时期，1990年—2000年，主要通过学习和借鉴国外经验在国内进行探索尝试，在这个时期较为成功的实践有北京双安商场、登琨艳工作室。

二是发展阶段，2000年—2010年，这个阶段，通过不断的探索与尝试有了许多突破性成果。2006年4月，国家文物局在无锡举行首届中国工业遗产保护论坛，论坛形成的《无锡建议》首次在国内提出工业遗产保护的概念，并对工业遗产进行定义：工业遗产是文化遗产的重要组成部分。2006年5月12日，国家文物局发布《关于加强工业遗产保护的通知》，工业遗产的普查与保护得到了国家层面的重视。2007年全国第三次文物普查首次将工业遗产纳入普查范围。2008年7月28日，在哈尔滨召开“全国首届工业遗产与社会发展学术研讨会”，讨论了我国工业遗产的保护与开发、社会价值，以及东北老工业基地改造中的工业遗产问题。2008年12月13日至15日，在福建省福州大学召开“中国工业建筑遗产国际研讨会”，奠定了“中国建筑学会工业建筑遗产学术委员会”成立的基础。2009年8月，文化部颁发了《文物认定管理暂行办法》，首次将“工业遗产”

列入文物范畴。2010年11月5日，成立了“中国建筑学会工业建筑遗产学术委员会”。

三是成熟及普及阶段，2010年以后。国内多个城市都出现了旧工业建筑再生利用案例。同时在保护理论层面：2012年，“中国工业遗产保护研讨会”达成“杭州共识”，这对我国今后工业遗产保护和利用具有重要意义。2013年国务院公布第七批1943处全国重点文物保护单位，其中全国重点文物保护单位中的工业遗产总数达到329项，广义工业遗产245项，近现代狭义工业遗产84项。2014年5月29日，中国文物学会工业遗产委员会成立。2016年11月15日至16日，发表了我国新时期工业遗产保护宣言——《黄石共识》，标志着政府主导下的工业遗产保护建立了新丰碑。2016年12月10日，成立了中国工业遗产联盟。2017年1月6日，工业和信息化部、财政部发布《关于推进工业文化发展的指导意见》(工信部联产业〔2016〕446号)。2017年12月20日，工业和信息化部公布了我国第一批工业遗产名单。在旧工业建筑保护历程中，国内也逐渐出现了相关的再生利用标准以对改造再生进行指导，如表6.1所示。

目前国内旧工业建筑再生相关标准　　表6.1

标准名称	主要内容	时间
《既有建筑绿色改造评价标准》	从空间结构规划、建筑材料使用、项目管理等层面建立了对工业建筑进行改造再生利用的评价标准	2015
《旧工业建筑再生利用技术标准》	建立了旧工业建筑再生利用在结构检测、安全性评定、建筑加固设计、质量验收层面的技术标准	2017
《国家工业旅游示范基地规范与评价》	从基础设施及服务、配套设施及服务、旅游安全、旅游信息化、综合管理等内容建立适用于国家工业旅游示范基地和国家工业遗产旅游基地的评价标准	2017
《旧工业建筑再生利用示范基地验收标准》	从功能开发定位、既有资源利用、再生利用设计、施工项目管理、生态环境保护、运营维护管理方面建立旧工业建筑再生利用示范基地验收标准	2019

6.2.2 评价指标体系构建原则

对旧工业建筑再生利用项目运维阶段的效果评价要能反映出影响项目运维的关键因素，并通过效果评价结果进行针对性地改进，使得项目的运维管理有效进行。主要体现在对建筑再生效果进行评价，使用者满意度及运维可持续性等方面。因此，建立评价指标体系时应遵循以下原则：

(1) 科学性原则

主要体现在评价指标选取、指标数量和构成的确定要能体现运维阶段各要素的效果和特点；评价方法和模型的选择要与效果评价目标相协调，体现方法的适应性和科学性；评价结果的分析要科学合理，对评价指标的改进具有指导作用。

(2) 系统性原则

旧工业再生利用项目的运维阶段效果评价是对再生项目整个工程进行的系统性评价。

评价指标体系的建立应考虑不同层次、不同要素层面的指标；并且考虑各指标之间，指标与要素层之间的相关关系，将指标体系以一个整体进行考量，也是全方面进行效果评价的重要前提。

（3）可操作性原则

对旧工业建筑再生利用项目进行效果评价涵盖建筑、文化等内部外部因素，拟定的指标应能通过设备检测、专家评定等方式客观呈现。同时反馈的结果应能便于分析，提炼运维阶段存在的问题和对运维效果进行科学的评定。

（4）互斥性原则

选取的指标应尽量相互独立，彼此相关性小，对增加评价准确性具有重要作用。各评价指标应能反映某一个层面的固有特征，具有典型性、代表性、概括性。

6.2.3 建立评价指标体系

（1）筛选评价指标

通过对已有文献进行研究，结合实地调研可以建立大致的评价指标体系。为进一步提炼和选择评价指标需要对初选指标进行进一步筛选。如通过专家调查法、判别分析、聚类分析、相关系数法、条件广义方差极小法等对初步指标进行选择。筛选原则主要有两个方面，一是对指标进行分类，同一个维度的指标应具有概括性、简洁自明；二是尽量采用定量指标代替定性评价，便于评价结果的统计分析。

（2）评价指标体系权重确定

对评价指标进行赋权主要是为了体现在不同的情况下对评价结果的偏爱程度，不同的指标对系统的作用和影响程度不同，因此应根据合理的方法确定评价指标的权重，使得评价结果更具有代表性。

为了增加评价结果的准确性，对指标赋权是开展指标评价的先前工作。目前权重确定的方法主要有三类：一是主观赋权法，主要体现被调查者的主观判断，如层次分析法、直接赋权法等；二是客观赋权法，如主成分分析法、熵权法、粗糙集理论等；三是主客观相结合的综合赋权法，如组合赋权法、结构熵权法等。常用的几种权重确定方法优缺点对比分析见表 6.2。

各权重确定方法优缺点比较　　表 6.2

方法	优点	缺点
层次分析法	主观赋权法，充分依据被调查者主观经验，当定性指标较多时得到的权重值较合理	影响判断的主观因素较多，如被调查知识水平，工作背景等都会影响评价结果
灰色关联度法	客观赋权法，评价结果具有较强的客观性，适用于定量指标较多的评价	得出的权重值因不含专家或者决策者的主观意识，导致评价结果不符合实际情况

续表

方法	优点	缺点
结构熵权法	综合赋权法，考虑了主观和客观的因素，结果更为科学	相对减弱了主客观评价法的缺点
粗糙集理论	客观赋权法，根据评价结果的初始值进行指标赋权，较为客观，多用于定量分析的评价	需要大量的数据支撑，对数据的准确性要求较高

6.2.4　评价指标体系的内容

根据旧工业建筑效果评价的对象：建筑和文化，将指标体系划分为以下六个部分进行阐释。

(1) 建筑的再生效果

为客观评估建筑单体的再生效果，选择对运维阶段的建筑风格、结构可靠性、保温隔热等防护效果及标志性建筑保留情况作为控制因素进行综合评价。

1）旧工业建筑的再生利用情况

通过对比再生前后的旧工业建筑状况，对标志性建筑的保护、原有建筑的保留程度、旧工业建筑特色风格的传承以及再利用程度进行评价。

2）建筑的再生利用方式

对旧工业建筑单体的改造方式，建筑外立面装饰修缮、屋顶加固、内部空间结构划分等再生利用措施进行评价。

3）建筑结构加固效果

旧工业建筑能进行改造再生的前提是旧建筑的结构仍具承载力或者经合理的加固补强后能否满足新功能下各种荷载的承载要求。结构安全性是再生利用项目运维阶段的关键指标，检测加固是一切再生设计方案的基础。如对结构加固方式的合理性、改造后承载力验算进行加固效果评价。

4）建筑消防设计效果

曾经的建筑消防标准只能针对于那个时期的建筑，当对旧工业建筑赋予新的建筑功能后，转变为新的建筑，需遵循新时期新的建筑消防设计标准。另一方面，当前对旧建筑进行改造再生时由于诸多因素，造成消防设计的不完善和消防设备的不齐全，因此运维期的消防安全存在较大隐患。将消防改造效果，如将原设计与现行消防标准进行对比、检查消防设施设备数量及种类是否符合新建筑的要求等作为再生效果评价的重要指标之一，一是提升管理者的消防安全意识，二是通过评价结果进一步对消防安全进行二次设计，提高项目消防应对能力。

(2) 新功能效果

将旧工业建筑再生后植入新的适应当代人生活需求的功能是实现工业遗存顺应时代发展、与时俱进的改造方式，实现再生利用项目的可持续发展。同时，将新的功能植入旧建筑，能加强工业遗存的“曝光度”和扩展其使用范围，让工业遗存价值得到表现。当然，如何选择、定位、决策融入再生利用项目的新功能是实现旧工业建筑成功转化为适宜的新载体的桥梁。近年来，在传统再生模式的基础上也衍生出了新的创新模式。部分工业生产企业，将工业文化、工业生产技艺公开，一边进行着工业流水线生产，一边开放的环境因引入了部分外来媒介，成功地实现了企业文化的对外宣扬和品牌推广。如青岛啤酒博物馆和张裕酒文化博物馆在以企业发展为主线时，融合体验式消费与现代科学技术，向世人还原制酒发展历程。通过这样的方式对工业文化进行有效传承和发扬。北京798艺术区的成功盛名也与其匹配的新功能极大相关。遗留的工业建筑因租金低廉、内部空间开阔易于分割，采光环境较佳等自然优势成为诉求艺术创作场地的艺术家热衷的创作区。因为建筑自身对新功能的匹配性极好，加之有较大的社会需求，这里演变成了国内知名的旧工业建筑再生利用项目典型案例，也为国内文化事业发展和国内外艺术交流提供了很好的平台。在国外，基于环境绿色、生态持续发展的初衷，规划设计师将近郊重工业污染过的旧址进行治理，使其绿化为城市绿地，因再生前后巨大的生态差异使得新场所富有独特的存在价值。旧工业建筑再生利用后新功能主要包括生产、消费娱乐、文化展示、展厅等功能，由此对旧工业建筑效果评价时应重点分析新功能适应性。

1）功能与主题相关度

如将旧工业建筑再生利用为创意产业园时，对入驻企业的经营范围与文化创意的相关性、与工业文化价值相关性进行评价。

2）文化展示水平

随着社会发展，目前大部分人的物质生活需求已经能得到满足，更多的人开始追求精神文化层面的消费。文化知名度成为各个地区软实力的体现，在城市规划中越来越重视融入人文景观。将工业遗存中的文化价值融入城市更新，一方面契合公众的文化需求，另一方面丰富了再生利用项目的文化底蕴和精神内涵，也为城市留下具有独创性、地标性的城市空间。文化展示水平是指再生利用项目的展示和展览水平，如对文化展示场所的展示效果、对园区的宣传展示、现存的建筑是否完整保存了各种历史信息进行评价。

3）消费娱乐功能

消费娱乐功能是指旧工业建筑再生利用项目对周边城市配套的补充作用，为周边人民提供消费娱乐的场所。如对餐饮商业设施是否足够、场所的特色性进行评价。

4）公共空间功能

工业建筑因其大体量的空间特征，经再生利用后多转换为对公众提供生活、工作、消费休闲的公共活动空间，因此以公众使用便利性为出发点，应对公共活动空间的充足性、开放性、多样性等进行评价。

5）艺术美学功能

主要从旧工业建筑所处场所、旧工业建筑单体、建筑内的设备构件等由大及小、整体到局部的层面对工业艺术价值进行考量。再生利用后要能体现出旧工业建筑的独特艺术特质、工业主题风格、项目与周边环境的高度融合及建筑单体内各生产机具也要在新的建筑功能载体中得到完美呈现，要能体现出精密的结构设计和严谨的构造所表达的机械美。

（3）适应性效果指标

将旧工业建筑赋予新的功能，让其实现活化再生，因此，对运维阶段的再生利用项目适应性进行评价，并根据结果进行改善是项目实现可持续发展的关键举措。适应性主要体现在建筑新功能与城市、项目周边环境的协调性和适应性。可以对与城市周边建筑功能的联系、新旧建筑结合情况等指标进行评价。

1）当再生利用项目的定位与周边区域发展相一致时，通过这样的聚集效应，才能实现再生项目自身与周边经济共同发展的双重作用。可以选择产业氛围契合度、与城市功能定位匹配度等进行评价。

2）新旧建筑结合情况

对旧工业建筑进行再生利用，不免拆除不满足使用要求的建筑结构，并新建部分建筑。因此，可以对新旧建筑结合情况，如色彩、材料的使用；新旧建筑结构结合情况，如承载力分布的处理等进行评价。

3）新功能适应性

在再生项目中引入的新功能，要能与工业主题相契合，要能符合工业文化价值的内涵。可以选取业态布局、主题契合度等指标进行评价。

4）社会稳定和发展

一般大型公共设施建设都会开展社会稳定性分析研究。旧工业建筑是历史见证者，是那个时期生产工人的回忆载体。再生后的项目，主要承担了区域居民休闲娱乐、教育、文化等方面的功能，同时一定程度上会增加区域内的就业岗位。因此可以通过居民归属感、认同感、就业岗位、宣教意义、对配套设施完善的促进作用等指标进行评价。

（4）经济性效果指标

旧工业建筑再生利用让工业文化得到传承的同时，让旧建筑赋予新功能，重新带来了工业建筑的经济效益。因为独特的建筑风格，让再生后的商业部分变得颇具特色，这是旧建筑的再生，也活跃了该区域内的经济氛围，对区域经济的发展具有带动作用。再生项目占据城市中心，具有开展商业活动的天然优势，能有效聚集人气，塑造企业品牌，打开知名度。对旧工业建筑再生利用项目运维阶段的经济效果评价时要考虑来自工业建筑自身的经济价值，和其对区域发展带来的区位价值。即旧工业建筑再生利用项目具有自身经济价值和区位经济价值两个方面的经济价值。

1）自身经济价值

再生项目要在新的社会需求中实现可持续发展，其自身必定存在收支平衡，要能适应社会发展，并能支持项目自身的运维管理。因此可以通过对运维阶段项目的运营成本、租售收益等指标进行评价。

2）区位经济价值

主要体现对区域经济带动的效果，项目对于区域经济发展具有促进作用。可以通过再生项目提供就业岗位能力、区域旅游发展情况等指标进行运维效果评价。

(5) 使用者满意度指标

旧工业建筑再生利用后的服务对象为各类新功能的使用者，通过使用者满意度的结果能够合理地反馈再生利用效果。将使用者满意度指标引入评价体系，让公众参与到再生效果评价中去。一般通过交通便利性、室外景观布置满意度、室内舒适度、配套设施满意度与运维安全管理等指标体现。

1）交通便利性

主干道与辅路界限清楚，标志明显，路面完好，出入口明确，道路通畅无阻，机动车与非机动车、步行道区别划分，且严格管理，场地内含有完整的道路系统，呈现出规范的交通管理。游客、附近居民、工作的员工等对交通便利性的满意度评价是旧工业建筑再生效果评价的重要依据。细化指标可以为：外部交通可达性、场所内道路规范性、停车便利性、道路照明设施完备程度等。

2）室外景观布置满意度

再生利用项目原为工业生产厂区，故景观绿化较为欠缺，对其进行再生后为了增加用户体验，营造舒适的感观环境，需要对场所内环境进行打造，以将新植入的景观与工业主题相呼应、保证场所的整体协调为宜，并对原有生态景观的保留情况进行评价。

3）室内舒适度

当人们在室内空间进行活动时，人体舒适度是进行室内环境评价的重要依据。再生利用过程中的改造设计应充分考虑人体工程学、感官体验。对室内环境进行再生时主要考虑建筑内部的通风、隔音、隔热、采光效果。

4）配套设施满意度

旧工业建筑改造本身承载着一定的社会责任。在一定程度上，再生利用项目承担着补充、补强该区域配套设施的角色。进行效果评价时，应体现如文化娱乐、餐饮等服务设施的丰富性、公共活动空间的多样性等使用需求层面的设施满意度情况。

5）安全与管理

对旧工业建筑进行再生利用后投入使用中的安全与管理是项目实现可持续发展的重要保障。运维期间的物业服务公司、投资商层面的管理者服务效果与管理素质都是安全与管理工作的重要影响因素。应对安保情况、管理制度与落实情况、物业服务质量与效果等方面进行评价。

(6) 可持续性效果

对旧工业建筑进行再生利用不仅是为了解决城市库存问题，同时也让旧工业文化在新的社会需求背景下实现文化的传承与发扬，运维阶段的重要任务便是使经历过一次改造再生的项目实现可持续发展。对运维阶段的可持续效果评价主要体现在工业文化价值的延续性、生态环境的可持续性和建筑再次适应性改造的可实施性等。

1）工业文化价值的延续性

工业遗存之所以进行再生利用及其再生利用模式的确定，主要由其本身具有的建筑风格、工业文化等工业价值决定。主要体现在工业元素、原工业企业文化的再利用与传承上，可通过对工业文化的宣传与展示等指标进行评价。

2）生态环境的可持续性

只有当旧工业再生利用项目处在一个环境协调、生态可持续的环境中，才能散发出项目自身魅力，不被环境所拘所掩盖。因此，生态环境可持续性是进行再生效果评价的重要指标。可以对绿色材料、新材料、新技术的使用，原有材料的再利用情况，新能源的使用情况，厂区废水处理及回用系统，垃圾收运及处理等进行效果评价。

3）建筑再次适应性改造的可实施性

随着社会需求变化、生产技术革新，原先进行的一次改造将不能满足今后变化的需求。因此，再次适应性改造的可实施性是对建筑改造再生效果进行评价的重要依据。主要体现在改造前的规划设计是否为后期的再次及多次改造留有空间和余地。通过评估后期改造的弹性、可行性等进行建筑可持续改造效果评价。

6.3 旧工业建筑再生利用项目运维效果评价模型

6.3.1 再生效果评价方法

美国国会为了监督政府政策性投资，于 20 世纪 30 年代提出项目后评价。项目后评价的对象是已完成的项目，后评价内容是对项目从立项到最终实施过程中的执行情况、项目效益、项目影响、项目决策等进行的系统评价。目的是通过项目后评价结果反馈项目完成情况，体现项目完成效果。项目后评价在国外发展较早，已有部分成熟的体系，并在多个行业中得到运用，其中多为工程建设项目或政府公益项目，其后评价结果对指导项目进一步完善具有重要作用。国内在进行后评价或者从广义角度讲，效果评价就是一定范围内的后评价，应多借鉴国外成熟的理论与实践经验。

对于效果评价而言，方法的选择尤其重要，要根据评价对象的特点选择适用的评价方法。在后评价领域，有传统的后评价方法（对比法、逻辑框架法、成功度法等）及综合评价方法（模糊综合评价法、灰色系统理论、模糊物元理论等）两类。方法是工具，只有明确各类方法的适用条件和优缺点才能做出更科学有效的评价，表 6.3 是各类评价方法的优缺点对比。

各类评价方法对比分析　　表 6.3

评价方法	优点	缺点
对比法	操作简单，主要是通过对比得到各评价指标的偏差程度，进而体现效果	无法确定偏差产生原因，需深入研究
成功度法	操作简单，多用于定性分析	评价结果较受主观因素的影响
逻辑框架法	能够体现系统内各个层次之间的因果关系，满足不同层次的管理需要	对数据要求较高，需要多年的数据积累
模糊综合评价法	适用性强，可运用于主客观评价和多层次模糊性较强的复杂体系，能将定性问题定量化	无法识别相关性大的指标，造成指标内容重复，且隶属函数的确定要根据实际问题具体分析
灰色系统理论	应用范围广，对分析不确定、缺乏原始数据的情况较好	对已知数据的准确度要求高
TOPSIS 法	能够对再生利用项目的实施效果优劣程度做出评价	根据评价结果不能得出指导项目进一步改进的建议
人工神经网络法	能实现输入样本和输出结果之间的非线性关系的函数逼近，得到项目实施效果变化规律。可对各指标权重进行自动的动态调整，减少评价中的主观因素	往往缺少可供参考的输入 / 输出样本数据（已有的评价结果），运用人工神经网络法的前提条件往往不满足

6.3.2 运维期风险管理模型

（1）运维期风险管理必要性

风险管理主要有五个步骤：风险识别、风险分析、风险评估、风险控制、风险监控，各部分环环相扣，涵盖了发现风险到应对风险，并对最终的结果进行监督评价的全过程。首先是风险识别，针对项目的目标及其发展情况，对目标实现过程中影响项目进行的因素进行系统的分析，确定各影响因素，明确关键影响因素及其特点。然后对识别的风险因素进行风险分析，为了便于计算或者统计，应尽量将风险量化，即用数据的变化等表示风险的存在和程度。风险评估是风险管理中确定风险因素对项目目标实现的影响程度的重要环节。主要通过对各风险因素的性质、可能产生的结果进行估计。在对风险因素进行了分析和评估之后，应根据项目特点、决策者偏好、项目风险承受能力等因素制定风险管理计划，采取有效措施对风险进行控制，以达到避免风险发生或降低风险损失的目的。风险监控是对项目风险管理情况进行实时追踪，发现前面四个环节的不足并对其进行修正，同时又对项目进行过程中新的风险实行风险识别、分析、评估、控制过程的管理。对再生利用项目运维阶段进行风险管理研究，为项目运维阶段风险控制提供科学依据，保障运维效果。

旧工业建筑再生利用项目的运营维护是在项目完成改造投入使用的过程中进行的。运维需要对再生利用项目的日常运行进行正常的维护和管理，使经过了新功能植入的旧工业建筑能焕发新生，真正让具有价值的旧建筑生命得到延续。不同再生利用模式下的工业建筑对其使用阶段的运维管理不同，应分析再生后的建筑新功能特点、其在区域内承担的角色、项目定位等实施有针对性的运维管理措施。通过对运行中的项目进行运维管理，将设备维护、设备监测、经济效益评估等信息及时进行反馈。旧工业再生利用项目在改造过程中会沿用部分旧建筑的结构，如墙、基础、柱、屋架等，若使用中各类使用者对建筑日常维护管理的重视程度不足、缺乏风险意识，将造成如结构构件维护管理不当带来的结构安全风险等潜在风险。调研发现，旧工业建筑再生利用项目的运营维护阶段存在管理部门人员、机制不匹配、不健全的情况，使得运维阶段风险管理薄弱，日常检查及维护不到位、结论反馈不及时。风险管理对再生利用项目运维阶段的正常运行非常重要。在已有文献的基础上结合实际调研，将旧工业建筑再生利用项目运维阶段风险因素列举如下。

1）区位环境风险

对有价值的旧工业建筑进行保护再生，不是将其打造为孤立的保护性建筑，而是要在新的社会需求和环境中赋予其活力，这样才能实现对其进行再生利用的目的，真正实现工业价值的长久保留和传扬。因此，旧工业建筑再生利用项目与其区位环境的有效匹配、融合是项目再生时应考虑的关键因素之一。但每一个再生项目都有不一样的区位环境，不同区位间经济、政策、城市规划的重点和目的不同，地理环境也不同，这都造成了项目运维风险的差异。旧工业建筑的再生利用应立足于项目属于区域的角度进行改造，不脱离区位环境，充分考虑项目的再生利用对区位环境的影响。实际中往往忽视区位环境对旧工业建筑再生利用的影响，以至于区位限制成为再生利用项目无法避免的风险源。

2）再生利用空间匹配度风险

旧工业建筑的再生利用应充分考虑旧建筑自身的特点，包括建筑风格、结构特点、区位条件、规划定位等。旧工业建筑的承重构件常选用钢架结构和钢筋混凝土排架结构，其内外墙体只是维护、分隔构件，因此对于建筑外立面的改造可行性较强。工业建筑内部空间大，其内部单跨长度多为18m、24m、30m的单跨。将这样的大空间进行改造以融入新的建筑功能过程中做出的转换是巨大的，是质变的，原建筑的功能、形象，与整个场所、与周边的区位、区域环境之间的匹配关系的转变跨度都是极大的。在改造再生过程中要最大限度地运用工业建筑中存在的所有有利条件，如对于仍旧满足承载力的建筑结构，应以最少且适度的干预实现新旧建筑的共生。

对旧工业建筑再生利用项目运维阶段的空间匹配风险进行分析时主要考虑两个方面的情况，一是建筑内部空间改造再生的适用度，二是改造再生后的项目在外部区位环境中的适用度。与其他既有建筑的改造再生相比，工业建筑形体单一，结构对称，内部空间高大宽敞，有较大的空间适应多种改造模式的需求，再生后的空间与原建筑的匹配也较容易。旧工业建筑的内部空间特征即是对其进行改造再生的有利因素，也存在不利条件。其优势是通过适当的功能转换及改造，大空间能使工业建筑的新功能有更多样化的选择余地。而不利因素在于，对旧工业建筑进行改造再生是一个从有到无再到有的过程，新的使用功能融入这样一个新建筑其探索过程也是艰难的，因为新的功能要能匹配原有建筑，同时新的功能要能使再生项目能够实现持续经营。如果在没有充分发现和运用工业建筑内部的所有价值的情况下对其进行改造再生，会导致诸如建筑结构破坏、潜在价值浪费的情况发生，甚者危及再生项目的经济效益和使用寿命。旧工业建筑再生利用项目的定位与区域定位一致将能相互促进，营造良好的聚集效应和品牌形象，如在文化遗产保护区内的旧工业建筑再生利用项目会被更多地考虑改造再生为艺术展区或创意产业园区等。

3）经营管理风险

对旧工业建筑进行再生利用的原因之一就是其有较高经济价值的潜力，对其进行再生利用可以将其剩余的经济价值充分发挥出来并重新创造经济价值。调研发现部分再生类创意产业园在经营初期获得政府的资金支持和税收减免，能维持经营现状。但经营几年后，一旦缺少资金支持、出现商户退租现象严重等，则会导致再生利用项目经营困难。甚至改变项目策划时的定位，进行商业化转型，重新适应社会。再生利用后以商业租赁模式进行经营的项目，虽然能够在短期内带来较大的经济效益，但由于租户之间不同的经营理念，在一定程度上会降低再生项目的主题鲜明度，并逐渐弱化对工业建筑进行改造再生的意义，是城市二次更新中不好的案例。另一方面，一个成功的再生利用项目一定存在一个成熟的运维管理团队，有完整的组织管理系统、运维机制，运作方式稳定。若企业内部发生体制变动，企业融资模式、资本运作调整，如改变决策阶段的成本投入、改变原设计方案、重新确定改造方案等都是从企业内部管理角度引起的经济、技术上风险。同时，运维管理团队内部管理混乱、内部成员之间协调力差等也是造成运维风险的重要原因。这些都属于人为风险，当有效运用风险识别、评估管理等手段，是能进行有效降低和回避的。此外，团队领导者对于优化配置团队、充分利用资源和客观环境中的作用，是再生利用项目运维阶段能否可持续发展不可忽视的因素。

(2) 运维期风险识别方法

风险识别是运维阶段风险管理的基础，通过大量地收集相关资料，运用科学合理的方法，找出影响再生利用项目运维的风险因素。识别风险因素的方法很多，具有不同的使用范围、优缺点。根据项目特点和研究目的对风险识别方法进行选择，表 6.4 是几种常用方法的对比分析。

风险识别方法对比　　表 6.4

风险识别方法	使用范围	优点	缺点
专家调查法	原始资料缺乏、无可借鉴案例、有单一明确的目标	可操作性强，在数据资料缺陷的条件下能获得较为明确的结论	结果主观性较强
情景分析法	情况复杂、数据资料较完整的大型项目	可获得风险因素发展趋势	难操作，结果受数据分析者知识水平影响

续表

风险识别方法	使用范围	优点	缺点
故障树分析法	缺乏经验且技术性强的复杂项目	比较直观、形象地展示原因，利于提出具体解决方案	复杂，使用困难，系统较大时易出现遗漏或错误
核查表法	用于有类似经验的项目	直观、简单，便于操作，将信息直接与核对表对照	收集资料成本较高，对隐含指标的挖掘能力不足
流程图法	普遍适用	动态性强，能较清晰明确地识别不同环节的风险	对操作者要求高，有一定主观性
工作分解结构	适用范围较广	可操作性强，可以减少结构的不确定性	无法进行风险动态识别
敏感性分析法	常用于方案优选，预测项目变化的临界条件	能对影响因素进行敏感性分析	未考虑指标值发生变化的概率
因子分析法	适用于风险变量之间的相关性较强的项目	能识别出关键影响因素并将因素归类	受样本数量、质量、指标间相关性影响较大

通过预测识别、分析评估和应对控制对旧工业建筑再生利用项目运维阶段进行风险管理来尽可能地减少风险因素带来的影响。通过考察、预测、搜集、分析整理研究造成风险的不确定性因素，进而制定出识别、衡量、控制措施来进行风险应对。以下是风险分析中两个常用的研究模型。

1）系统动力学模型

系统动力学模型是一个信息反馈系统，可以模拟复杂系统的行为规律，在项目风险动态复杂性研究方面具有很大优势。

2）未确知测度评估方法

未确知测度理论在处理不确定信息中运用较多，既不受主观评价的影响，也不受方法运用的前提局限，它能提高数据处理结果的可靠性和精度。

6.3.3 运维可持续发展评价模型

(1) 可持续发展评价必要性

房屋建设项目是社会建设工程的主体，国外较先开展对建设项目的可持续发展评价研究。在可持续发展理论的基础上结合“绿色建筑”的建设理念，根据国内不同工程建设项目的特色建立评价体系。国外可持续发展评价理论主要有 LEED 绿色建筑评估体系（美国）、BREEAM 体系（英国）、CASBEE 体系（日本）、GBC 体系（加拿大）、NABERS 体系（澳大利亚）、EcoProfile 体系（挪威），ESCALE 体系（法国）等。我国对于房屋建设的可持续发展评价理论研究起步较晚，于 2004 年、2006 年分别颁布实施了《绿色奥运建筑评估体系》《绿色建筑评价标准》。旧工业建筑再生利用项目是对原有房屋建筑进行改造再生，其本质也是房屋建设项目，因此对其运维阶段可持续发展情况进行效果评价，既将运维效果评价与国内已有相关标准进行有机结合，也完善和扩展了传统建设项目效果评价体系内容。旧工业建筑再生利用项目的运维可持续性效果评价是一般建设项目可持续评价的延续也是创新。

（2）基于可拓优度评价法的可持续发展评价模型

可拓优度评价方法是对事物、策略、方案、方法等的优劣程度进行评价。以可拓学理论为基础，结合有机结合基础关联函数，是定性分析与定量分析相结合的方法。该方法对于单级或多级评价指标体系均适用。其主要思想是通过评判关联函数获得关联度和规范关联度，再对比预先设定的衡量标准，得到评价对象的综合优度值，最终获得单级或多级指标体系的综合评价。

旧工业建筑再生利用项目运维效果评价的影响因素众多，这都造成了科学评价的障碍，主要有来自外部环境，如项目所在地区的经济、文化、地理环境的差异，和建筑自身如建筑原始资料缺失、相似案例较少，缺少参照与对比等的影响。这些都是影响效果评价的不确定性因素。可拓优度评价方法能在已有的有限信息的前提下对项目效果进行评价，实现旧工业建筑再生利用项目可持续性效果评价研究。

运用优度进行评价前要进行非满足不可条件的首次评价，符合条件后再进行优度评判，评价结果才更具有实际意义。对旧工业建筑再生利用项目可持续效果评价的非满足不可条件可以参考一般工程建设项目的非满足不可条件，如政策、法规、标准、规范、结构可靠性、施工质量与安全要求等。

6.3.4 使用者满意度评价模型

（1）使用者满意度评价必要性

满足使用者的需求是旧工业再生利用项目能够持续发展的基础。对运维期的再生利用项目进行使用者满意度评价能反映出使用者对项目现状的满意度情况。评价结果对指导项目进一步完善，进而提高使用者满意度评价具有重要意义。旧工业建筑再生后运维阶段中的使用者较多，代表的利益主体不同，因为协调不同的利益相关者在运维阶段表现出的冲突也是提高项目满意度的重要措施。旧工业再生利用项目与这些项目类似，服务对象可以概括为各类利益相关者，运维期间能否健康可持续发展与满足各利益相关者需求具有较大的相关性。国内学者对游客满意度的研究，主要集中在满意度评价方法如满意度指数测评模型、满意度期望—感知差异分析和建立满意度评价内容两个方面，但专门针对再生利用项目投入使用后满意度评价的研究成果较少。但通过使用者对现状的满意度评价结果可以反映出再生利用项目运维效果，同时根据满意度评价结果，可以制定针对性的完善再生利用项目的措施，进而提高满意度评价。

（2）使用者满意度指数评价模型

1）量化评价

通过问卷调查与现场访谈，对评价指标体系进行满意度评价。采用李克特 5 级量表的方法对评价指标进行量化，“满意度很高、满意度较高、一般、满意度较低、满意度很低”从“5 ~ 1”的分值依次递减。

2）数据归一化

采用如下归一化处理方式对原始数据进行处理，得到无量纲化值 Y_j：

$$Y_j = \frac{X_j - X_{\min}}{X_{\max} - X_{\min}}$$

式中：X_j——原始评价值；

$X_{\max}$——同一个指标获得的最高评价值；

$X_{\min}$——同一个指标获得的最低评价值。

3）权重确定

可以采用主客观综合赋权的方式确定权重。主观赋权法常用层次分析法，将评价体系内的各指标进行两两对比，只要体现为两者相较于整体的重要性对比，相互影响程度对比等，根据对比结果确定指标权重。实践中，指标较多，计算较为复杂，可以借助软件如 yaahp 进行分析。客观赋权法常运用熵权法，其名称始于信息学，调研只能获取整体数据中的一部分，因此运用熵的原理进行指标赋权，在已知部分信息的情况下，根据随机分布的概率特点确定的指标权重较为科学。不同的受访者对同一指标进行评价时，因为个体差异性，评价结果自然存在差异，熵值法就是指评价的结果差异性进行赋权的方法，指标值间的差距越小，其熵值越大，该项指标在综合评价中的权重越小；相反，该指标权重越大；若差异为 0，该指标在综合评价中不起作用。开展研究时，通常会将主客观赋权法进行复合运用，得到综合权重，以增加权重系数的科学性，同时体现主客观赋权值的特征。

4）测评函数的建立

构造多目标线性加权函数法进行测算：

$$F_j = \lambda_j \times Y_j;\ F = \sum_{j=1}^{n} F_j$$

式中：Y_j——原始数据的归一化值；

λ_j——指标 j 的权重；

F_j——该指标的满意度指数；

F——最终的满意度指数值。

6.4 旧工业建筑再生利用项目运维效果提升策略

自 20 世纪 50 年代，“工业考古”一词在英国被提出，国外便兴起对旧工业厂区的保护研究，其中较著名的是 2003 年 7 月通过的《下塔吉尔宪章》。此后，在国内随着城市更新，国企改革，也逐渐涌现旧工业厂区改造案例。据不完全统计，陕西省就有185处不乏过度翻修、遗弃工业遗留等情况出现，这并不符合新时代对旧工业遗留修旧如旧，尽可能延续工业价值的保护原则。加之社会发展使得旧工业再生利用项目要适应新的社会需求，故不得不出现旧工业改造项目一次、二次、多次的改造演化模式，即再生利用是一个动态过程，需要通过运维期动态管理实现运维效果提升。

（1）运维信息动态管理机制

再生利用项目服务对象多样，涉及各行各业，管理难度大，应建立动态信息管理系统。信息动态管理系统应包含租赁面积、租赁价格、装修信息、转租信息、租赁用途、租赁期间厂房损坏及维修情况、租赁期间发生的重大事件等。运营维护管理单位应建立建筑物、构筑物及设施设备台账，基础管理措施和运营维护记录管理档案。除此之外，信息动态管理系统还应并入定期鉴定检测旧工业建筑、建设绿色生态园区及火灾地震应急预案等安全运维方面的内容。

（2）需求分析动态管理机制

旧工业再生利用项目应跟上社会发展，推陈出新，适应变化的社会需求。根据旧工业再生利用项目服务对象需求变化挖掘适应新时期社会需求的改进因素。因此对使用者、顾客进行需求分析与预测，对旧工业再生利用项目的可持续发展具有重要意义。

（3）结构检测动态管理机制

旧工业建筑使用年限较长，原始资料保存的不完整性对再生利用时的结构设计造成障碍，因不能准确判断旧建筑的使用年限，增加了对结构承载力计算的难度。因此，对旧工业建筑进行结构检测是其进行再生利用过程中的关键。应根据不同类型建（构）筑物的可靠性要求，有针对性地组织开展建（构）筑物的结构性能检测评定工作，关注高风险及关键区域的建（构）筑物（如烟囱、隧道等）结构性能检测评定的特殊要求。需相关政府部门有工业建筑结构检测的相关机制、高素质人才和完备的设备，对再生利用前及再生利用过程中的旧工业建筑进行定期的结构检测及跟进。根据检测结构提出针对性的指导与建议。如进行结构修复与加固、置换失去承载力的结构、对结构或构件补强等。另一方面，企业自身也要定期自检，对建筑结构类型、结构设计强度、结构损坏情况、基础承载力等进行再生利用可行性分析，提出可行的技术方案，将结果与措施向政府部门反馈。这样自上而下，自下而上的动态、循环的建筑结构检测机制，是旧工业建筑再生利用能高效、科学、顺利开展的基础。

参考文献

[1] 刘力，徐蕾，刘静雅.国内旧工业地段更新已实施案例的统计与分析 [J]. 工业建筑，2016（01）：47-51.

[2] 武乾，宗一帆，刘江帆 . 二线城市旧工业建筑改造趋势的研究——结合青岛、兰州旧工业建筑改造案例 [J]. 城市发展研究，2015（02）：11-14.
[3] 何雷 . 城市旧工业建筑工厂改造的现实分析 [J]. 美与时代（城市版），2018（11）：52-53.
[4] 何旭东 . 旧工业厂房再生利用项目火灾风险评价与控制研究 [D]. 西安：西安建筑科技大学，2017.
[5] 许建和，王军，严钧 . 城市印象——长沙市一旧工业建筑案例解读 [J]. 工业建筑，2010（05）：133-136.

第7章 旧工业建筑再生利用项目档案信息管理

档案信息管理是旧工业建筑再生利用项目全生命周期信息记录的重要载体和媒介，也是优秀旧工业建筑再生利用项目案例的表现之一。因此，在运维阶段对旧工业建筑再生利用项目的原始信息、改造信息和推广信息进行全方位的档案信息管理，有利于总结归纳旧工业建筑再生利用项目管理的经验教训，便于项目更加合理地开发和有效利用，促进旧工业建筑再生利用事业的蓬勃发展。

7.1 旧工业建筑再生利用项目原始信息

20世纪90年代后期，结合国外的成功案例及先进经验，我国对旧工业建筑再生利用的研究已取得一些研究成果，对其价值的研究成为当下的主要研究内容之一。表7.1对我国部分的旧工业厂房现状做了简要统计，表7.2为根据时间顺序总结的旧工业建筑再生利用的经典案例。

我国部分旧工业厂房现状调查表 **表7.1**

项目名称	建造年代	检测年份	结构形式	抗震设防烈度	可靠性等级
西安航空职业技术学院老厂房	1950s	2005	砖混结构	不详	三级
宝钢一炼钢落锤车间厂房	1985	2005	钢结构	7度	四级
航天504所38厂房	1980	2006	排架结构	7度	二级
汉中卷烟二厂技改工程主车间厂房	1988	2006	框架结构	6度	二级
武汉钢铁股份有限公司炼钢厂1号、2号、3号高炉料仓栈桥	1958	2006	钢结构	7度	三级
西安市方欣酒店	1976	2006	砖混结构	不详	二级
宝钢分公司高速线材厂成品库厂房	1997	2007	钢结构	7度	三级
金堆城铝业集团有限公司三十亩地选矿厂干燥过滤车间	1970s	2007	框架结构	7度	三级
马鞍山钢铁股份有限公司仓储配送中心加工三站厂房	1980	2009	排架结构	6度	二级偏下
西安北方惠安化学工业有限公司190工房	1950s	2009	砖混结构	7度	二级
武汉平煤武钢联合焦化有限责任公司扩建破碎间	1975	2010	排架结构	7度	二级
西安庆华民用爆破器材股份有限公司301-4工房	1958	2010	砖混结构	8度	二级

续表

项目名称	建造年代	检测年份	结构形式	抗震设防烈度	可靠性等级
大明宫双鹤药业配送部库房	1950s	2010	砖木结构	8 度	三级
陕西渭河煤化工集团有限责任公司 1 号卸煤地槽厂房	1998	2011	排架结构	8 度	二级
鞍山钢铁集团矿业公司动力厂电修车间	1975	2011	排架结构	7 度	四级
西南铝业（集团）有限责任公司中厚板车间	1991	2011	排架结构	6 度	二级偏下
酒钢集团宏兴钢铁股份有限公司选烧厂二次筛分厂房	1969	2012	排架结构	7 度	三级
安庆集团有限公司 4 号厂房	1955	2013	排架结构	7 度	三级
宝鸡卷烟厂 U 形厂房	1989	2014	排架结构	7 度	二级
宝鸡卷烟厂高层职工宿舍综合楼	1985	2014	框剪结构	7 度	二级
新疆八一钢铁股份公司一炼钢厂 40t 除尘楼	1987	2014	框架结构	8 度	三级
金钼股份矿冶分公司三十亩地选矿厂硫浮选车间	1970s	2014	砖混结构	7 度	二级偏下
西安航天发动机厂发动机热试车产品存放厂房	1970s	2015	排架结构	7 度	三级

注：表中建造年代 1950s 表示 20 世纪 50 年代，其余类同。

旧工业建筑再生利用经典案例　　**表 7.2**

时间	城市	案例	前身	定位
1963	纽约	美国 SOHO 艺术区	工厂与工业仓库区	艺术区
1964	旧金山	吉拉德里广场	吉拉德里巧克力厂	露天购物中心
1972	西雅图	西雅图煤气厂公园	工业煤气厂	景观公园
1974	仓敷	日本仓敷阿依比广场	仓敷纺织厂	观光旅馆
1990	杜伊斯堡	德国杜伊斯堡公园	大型工业基地	主题公园
1990	丹佛	丹佛市污水厂公园	污水厂	景观公园
1994	北京	双安商场	手表厂	大型综合商场
1998	上海	上海田子坊	里弄工厂	艺术家工作室
2001	北京	798 艺术区	798 电子工业厂	创意产业园
2001	青岛	青岛啤酒博物馆	啤酒厂	博物馆
2001	中山	岐江公园	粤中造船厂	主题公园
2003	纽约	纽约曼哈顿高线公园	铁路货运专用线	空中花园走廊
2003	上海	8 号桥	汽车制动器厂	创意产业园
2006	深圳	南海意库	三洋株式会社	创意产业园
2007	上海	红坊创意产业园	上钢十厂	创意产业园
2007	无锡	中国民族工商业博物馆	茂新面粉厂	博物馆
2008	上海	1933 老场坊	上海工部局屠宰场	综合商业开发

7.1.1 建筑风格

(1) 苏式建筑

我国大部分城市在 20 世纪 50 ～ 60 年代的建设都存在苏联格调样式，工业建筑也融合了苏联建筑与我国传统建筑的风格，形成了苏式中国风格的特点：平面规则、中轴线对称以及檐部、墙体、勒脚三段式。

西安纺织城（图 7.1）位于西安城东，浐、灞之滨，白鹿塬下，距西安市中心 10km（图 7.2），是西安市灞桥区政治、经济、文化中心。这里最有特色的是苏联援建的苏式建筑大都保留至今，青砖红色屋顶作为特有的历史符号是一代甚至几代西安人不能磨灭的记忆。国棉三厂、四厂、六厂社区的苏式住宅楼依然存在，走进这里似乎穿越到了五六十年代，电影《纺织姑娘》以巨大社会变革中的纺织女工真实生活为背景，拍摄于国棉四厂。

西安纺织城艺术区的再生利用，保留了原先苏式建筑的整体风貌，在此基础上加入多元化的时尚休闲文化元素，创新性地将林立着成片 20 世纪老式的苏式建筑建设为“苏式特色商业街区”，这样的创意商业街区在灞桥区已成为现实。目前改造开放的半坡国际艺术区建筑主体本身就是于 1961 年建成的西北第一印染厂旧址。

图 7.1 再生的纺织城艺术区

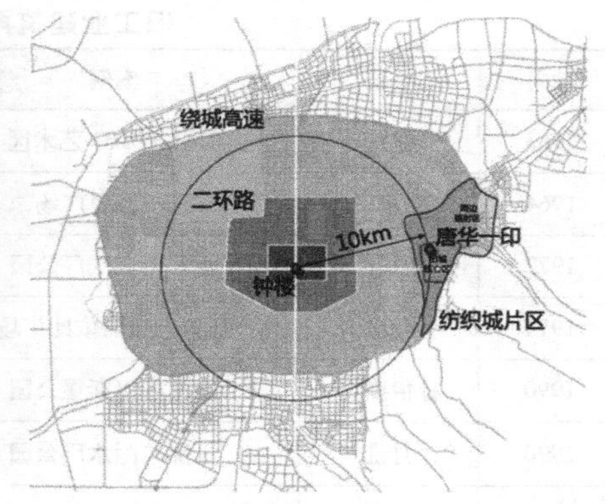

图 7.2 新、旧纺织城区位关系图

纺织城昔日曾有的辉煌，使得工作和生活在这里的人们对这方土地有着格外的热爱与眷恋，对这里原有的纺织产业重现辉煌有着执着的梦想。针对纺织城地区整体发展状况，西安市 2009 年正式启动了纺织城地区综合发展改造计划，希望通过数年的振兴改造，实现纺织城地区的复兴。如今，旧厂区在人们的视野中逐渐消失，一座区域功能定位准确、经济社会发展已呈现出全面兴盛的西安东部新城正在崛起。

(2) 多元化建筑

改革开放以后，我国的工业建筑不断向开放、兼容、多元化的方向发展，工业建筑主要是功能性厂房，形体流线流畅，外观简洁新颖。与以往苏式工业建筑相比，多元化建筑在空间处理上更加灵活，在建筑形式上更加多元化，在使用功能上更加丰富。

提到现代设计，不得不提包豪斯，其主要特点是简约、实用、经济、美观，符合现代建筑设计，这种学派后来被称为包豪斯学派。包豪斯建筑（德语：Bauhaus）是锯齿形厂房，拥有高空间、大柱距的建筑架构，传达出注重实际、简约大气的设计理念。这种“四分之一的鸡蛋形状的建筑面朝北，非常巧妙地使阳光均匀地照在建筑内每一处地方，使在厂子里工作的工人们高效地完成各种工作”。

北京798艺术区的前身是北京华北无线电联合器材厂，即718联合厂。718联合厂的建筑风格简洁朴实，重视功能，是典型的包豪斯风格，在20世纪50年代由民主德国援建，巨大的现浇架构和明亮的天窗，是实用和简洁完美结合的典范（图7.3）。

图7.3　798艺术区的包豪斯建筑

7.1.2　空间形态

按照空间形态将旧工业建筑分为单层旧工业建筑、多层旧工业建筑及异形旧工业建筑。单层旧工业建筑内部多为连续的大空间，多层旧工业建筑内部为多层建筑，空间开敞宽广，异形旧工业建筑形态特殊结构坚固，如异形仓库、煤气仓、贮粮仓、船坞以及一些钢厂、炼焦厂、水泥厂等。

（1）单层旧工业建筑

在日本广岛尾道市有一条穿越了6座桥和8个小岛的自行车路线Shimanami Kaido，堪称日本最值得推荐的骑行路线之一。而ONOMICHI U2（图7.4）将自己定位为濑户内戏旺沿海大道的骑行者服务一站式商店，因这些骑行者而存在。设计师运用“自行车”主题来改造该项目，目的在于提升该地区的吸引力，从而为这个小镇创造出一个美好的未来。

ONOMICHI U2——世界上首家专为热爱骑行人士设计的复合空间酒店，将2000多平方米的旧的海滨仓库适应性地重新利用到城市新的互动空间中。最特别的是，人们可以携自行车去办理入住，酒店房间里的自行车停靠架使他们不再担心停车难的问题，咖啡店里也铺设好了自行车道，无需下车就可以购买饮品。为了让骑行者们在入住时可以更加了解当地的文化精髓与风土民情，改造时加入了许多能够代表尾道市特征的元素，比如尾道那些旧房子都会使用的木头、灰泥砂浆、钢铁，以及那些能够反映出尾道悠久

图 7.4　日本 U2 酒店

造船历史的各种装修材料。

（2）多层旧工业建筑

深圳蛇口南海意库 3 号楼项目（图 7.5）的前身为三洋厂区的 3 号厂房，其形体简单，主体完整性较好。在改造过程中为增加建筑整体的空间协调性，根据设计需要适当加建新的体量：垂直方向加建一层，构造屋顶退台；水平方向加建边厅，提升空间容量；加建中庭与地下车库，满足使用要求，实现工业建筑再生前后新旧元素的共生。

(a) 地理位置示意

(b) 现状照片

图 7.5　深圳南海意库

（3）异形旧工业建筑

位于瑞典斯德哥尔摩由船坞改造而成的 Oaxen Krog & Slip 餐厅（图 7.6），曾经是世界排名前 50 的餐厅，创始人从 1994 年开始经营餐厅，此后经历多次失败与尝试，在两年前停业后,去年才把餐厅搬到动物园岛（Djurgården）。

该餐厅面积并不大，外表也设计得非常简洁，只有简单的“Oaxen Krog & Slip”字样，喷黑的箭头作为方向引导。Oaxen Krog 餐厅因其新潮又复古的装潢设计吸引着来自世界各地的人们，古董剧院的椅子与沙发、工业味道浓烈的骨折灯……都在营造着一种简约而又时尚的工业氛围，餐厅最大的亮点是天花板上悬挂的蓝色小艇，这种设计与船坞改造的风格的餐厅相互呼应，巧妙地点出了航海风的主题特色。

图 7.6　Oaxen Krog & Slip 餐厅

7.1.3　结构类型

旧工业建筑的类型大致分为“大跨型”“常规性”“特异性”三种。第一种是单层大跨度建筑，它们的支撑结构多数为混凝土刚架、拱架等。内部可以形成没有柱子的开敞高大的空间，如重工业厂房、大型仓库等。第二种是内部空间高度低并且开敞的工业建筑，如轻工业的多层厂房、多层仓库等。第三种是形态特殊的构筑物，如煤气贮藏仓、冷却塔等（表 7.3）。

旧工业建筑常见结构类型与跨度　　表 7.3

	结构	结构示意图	一般跨度
单层大跨度建筑结构	砖混结构		砖混厂房一般柱距 4 ～ 6m，跨度≤ 15m
	屋面梁结构		适用于跨度≤ 15m 的厂房，屋面梁可用于悬挂吊车≤ 2t 的厂房
	屋架结构		适用于跨度 18 ～ 30m 的大中型厂房
	钢结构		前两种适用于柱距＞ 12m、吊车起重量≥ 200t 的重型厂房；后一个适用于大面积的无吊车厂房

续表

	结构	结构示意图	一般跨度
单层大跨度建筑结构	刚架结构		适用于无吊车、跨度≤ 18m 地基条件良好的中小型厂房
	钢屋架结构		适用于跨度＞ 30m 的大中型厂房
多层建筑结构	框架结构		8 ～ 16m
	型钢结构		14 ～ 24m
	桁架结构		24 ～ 40m
	网架结构		40 ～ 60m

（1）砖混结构

1949 年后的很长一段时间里，砖作为建筑的基本材料在开间和进深较小的工业厂房建设中被广泛使用。砖砌体结构主要采用新兴红砖、传统青砖，或者混合使用两种材料，建筑在空间上变化较小，高度受建筑形式的限制，多为单层。

（a）改造前

（b）改造后

图 7.7 申都大厦改造前后实景对比图

上海申都大厦（图7.7）经历过两次改造，第一次在1995年，将原有的厂房建筑改造成六层办公楼，第二次在2009年，将其改造成标准的绿色建筑。2009年之前，申都大厦自身建筑表皮为单一的黏土红砖，没有外墙保温和遮阳处理，不具有良好的隔热性能，室内温度需要由空调系统维持。因此，许多空调柜被放置在建筑立面上，门窗采取比较传统的点窗，原有的建筑高度和柱网凌乱。改造后，建筑外表皮在原有黏土红砖的基础上增加了无机保温砂浆和外遮阳构件，将点窗改为落地窗，大楼节能率提高2.98%。

（2）预制钢筋混凝土结构

预制钢筋混凝土结构一般用于工业厂房的梁、屋面板、桁架等构件中，由于使用功能的需要，也常在连续多跨厂房中作为独立承重柱。与现浇钢筋混凝土结构相比，它具有造价低、工期短等优点。与砌体结构相比，它使建筑空间灵活、形式多样、功能丰富。

天友绿色设计中心（图7.8）在绿色化改造设计中，结合中介空间，运用被动式策略，如自然采光利用、自然通风利用、气候调节利用等措施，实现再生利用与建筑美学的有机结合。

(a) 改造前

(b) 改造后

图7.8 天友绿色设计中心改造前后对比图

7.1.4 生产功能

（1）生产类

生产类工业建筑包括主要生产厂房和辅助生产厂房。主要生产厂房指从原材料加工到装配等主要工艺流程，如加工与制造车间；辅助生产厂房指不用于直接加工产品，只作为生产服务功能，如机修、工具、模型车间等。

美国SOHO以艺术区闻名于世，被誉为“艺术家的天堂”，其独特之处在于它不是传统意义上的艺术区，艺术却无处不在。苏荷工业区（图7.9）原是纽约19世纪最集中的制造工厂与工业仓库区，由于“二战”后纽约的经济重心从工业开始向金融转移，使得美国制造业日渐萧条，苏荷工业区也受到前所未有的不利影响，导致工业区内大量厂房空置或低价出租。低廉的租金和简约的建筑风格吸引了世界各地艺术家的入驻，他们将原有的建筑改造更新，不断吸引着越来越多的人。苏荷艺术区的成功改造向世人揭示着，旧工业建筑的再生利用需要以城市文脉为支撑，以地区的文化记忆为基础，以人们的心理需求为依托，创造经济效益，发挥社会文化价值。

(a) 改造前

(b) 改造后

图 7.9　苏荷工业区改造前后对比图

（2）仓储类

仓储类工业建筑指储藏原材料、半成品、成品的厂房，如原料库、仓库等。

上海创意园区之上海创邑·河创意产业园（图 7.10）位于长宁区苏州河边，建筑面积约 5000m^2，为 20 世纪 30 年代的日式厂房，中华人民共和国成立后划归国棉六厂，作为棉花仓库用。在保留原始建筑形态基础上翻新改造，完美呈现了工业历史感，营造出别具一格的艺术气息与氛围。园区又名中科创意仓库，建筑风格上以其罕见的蝶形楼梯闻名于沪。现定位于多媒体产业、环境艺术设计、影视广告设计制作、视觉艺术、动漫、游戏软件设计等企业，致力于将数字技术理念引入创意产业。

图 7.10　上海创邑·河创意产业园

创邑系列产业园的萌芽诞于苏州河畔，这也是创邑·河名称的由来。作为上海弘基企业集团有限公司旗下的“创邑”产品之一，弘基一直意图将创意产业与旧厂房的工业元素有机结合，使老建筑焕发出新时代的气息。倾情打造的创邑·河不仅命名以母亲河为灵感，凸显其亲水环境的价值；也提供层高4.5m的大仓库空间，吸引更多不愿意受到空间约束的创意企业入驻。

上海创意园区已经有了新的面貌。从园区的发展趋势来看，上海创意园区从最初的招商引资到现在帮助企业孵化，参与企业的发展与园区企业共同成长转变，促进成为一个成长生态圈，让园区中的企业能获得更多的助力和资源。以创邑的一系列园区来举例，在原空间服务的基础上，升级资源内核服务，聚焦文创和互联网两大产业，整合上下游资源，为企业提供进阶式的服务成长生态圈。

(3) 动力类

动力类工业建筑指为厂区提供能源和动力的厂房，如锅炉房、氧气站等。捷克Drátovny a Šroubárny n.p.工业区由布拉格钢铁厂协会建造于1872年，位于伏尔塔瓦河沿岸的Dresden铁道附近，对附近城市的发展起到了重要的影响，并赋予其独特的环境和氛围特征。出于使用上的需要，原先的锅炉房位于翻新过的磨煤厂房旁边，是区域升级过程中的一个具有代表性的项目（图7.11）。这两座建筑所在的场地是该区域历史最悠久的部分，也是其场所精神的诞生之处，因此建筑师决定基于充分的尊重和考量，在保护既有建筑且避免大动干戈的前提下，维持建筑本身的质量并为其赋予新的功能，同时强调其150年的工业历史传统。

图7.11　捷克锅炉房改造

该项目涉及两栋相互关联的建筑。北部的锅炉房较为老旧，随着生产力的增加修建了带有地下室和金属屋顶框架的新锅炉房，同年，其烟囱上还增加了一个水箱，并沿用至今。1991年以后，这两个锅炉房被用作仓库和卡车车库，后又于2002年停止使用，并一直处于失修状态。

建筑师未对场地的空间布局和城市化痕迹作任何实质性的改变，仅进行了景观美化的工作，包括铺设新的道路，种植树木和草坪。磨煤厂房和锅炉房之间还新修了一条人行道，连接了该区域的主干道与河流。建筑师还对空间布局进行了简化和调整，使其适应新的功能需要。建筑的基本形状、构造和体量保持不变，砖墙的修复也使用了与原有建筑相同的材料。

7.2 旧工业建筑再生利用项目改造信息

近些年来，随着我国科学技术的高速发展以及产业结构的不断调整，大量处于城市中心的工业建筑被废弃或闲置，其中的一部分已经被拆除，剩余未被拆除的旧工业建筑如何“去留”的问题逐渐成为社会所关注的热点话题。根据对旧工业建筑再生利用成功案例的分析，可将旧工业建筑的再生利用分为创意产业类、公共游憩空间类、博物馆展览空间类、综合商业开发类以及新型居住社区类五大模式，另外，在一定程度上，存在一部分旧工业建筑再生利用项目会有交叉和融合的情况。

（1）创意产业类

再生为创业产业类项目主要依附于宽敞明亮的旧厂房或仓库，其主要特点为租金低廉又利于改造，是国内外最常采用的一种旧工业建筑再生利用改造模式。我国的旧工业建筑较早改造为创意产业的是北京 798 艺术区，另外，上海近些年成功改造的创意产业园大部分也是由旧厂房和仓库改造而来，例如“田子坊”创意产业园以及“八号桥”创意产业园。

（2）公共游憩空间类

一部分工业建筑保留其工业遗迹，强化建筑整体生态特性及景观环境，并赋予全新的使用功能，将其转变为公众休闲娱乐的景观公园，广义上称之为公共休憩空间。由粤中造船厂改造而成的中山岐江公园，是我国旧工业建筑改造为公共游憩空间最具代表性的案例之一，以其独有的建筑语言融合我国特有的工业文化，创造性地将工业精神带入到当地的地域人文中。

（3）博物馆展览空间类

旧工业建筑再生为工业博物馆等展览空间能够较为全面地展示生产技术、工业文化和工业历史，体现工业遗产的社会价值，有利于提高大众保护工业遗产的意识。工业博物馆相比于一般意义上的博物馆，将工业建筑、生产场所、生产工艺、机器设备等作为展览对象，体现着一个时期的工业技术发展水平。国内旧工业建筑再生为工业博物馆的典型案例有沈阳铸造博物馆和青岛啤酒博物馆。

（4）商业综合开发类

对处于城市中心失去原有功能的旧工业建筑，怎样合理利用和转换其使用价值是改造设计者所面临的第一个问题，多数通过经营开发的方式发掘其经济和社会价值，主要表现为对旧工业建筑进行综合商业开发，以旅游为主，开展休闲、娱乐、购物、展演等活动。我国许多城市的大型开发项目都采用这种模式，典型案例有上海 1933 老场坊、上海半岛 1919 等。

（5）新型居住社区类

随着社会的发展与居住观念的转变，对闲置或废弃的工业建筑进行居住型改造并投入利用已逐步被城市居民所接受，将旧工业建筑再生利用为新型居住社区模式应运而生。新型居住社区，是以解决城市人口与就业压力为主要目的建设的。其环境优美，具备完善的公共设施和市政公用设施，并配有居住、就业、购物、医疗等综合功能的相对独立的城市社区。典型案例有天津万科水晶城等。

7.2.1　创意产业类

随着科学技术的进步与经济水平的提升，人们的精神需求也逐渐提高，在此基础上文化创意产业也随之发展起来。文化创意产业是一种以市场为导向，以创意为驱动，以文化为内容，以科技为支撑的新兴产业，又叫文化创意产业集聚区[1]。它的本质是以文化艺术与经济的全面结合为消费者提供物质和精神上的差异化体验[2]。在当今世界经济全球化的宏观背景下，文化创意产业的发展为世界各国的经济带来了新的机遇，同时，它也成为衡量一个国家或地区经济活力、产业结构和创新动力的重要因素，对城市的增量外延扩张和存量内涵优化转变等也都有着深远的影响。

旧工业建筑再生利用为创意产业园是一个循序渐进的过程，在改造建设初期，园区产业模式单一，但是经过后期规划升级以及配套设施的不断完善，逐步形成集艺术展演、商业实践、休闲旅游等多功能为一体的集群性文化艺术区[3]。表 7.4 从功能转换、交通调整、立面更新和景观升级四个方面，对我国旧工业建筑再生为创意产业园的规划设计经验进行梳理和总结。

我国旧工业建筑再生为创意产业园改造内容　　表 7.4

方向	改造内容
功能转换	结构部件经过一定加固处理，若能达到现行规范的要求，通常会直接用新的功能对原有功能进行替换。期间会涉及对原有空间形态的二次塑造，主要包括水平重构、垂直重构、“屋中屋”、庭院和局部扩建
交通调整	该类改造交通系统在实际操作中往往不具备标准参考模式，更多是在原有基础上调整，使尺度更适宜，提升可达性，同时保证通畅的人流、货流通道，消除消防隐患，增加外部停车空间
立面更新	修旧如旧：本质是保护旧工业建筑的全部信息，对建筑立面破损的还原式修补
	整旧如新：对已经破损甚至失去使用价值的材料，用新的材料替代，有些更是只保留旧工业建筑的结构部分，将围护部分全部更新
	新旧对比：材质、色彩、尺度等方面单独或综合利用，将新旧元素组织在一起，分别保留新、旧元素的特色

续表

方向	改造内容
景观升级	元素保留：对旧工业建（构）筑物和设备设施进行保留，如高大烟囱、吊塔、高炉等，成为新景观地标
	元素再造：以新旧共融的方式，加入新的元素与旧工业建筑相结合，形成园区新的“商标”

7.2.2 公共游憩空间类

20 世纪六七十年代以来，随着环境问题的日益严重和传统工业的逐渐衰落，发达国家城市出现了大量的旧工业建筑，中国在改革开放的先行地带也开始出现了产业转型和与之相对应的旧工业建筑，这些建筑用途单一，功能过时，却具有严格逻辑的历史价值和景观特色，蕴含着再生的潜力。

另一方面，随着生产力的发展，后工业时代的来临，人们在拥有大量物质财富的同时，开始向往精神生活的满足，人的个性被充分张扬，本性也受到极大重视，使人的自身特性得到最大程度表现的游憩行为开始显得日益重要，而我国又存在着公共绿地和文化休闲娱乐场所缺失的普遍问题。

当前城市规划与产业布局得到重新调整，将原先的工业废弃地再生利用作为游憩资源，组织游憩活动，达成游憩体验，满足游憩需求，成为工业废弃地景观更新中一个值得探索的发展方向，并成为我国建设城市绿地，改善城市环境，特别是旧居民区环境的一个现实课题。由工业废弃地改造形成的游憩场所，可分为以下几种景观类型（如表 7.5 所示）。

工业废弃地改造为游憩场所的景观类型 **表 7.5**

景观类型	主要表现
城市郊野公园	将未充分利用和已经废弃的城郊产业用地改造为城市郊野公园，废弃的工矿、旧设备和工业空置的建筑是旧的生产方式和经济体制的标志物，具有满足怀旧、探险、深度体验等新兴旅游需求的潜力
城市主题公园	将距离城市中心区较近的大型企业厂区再生为以原先产业为主题的城市公园，最大限度地保留了原厂的历史信息
城市景观公园	位于城市中心区，保留产业遗迹或片段，并在此基础上通过转换、对比、镶嵌等多种手法将场地重构，形成适合现代发展需求的、具有文化氛围的城市绿地和开放空间

生态设计充分地吸取了现代西方景观设计，特别是城市更新和生态恢复的手法，试图通过一种新的形式来表达这些含义，是新世纪城市工业废弃地更新的一种大胆的尝试。

7.2.3 博物馆展览空间类

随着城市产业结构不断扩张更新和转型升级，大批的工业企业向远离城市的郊区或工业园区搬迁，因此在城市中心区域遗留了大量废弃的旧工业建筑。深入挖掘这些旧工业建筑的历史文化价值，并进行保护和改造，使其重新得到开发和再利用，不仅赋予了旧建筑新的利用价值，带动区域和城市的经济发展，同时也扩大了文化的传播途径，最大限度地保留了其自身所蕴含的文化价值，为延续区域特色历史文脉提供了有利条件，改善和提升当前的旧工业建筑所面临的一系列问题。

现今博物馆的多元化发展，是设计的衍生，也是建筑文化的传承，博物馆是真正聚集人类财富、聚集文化的宝地[4]。旧工业建筑再生利用与博物馆的结合，成为传播工业文明的最有效途径之一，同时也为物质环境、区域经济、文化科技提供新的契机。在实际案例中，旧工业建筑改造为博物馆主要从建筑室内外提升、空间组织再利用、生态可持续性等方面进行针对性的改造（如表 7.6 所示）。

旧工业建筑再生为博物馆改造内容　　表 7.6

方向	改造内容
建筑室内外提升	室内外设计根据不同功能需求，进行色彩的搭配和调整，色彩搭配组合延续了原有建筑的氛围和质感；采用原建筑样式的建筑材料、缩小新旧建筑的差异，最大程度与老建筑融合
空间组织再利用	垂直空间分隔：在原有建筑上适当加层，设置中庭空间，增加室内采光，运用桁架结构，形成回廊空间，运用现代楼梯，形成流动空间
	水平空间分隔：根据不同用途改变平面布局，提高空间使用率。空间的内部改造除注意灵活性外还须合理布置流线及选择材料以保证建筑功能高效性和氛围舒适性，使空间更具活性和弹性
生态可持续发展	运用环境学及生态学等科学原理知识，结合可持续发展的理念，以人为本

7.2.4　商业综合开发类

商业综合开发类改造保护了旧工业文化，为区域经济的提升创造良好的条件。我国旧工业建筑的商业改造模式起步较晚，最早的改造案例为北京双安商场。商业综合开发类的改造内容如表 7.7 所示。

旧工业建筑再生为商业综合开发类改造内容　　表 7.7

方向		改造内容
分类	商业街	注重历史原貌的还原，商业多以中高端餐饮、娱乐以及特色专卖店为主
	购物中心	多位于城市繁华地段，交通便利，体量较大，包含各种商业形态
	复合型商业	功能多样化、复合化，是商业空间、休闲空间、办公空间等形式建筑空间的组合。改造后的适应性很强，是目前国内最常见的改造形式
影响因素	背景	历史悠久或建筑风格独特：改造为与旅游相结合的商业； 一般的具有一定历史内涵：改造为艺术区或者产业园； 建筑价值不高的近代厂房：改造为商业卖场等
	规模	较小规模：多改造为商业街或复合型商业； 较大规模：改造为商业购物中心

续表

方向		改造内容
影响因素	周边环境	不同的周边环境意味着不同的人群结构、交通状况
	地理位置	市区中心地带：周边经济比较发达，商业的形成较快，容易营造出成熟的商业氛围； 城市次中心区：周边的城市居民密度较低，经济水平不高，周边的商业处于发展阶段
	整体定位	文化产业基地：商业少，规模小，主要功能为艺术展示，商业辅助存在； 商业综合体：商业多，规模较大，以商业为主
空间布局	“点”式	当项目定位为办公、展览空间等时，仅对建筑群中的一个小的部分进行商业改造。布局较零散，但却占据建筑的交通便捷处或者是人流密集处
	“线”式	多出现在以商业街为商业组织形式的改造项目中，商业沿着人流沿街展开，呈线形分布
	“面”式	大型的独栋多层工业厂房：首层及地下改造成商业，上部用作其他功能； 大型的工业区：商业成片分布

7.2.5 新型居住社区类

旧工业建筑大量被更新利用为博物馆、创意产业、商业用房，其中也有一些成功转型为居住型的空间，并获得良好的经济及社会效益[5]。无论从精神层面还是物质层面，旧工业建筑再生利用文化的核心是人，新型居住社区类正是最贴近这一核心的旧工业建筑改造模式。建筑及其文化存在的要义首先是人的和谐，社区最大程度地统筹必备的物质资源，凸显了旧工业建筑的人文关怀，最大化地表达了再生理念的文化价值。

目前，在我国一些大城市如上海、南京等都出现了工业建筑改造为公寓住宅的实践，例如浦东金桥的“金金公寓”以较小的成本解决了员工的居住难题。再生为公寓住宅的主要改造内容如表 7.8 所示。

我国旧工业建筑再生为公寓住宅改造内容　　表 7.8

改造要点	改造内容
平面布局	以经济有效利用空间为准则，房间规整，分类较少，在进行空间分隔时可以根据原有的柱网确定开间尺寸，减小对建筑的破坏
空间组合	作为城市中的过渡性住宅，往往依托柱网形成小型居住单元模块，同时考虑模块的合并与重组，以适应不同类型的住户
设备改造	工业建筑的层高较高，为管线的架设预留了足够空间，但是仍然不能忽视竖向管线穿越原有楼板的可靠性问题
围护结构	旧工业建筑本身承载力不强，为减小建筑整体荷载，分户墙往往使用石膏板、纤维板、胶合板等轻质隔墙材料

7.3 旧工业建筑再生利用项目推广信息

旧工业建筑再生利用项目信息推广是促进城市与工业相结合、传播工业文化的重要平台，是再生利用项目运维阶段的组成部分，是推进城市工业化发展、保护工业遗产的重要途径。随着国家对工业遗存建筑保护的高度重视，推广信息化建设也得到了相关从业人士的充分关注。如今互联网、大数据等科技的普及，信息网络平台已逐步建立，工业信息化建设稳步推进，都为再生利用项目推广信息化建设提供了技术支持。本节就再生利用项目推广信息简要探究，提出相应的优化对策。

7.3.1　招商管理

旧工业建筑再生利用项目的招商引资，即再生利用项目在政策引导下，通过政府支持及媒体宣传，以传播工业文化为基础，提升项目区域基础设施建设，优化投资环境，吸引投资方到区域内进行投资，开展有益于区域经济社会发展的生产经营活动，合理有序支配社会中可利用资源，从而促进区域经济社会发展。

旧工业再生项目在招商引资过程中，事实上，借助政策支持及自身的主观努力，将原本不属于本项目的生产要素，吸引到项目内开展投资经营活动，给不同文化企业搭建平台，扩大项目生产要素聚合力度，以便促进该再生项目区域经济社会有序、快速、可持续发展。

(1) 市场运营管理

1) 准确的市场定位和规划是再生利用项目运营成功的基础

要做好项目定位和规划，必须对所在项目进行充分全面的市场调研，甚至要扩展到同一类型的其他项目，充分分析区域及项目的总体商业环境，发展前景，市场容量，竞争态势，商家及采购商的品牌、货源及交易习惯，交通便捷程度，政府对区域及商圈的扶持政策等，并结合旧工业自身的建筑结构，制定准确的发展定位。

如今，在旧工业建筑再生利用项目的运维期，运营方不仅关注市场基础设施硬件水平，更看重商铺的附加值。运营方从市场规划设计时就应充分考虑商户需求，完善市场综合配套。同时，为避免和商圈内的龙头市场和成熟市场正面竞争，再生利用项目应寻找差异化的定位和特色服务，发展其工业文化的优势，以吸引商户进驻并长久发展。

2) 高效的运营团队和灵活的运营手段是运营成功的保障

再生利用项目的运营手段必须根据市场变化快速反应，灵活多变，减少决策层，提高效率。一些成功的专业市场能在短时间内招商成功，共同点都是在短时间内捕捉住市场机会、政策热点，运用各种贴合市场的手段完成庞大的招商工作。在市场培育前期，以较优惠的租金、较长的租期吸引真正的商家进驻经营，锁紧客户，逐步带旺市场。在市场成熟期，提高租金水平，减短租期，甚至可以采取一次性收取一年或多年租金的形式，择优挑选有自有品牌的商户，淘汰实力较弱的商户，做强做大市场影响力。如西安某钢厂创意产业园（图 7.12），目前园区入驻企业 / 商户共约 150 家，吸纳就业人员约 2000 名；其中包括设计类、文创类、互联网科技等创新类企业；获得“国家级众创空间”“陕

图 7.12 西安某钢厂创意产业园

西省文化产业示范单位”“陕西省众创空间”“陕西省创业孵化基地”“陕西省知识产权示范众创空间”“陕西省网络经济优秀园区”“西安市众创空间”“西安市创业孵化基地”“西安市见习基地”“新城区双创示范基地”等多项授牌；形成了西安乃至西北地区的设计创意产业基地，在区域内和创意圈层具有一定的影响力。

3）紧抓并创新资源优势是运营成功的关键

创新是发展的源泉。再生利用项目在发展过程中，也要在管理、功能、服务和模式上坚持不断创新，才能真正适应时代的变化。运营方要善于挖掘自身的优势，紧紧抓住优势创新经营。如上述提到的创意产业园入驻企业 / 商户带动的商品物流供应链及衍生文化效应，间接拉动就业岗位预计可达 4000 余个；带动本区域相关产业的发展，为创新产业培育打下坚实基础，对促进当地就业、减缓就业压力有积极的现实意义。

4）有效到位的管理是运营成功的必要手段

再生利用项目入驻的商户通常类型多样，分区不同。商户和经营方常常会存在一定的利益冲突，这时，维护好与典型商户的关系尤为重要。经营方可通过建立 VIP 商户俱乐部、商户管理委员会、行业协会等管理模式，通过定期发放会员刊物，举办行业高峰论坛、讲座，积极与典型商户开展经营交流、共同探讨行业发展趋势，维护好与典型商户的关系，并借由该组织进一步规范全体商户行为，形成良好的管理机制。

5）与商户互利共赢，是运营的根本目的

商业物业的运营是一个文火慢炖的过程，再生利用项目运营也一样，需要运营企业有足够的耐心和资金对市场进行培育。一些开发商通过炒作高价出售商铺产权或经营权，无异于杀鸡取卵自取灭亡，对项目今后的运营和商户的调整十分不利。项目运营方在运营前期可适当让渡部分利益，与商户建立一致的目标，站在商户的利益点上去策划管理服务，实现市场与商户的共赢，才能确保市场的长久经营。

(2) 建立招商引资系统

建立招商系统有利于再生项目招商项目的完成，这可以看作一个自动筛选的过程，其中所包括的工作有招商的事务管理、招商信息的统计分析以及项目的跟踪查询等，必须根据实际情况进行前期的需求分析，哪些功能是系统分析的重点。严格的管理和有效的约束是处理客户的核心职责。招商系统是一个综合性的信息管理系统，它的建立是为了帮助项目有效完成有关招商引资的一系列办公工作，它面向招商企业、客商资源信息和招商项目等，赋予不同操作人员的负责权限、区域工作以及平台的各项管理工作，另外，还包括企业信息审核和维护，促进管理者高效选择商户，为再生利用项目的长期稳定运营打下基础。

日常平台的维护工作也至关重要。再生利用项目首要的工作是发布项目信息，展现项目发展方向以增强吸引力，助推招商项目引资。针对大多数项目现状，经过调研，将以下功能纳入到招商管理系统中。

1）再生项目中的招商系统管理是一个较为复杂的工作，它决定着项目未来的发展速度和规模。大量的客商都由招商系统来统一管理，它面临着企业及人员信息多，易混易缺失信息，同时因涉及多个部门，导致负责不明确等问题。因此，在招商系统中每个客商都需建立详细的资料，并且都被跟踪记录，方便实时查看。另外，系统还应配有智能搜索引擎，以此大大提升招商办公效率。

2）对再生项目招商管理的过程根本上就是汇总、整理、根据实际情况调整项目等一系列操作。

3）新引进项目登记就是在系统中添加新招商项目，修改项目就是修改已有项目相关信息；清除项目就是将撤出项目的毫无用处的信息进行清除；在系统中设置自定义项目跟踪过程，主要包括了跟踪项目的成本和收益等信息，进行分析和统计发送给系统中的项目跟踪人员。

4）新的客商资料需及时在系统中录入新的客户信息，对系统中存在的客商资料进行实时更新，进行适当修改；依据不同的条件进行分类归总，在系统中查询客商资料；将系统中毫无用处的客商资料及时清除。

5）招商系统运行的安全保证，维护其稳定是极度必要的。系统管理包括用户资料管理，操作权限管理，密码修改和更新维护等。

(3) 招商管理的优化与创新策略

1）建立健全招商管理程序的管理制度

旧工业建筑再生利用项目的招商引资档案管理程序需要建立健全的管理制度，以标准化、规范化、科学化为基础进行档案的管理。招商引资档案中涉及许多企业的资料，且这些档案部分内容存在隐私性，因此其在国家制度的规范与约束下，遵循统一标准而达到稳定的实施。但就招商引资档案信息资源的开发与市场对于信息的管理活动而言，还是存在部分不足之处的，受到国家经济发展情况与不同地区实际情况的影响，在社会公众多样性档案信息建立时，也需要以严格的档案管理制度约束档案的管理效果，提供给招商引资档案信息有序的发展与保障制度，避免档案信息的混乱、缺漏，造成信息资源管理的混乱无序。因此针对招商引资档案资料，需要针对实际情况不断完善档案管理制度，构建制度的实行标准，加强制度的适用性与合理性，在管理过程中对招商引资档案信息化建设发展进行布局，提高档案管理的信息化建设水平，促进招商引资档案获得稳定的管理与发展[6]。

2）加强招商管理人员专业技能与综合素质

旧工业建筑再生利用项目的招商管理优化需要加强招商信息管理人员的专业技能与综合素质。招商引资档案管理除了需要有严格的管理制度，还需要配合专业化的管理人员,这样才能够提高管理的效率与实际作用。当前针对再生利用项目的招商引资档案管理，缺少专业的团队,同时相关人员的专业化水平较低、综合素质与能力不强。为此,一方面，需要通过定期的培训与考核提高其专业知识与专业技能，通过不断的实践考核提高其岗位适应性与工作能力。另一方面，需要通过加强对招商引资重要性、基础资料的学习提高其岗位责任感与综合素质。更重要的是，当前招商引资档案管理已经逐步实现信息化，在档案管理队伍中需要培养能够熟练操作计算机、信息技术专业能力强的人才，构建一支专业化的人才队伍，为招商引资档案管理提供良好的基础力量。

3）加强招商信息化建设水平与基础设施设备

当前旧工业建筑再生利用项目在招商引资档案管理工作中存在信息化建设水平不高、基础设施老化、不健全等情况，这会造成档案管理效率的低下，也不利于创新信息资源的共享途径。针对这个方面的问题，需要政府或地方企业加强对于信息化建设的资金投入，改善原有的基础设施、设备条件，促进招商引资档案管理与电子信息化技术的融合，推进电子政务工作的开展，更好地实现档案信息资源的连接与共享。除了资金的投入需要加大，在档案管理信息化建设中还需要不断加强信息化水平，针对招商引资档案的特点与信息化建设特点，加强信息系统的安全性与保密强度，不断创新软件，提高档案管理信息化进程。这项工作中加强档案信息资源的合理配置是档案管理信息化建设的根本目的。通过档案信息资源的合理配置，能够对招商引资档案进行科学的管理，也能够更好地提高档案信息化建设的水平,促进档案信息的资源共享,满足社会需求,形成良好的社会适应性。

4）加强招商档案信息资源共享监管力度

政府及公众等各方的监督有利于招商引资档案管理的开展，通过提高档案管理的监督力度，能够更好地实现档案管理的标准化与科学性。在档案信息资源的建设中，需要将其与服务设施进行有机结合，不断完善档案信息服务体系，在信息共享的同时加强信息的监管，确保档案信息资源与社会需求间的连接合理性，避免信息资源受到改动或破坏。可以说，在档案管理中不仅需要重视传统档案实体资源的开发利用，也需要重视数字化档案信息资源的整合，以构建一个档案信息资源库或多媒体信息资源中心，形成良好的管理，能够在网络信息化环境下形成较好的信息资源共享特性，体现招商引资档案信息化建设优势。同时需要对档案信息资源库等进行统一的规范，加以严格的监管，达到提高信息化建设水平与档案信息管理有效性的目的。

7.3.2　客户管理

提升项目的核心竞争力的入手点和着重点在于客户管理，项目的客户管理横向覆盖整个市场空间，纵向贯穿项目的各个环节，探究建立一套适应旧工业建筑再生利用项目的客户管理模式并能够有效付诸实践，是旧工业建筑再生利用项目运维期必须完成的重要任务。再生利用项目的客户管理的本质与核心是项目与客户之间各类型、各层次关系的管理，是建立在现实利益基础上，能够与客户产生价值交换的务实关系。

(1) 运维期客户管理主要内容

旧工业建筑再生利用项目运维期客户管理主要由客户综合分析与组织工作流程管理两大模块组成，后者主要作为前者的资源性支撑。

客户综合分析包括客户形象描述、客户需求分析、客户价值分析三个部分。由于旧工业建筑再生利用的特殊性，再生利用项目管理层面对入驻企业 / 商户时需要全面了解客户企业的必要信息，获得相对完整的客户形象，以评估客户市场准入可能性、企业定位、信用水平等；需要对客户需求进行深入了解，结合再生利用项目自身需求情况，确定可以提供的商品或服务选项等。在此基础上，管理层需要结合自身发展规划、资源优势、政策规则及市场竞争形势等要素，对客户当前价值及未来价值进行全面评估，确定产品、服务组合及相应定价方式要素。

组织工作流程管理主要作为客户管理的资源支持，包括人员组织、绩效管理两个部分。人员组织是指根据客户综合分析选择的产品服务组合策略，确定企业内部所需配备的人力资源，并落实到售前、售中、售后各个环节；绩效管理是指根据营销活动参与人员所在岗位、职责与营销贡献度，确定相应绩效奖惩措施。

以上内容概括为“横向”“纵向”“深度”三个管理工作维度。其中，“横向”管理指基于客户信息进行综合分析，刻画客户形象、分析客户特征、定位客户价值；“纵向”管理是指在“横向”分析的基础上，针对项目运维制定的推广策略，包括促销策略、产品策略、价格策略、服务策略等；“深度”管理是指根据前两个维度分析结果，配备相应企业资源，对参与人员进行绩效管理。

(2) 运维期客户管理周期

本部分着重从客户获取、客户提升、客户成熟、客户衰退到客户流失的整个生命周期进行管理。

旧工业建筑再生利用项目在获取阶段关注和培育目标客户，使项目运维期可以尽早开展；在提升阶段借助大数据技术最大限度地挖掘和满足客户需求；在成熟阶段分析、获取客户的满意度及深度需求，以便有效地提供更好的服务；在衰退阶段利用大数据技术及时洞察客户异动，根据不同客户情况采取不同策略，争取最大限度提升客户价值，进入一个新的客户价值提升周期；在客户处于流失阶段时，要尽快开展客户保留和赢回工作，根据不同的客户价值采取不同的询问和挽留活动，针对客户流失的具体原因做出改进。

(3) 客户管理的优化与创新策略

1) 完善现有的客户管理模式

旧工业建筑再生利用项目运维期开展相关的企业客户关系管理工作过程当中，必须要立足于当下的成果，将已经建立起的制度和工作标准作为基石，并且不断进行完善。例如在一些企业当中，已经针对客户的群体特点以及客户价值进行了分析和归类，把客户归类为一般客户、潜力客户以及黄金客户三类，以此就可以有效开展相关的客户信息分析，并且针对不同种类的客户推荐和提供各有特色的产品以及服务。目前存在的一个普遍问题是很难进行所有客户信息的全面管理，所以可以在对客户进行聚类细分时采用K-means聚类算法，这种方法可以帮助客户群体划分工作得到开展。开展客户聚类细分工作首先需要客服部门能够了解客户系统化管理的基础，例如在企业针对需要提供借贷的客户开展管理时，需要保证可以了解客户的相关基础信息，同时又要保障客户需求能在公司能力范围内解决，这样不仅提升了客户的用户黏度，更为公司带来价值。再生项目目前如果缺乏系统化的客户管理能力和服务系统，那么可以利用构建以客户为导向的企业文化体系的方式，在员工内部传播一种客户利益至上的观念，同时又必须坚守企业的利益，以此来实现双方共赢[7]。

2) 充分发挥相关部门的管理作用，提高对客户档案管理的重视程度

在客户管理过程中需要进一步提高相关管理人员的重视程度，通过设置专门的区域以及专门的人员进行客户档案管理。在此过程中相关管理部门也需要积极发挥自身的作用，担负起客户档案管理的责任。对于传统的客户档案管理模式进行改善使得档案管理信息化的相关理念能够得到落实和发展，进一步促进客户档案信息化发展水平[8]。

由于档案资料的录入逐渐数字化、模块化，更需要培养管理者全新全方位的档案管理理念，随时能够查漏补缺，来提升档案管理的水平，及时做到文件的归档工作，学会各种各样的检查方法，用来方便日常的档案管理工作。通过各个方面的建设使档案的信息化管理实现动态化能够让信息及时得到沟通、提高工作效率，使不同企业之间可以通过公共档案管理实现共享，从而改变以往的竞争关系，扩大资源优化配置的范围，降低风险概率，实现企业之间的互利共赢[9]。

3）注重客户隐私保护

旧工业建筑再生利用项目要进行有效的客户关系管理，就必须处理好客户信息收集与客户隐私权之间的矛盾。隐私问题的解决是再生利用项目长期发展的必然要求，若不能妥善处理隐私问题，则进行客户关系管理只会产生消极的影响。因此，在收集客户信息时，应主动提供一个具有法律效力的声明，告知用户数据将来的用途，打消顾客的疑虑。此外，再生利用项目应选派专人建立和维护用户隐私政策，并设立首席隐私官的职位，专门负责处理用户隐私权相关事宜。

4）控制运营所需要的成本

提升客户关系管理工作的质量是关键的一步，可以控制运营所需要的成本是必须要保障的一点。旧工业建筑再生利用项目在运行时，所需要消耗的成本来源于公司产品生产、服务提供的各个环节。以西安某钢厂创意产业园为例，在运维的过程当中所消耗的成本包含了建筑空间、资产、维护、安全和能耗等，还包含了一些提供客户服务的服务成本，这样一来就意味着开展客户关系管理时，必须要考虑到成本问题。本书在第 5 章已经详细阐述运维期成本控制。控制运营所需要的成本一定角度上来讲是旧工业建筑再生利用项目提升自身业务针对性的手段。

5）加强信息化投资和系统建设

信息化建设是否完善是为客户提供更精准的、差异化的服务的前提，旧工业建筑再生利用项目需要根据自己的实际需求和应用场景对现有工具和技术进行改造，打造切合实际需求的工具。这就要求再生利用项目加快投入信息化建设，进行管理变革，在新一轮市场竞争中抢占先机。

在再生利用项目运维期进行信息化建设时，应结合自身实际发展情况制定可行的实施计划、步骤，有针对性地进行信息化建设及管理。同时，应投入时间精力建设人才队伍，选拔培养一批具有相关专业知识、能熟练运用信息技术的高级人才。在大数据时代，信息化建设程度影响着再生利用项目的长远战略发展，高层管理人员一定要提高对信息化建设的重视程度，为再生利用项目的信息化建设提供保障。

6）坚守人本理念，以人性化为依归

进行客户管理很重要的一点就是旧工业建筑再生利用项目提供的服务要能够真正满足客户需求，为顾客创造价值。这就要求项目始终秉持以人为本的服务理念，在追求自身利益的同时关注消费者福利和成长，实现顾客与项目的长期关系管理，获取客户终身价值。人本管理强调以客户为中心，注重客户的需求、激发客户的主动性、关注客户的差异性，以为客户创造价值为目标，通过各种客户关怀策略，提高客户的满意度和忠诚度，加强与客户的紧密联系，实现项目与客户的双赢。再生利用项目应以客户为中心、以数字化为基础、以智能化为动力、以人性化为依归，建立与客户的全连接，与顾客共创价值。

7.3.3 物业管理

旧工业建筑再生利用项目的物业管理是指项目负责人通过选聘物业服务企业，对工业建筑及配套的设施设备和相关场地进行维修、养护、管理，维护物业管理区域内的环境卫生和相关秩序的活动。处理好运维期物业管理发展过程中出现的难题和矛盾，提高客户的满意度，对于物业管理行业、项目建设、城市管理的良好发展都具有重要意义。

（1）运维期物业管理主要内容

如图 7.13 所示为运维期物业管理主要内容。基础服务、专项服务、委托服务的项目具有内在的联系。前两项是物业管理的基本工作，最后一项业务是在基础工作上的进一步拓展，为满足业主和使用人的需要，以达到物业管理的社会效益、经济效益和环境效益的统一。

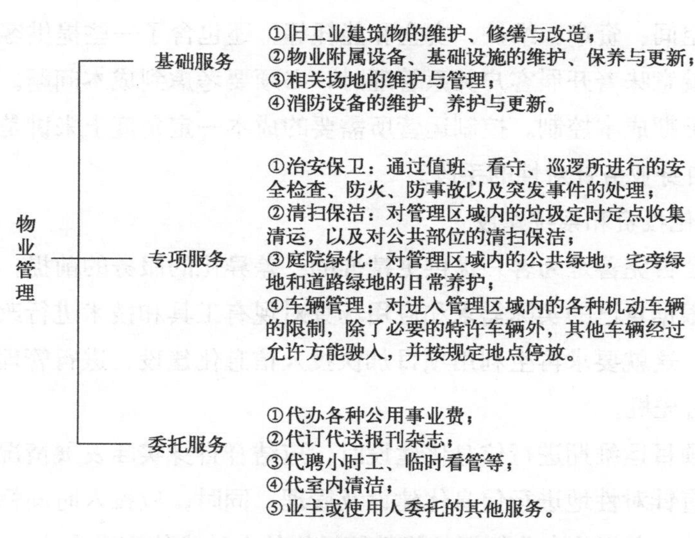

图 7.13 运维期物业管理主要内容

（2）物业管理服务的独特性

1）管理目标

物业管理从旧工业建筑再生利用项目上来说，它所能代表的文化内涵值得重点关注，且相比于其他方面，旧工业建筑再生利用项目的布局与构成极其复杂，它不仅仅是单指旧工业建筑本身，还有许多的附带产品，如它遗留下来的工业构件等。其中最关键的是旧工业建筑再生利用项目适用于不同类型的企业有着不同的商业及服务用途。

2）负责对象

物业主要管理的就是属于人的物，但是因为涉及利益相关者众多，所以个人对于物的期待值各不相同。由旧工业建筑再生利用项目地理位置的局限，这就导致了物业人员的各项管理都处在人们的监督之中，处理不及时与无效都会让他们对物业人员产生不信任，这是物业管理较为困难的一面。

3）工作范围

物业管理的规模，从管理的角度看，庞大且琐碎，在此过程中不仅要保证旧工业建筑的结构安全，还要保证基础配套设施的完美运行，再加上对于管辖地区的卫生清洁、环境保护都需要他们相当重视，这样才能发挥出物业的作用。对于服务的人员，他们要提供完整且周密的服务，这样才可以创造出轻松舒适、安全宁静的工作与生活环境。并且他们要有一定的突发情况处理能力，来及时地应对各种突发事件，如和商户之间产生的冲突与设施故障维修等。

4）物业人员专业水平

因项目运维期涉及面的复杂，从业人员需要有着极好的专业素养与心理承受能力。物业人员不仅仅是处理物，更重要的是处理人与人之间的关系与问题，更需要一种相互协助的精神。

(3) 物业管理的优化与创新策略

1）明确物业管理内容

就目前物业管理公司在运营中面临的各种问题，管理人员应该实时转变传统以人工服务为主的物业管理模式，通过熟练掌握住宅区的实际状况，基于企业 / 入驻商户工作生活环境与条件，进一步明确物业管理内容，并详细分析物业管理服务项目，适当进行拓展，涉猎再生利用项目区域停车场、学校、消防、设备维修维护等各个领域，以实现物业服务的多元化，推动管理模式的优化与创新。在明确物业管理内容的基础上，积极引进信息化技术，加强智能化建设，落实网络化管理，在为业主生活提供便利的基础上，提升物业管理服务的整体水平与质量。

2）培养和引进专业管理人才

针对旧工业建筑再生利用项目运维阶段，人才的管理能力与素质决定了市场的话语权和项目未来的发展道路。物业企业要形成一套优胜劣汰的管理机制，对已有的人才队伍进行考核和筛选，并形成一条明确的晋升道路来增加员工的竞争力。同时要通过素质考核、技能考核和物质奖励等方式从市场及高校中吸引专业管理人才。

管理人员的作用在物业管理公司是非常关键的，服务人员具有良好的专业素质与能力，才能够进一步推动旧工业建筑再生利用项目运维期的顺利进行。物业管理部门还应不断吸收更多优秀人才，利用其较好的知识能力与管理水平，促进物业管理工作的顺利开展。

3）科学制定物业收费措施

物业管理公司收取物业相关费用时，不能仅是依靠自身的主观意识来判断具体应收取多少费用，而是要对企业 / 入驻商户的物业权给予足够的尊重，以此来体现物业管理公司对利益者诉求的关注。除此之外，在具体的收费收取过程中，物业管理公司也应做到公开、透明，要让企业/入驻商户充分了解物业费用的构成，以此促使他们积极配合物业管理公司的相关规定，主动地缴纳物业相关费用。当然，企业/入驻商户亦有权利知晓自身所交费用的具体使用状况。对此，物业管理公司应允许企业/入驻商户对物业经济管理活动的开展过程予以监督，在条件允许的情况下，甚至可让企业/入驻商户参与到具体收支的核算之中，如此将能进一步提高物业经济的管理进度及效率。

4）强化物业管理意识和提升物业管理水平

为进一步提升物业管理公司的管理水平，便需要切实增强再生利用项目物业管理人员的物业管理意识。物业管理人员应实时关注新时期物业管理的动态特性，不断学习新的理论知识，基于具体情况，树立全新的物业管理理念，鼓励全员积极参与。做好各项协调工作，加强与各个相关部门间的交流与沟通，充分发挥物业管理服务功能，促进物业管理实现可持续发展。鉴于从本质上来看，物业管理亦属于服务性行业的范畴，故针对物业管理人员业务技能的培训仍旧集中于提升他们的服务水平之上，强化对在职工作人员的继续教育和培训，鼓励其积极发挥周围网络优势资源，优化自身知识体系，提高自身服务水平与能力。由此确保“以人为本”服务理念的顺利落实，从而同步提升物业管理水平。当然，作为管理员工的物业公司还需要切实强化员工的责任感与工作积极性，关键仍是要让员工对物业管理及服务理念产生高度的认同与理解。对此，公司需务必加强对员工个体行为的关注并积极开展相关的培训活动，以深化他们的服务意识，以此方能为物业管理工作的有序开展提供有力支撑[10]。

7.3.4 品牌管理

品牌管理是旧工业建筑再生利用项目运维推广信息的重要部分。正如经营一家企业，最重要的并不是每次交易中的利益，而是营造出企业品牌的力量。事实证明，品牌的知名度可以提高一个国家或是地区的知名度。在日常生活中，人们会更信赖名牌生产的服饰、日用品、家电，人们会感觉值得花费时间与金钱在名牌物品上，这是因为人们相信名牌物品有更多优点值得我们付出。而本节针对再生项目的品牌管理，基于做好基础工作的同时，还要对自身的品牌进行合理的开发与管理，在品牌上的付出可以让品牌回馈再生项目，品牌可以成为再生项目最具价值的资源。良好的品牌能够帮助项目在经营中拥有更多顾客的信任与支持，更能够帮助项目提高自身竞争力，在如今激烈的竞争中脱颖而出甚至在自身领域中独占鳌头。

（1）品牌管理的主要内容

在改造之初，再生利用项目主要是通过对建筑的设计来将自己的改造理念和内心所感进行表达，赋予项目特有的个性，使项目更好地推广，提升项目的经济效益，并在激烈的市场竞争中占领一席之地。运营后，将人们对旧工业建筑的情感注入项目中来，使参观者对项目产生一种特殊的情感体验，从心底里喜欢项目，从而吸引更多的人前来参观。

再生利用项目品牌管理主要目的是打造工业与文化相结合，符合城市发展，带动经济，促进社会效益。根据项目自身品牌的特点，结合市场现状以及消费者对于品牌的认知度，通过整合相关的资源，在品牌宣传时为了项目短期利益以及长期利益的平衡发展而进行决策。总而言之，品牌管理就是再生项目通过综合使用各类资源及手段，对自身品牌的建设中进行全过程的科学管理；是项目以品牌作为资产核心，重视品牌核心价值，以此建立并完善企业品牌的一系列管理活动。品牌管理是在创造品牌过程中的重要工作，是以项目品牌为根本而进行的管理工作。

(2) 品牌管理特点

1) 突出核心特质

公众对品牌形象的认识主要来自传播媒介，在多种传播媒介作用下，公众才会对项目品牌形象有深刻的认识。尤其是互联网媒体平台的运用，加快了传播效率和范围，海量信息会丰富公众对旧工业建筑再生利用项目品牌形象的认知，人们会从海量的碎片化信息中产生主观印象，而不是通过理性思考得出结论。在媒体环境下，突出品牌形象的核心特质，推广再生利用项目的形象是品牌管理的关键。积极建设突出旧工业建筑核心特点的品牌形象，借助新媒体平台，扩大工业形象宣传范围，并采取精细化运作模式，为项目品牌形象的打造提供舆论保障。

2) 实现多样化传播

注重传播途径的多样化可以提高再生利用项目的品牌管理效果。利用互联网技术建立相关推广系统，加强传播效果，使得公众可随时了解品牌形象内涵和发展战略等，这有利于争取城市相关利益方的配合，集聚社会各种力量，提升品牌形象建设。有关再生利用项目品牌的信息，因受众所关注的内容有所不同，产生的感知评价也会不同，因此要丰富传播渠道，以便满足不同受众的信息需求，保证品牌形象能被大多数人接受。要充分利用互联网环境下的传播渠道，为受众提供一致的信息，真正发挥旧工业建筑再生利用项目在城市品牌形象建设中的作用。

3) 利用多种传播媒介满足受众差异化需求

为了加强旧工业建筑在现代化城市中的竞争实力，满足受众差异化需要，应突出旧工业建筑独特的建筑结构、工艺流程、企业文化等方面，使项目品牌形象更具差异性。在互联网时代，只要信息渠道足够多，科技足够发达，那么旧工业建筑所带给人们不同的视觉与情感体验，将与现代的高楼大厦相匹敌。

(3) 品牌形象管理分析

管理理论为项目品牌形象的塑造提供指导。项目形象管理需要运用很多理论，因此在旧工业建筑再生利用项目方面还需要在实践中不断丰富完善管理理论体系。本节主要是从对品牌形象相关方的评估、品牌形象的核心定位、品牌形象结构设计、品牌形象的传播、品牌形象维护及发展五个方面着手，为项目形象的塑造和提升提供指导。

1）对品牌形象相关方的评估

对品牌形象利益相关方进行感知评估，对项目品牌形象塑造意义重大，对工业历史文化和品牌形象发展趋势进行调研是建设再生利用项目品牌形象的关键步骤，需要根据评价结果制定管理方案和管理目标,以便有针对性地进行品牌形象的塑造。但是需要注意，品牌形象塑造涉及项目的未来发展，相关的品牌形象研究要系统化，这就要求当地政府部门重视调查研究，结合地域自身特点实施管理。同时，过于注重经济利益，可能造成研究内容偏重于生态经济和城市规划方面，使基础研究相对缺乏，品牌形象塑造与城市实际出现偏差。为了保证项目品牌形象切合城市发展实际，需要切实掌握品牌形象打造的实际效果，通过创新传播手段和深入分析受众需求，发挥品牌形象塑造在城市发展中的引领作用。因此，在进行项目品牌管理时，要首先做好受众认知的调研工作，了解相关利益方对旧工业建筑再生利用项目的认同程度和需求特点，从而突出项目品牌形象的独特性。

2）品牌形象的核心定位

为更好地保护与再利用工业遗存建筑，打造特色鲜明的工业品牌形象，已经成为城市发展的重要战略。品牌形象培育是个系统工程，需要城市管理者在先进思想指导下，做到与时俱进，基于城市外在形象和内部资源，严格按照城市形象定位原则，确定发展战略。在确定品牌战略目标时，要明确核心战略目标，以便发掘城市的各种潜力，提升城市竞争实力。如在工业历史文化资源、地理环境和人文氛围等方面。如果旧工业建筑再生利用项目品牌形象发展目标的制定和城市实际情况不符，不仅会造成各项资源的浪费，也不利于城市的正常发展。总的来说，项目定位要综合考虑城市竞争优势、历史文化资源等多种因素。品牌形象建设要突出工业的历史文化内涵，兼顾经济和社会的协调发展，确定了项目形象的核心特征，才能更有助于城市可持续发展。

3）品牌形象结构设计

对于品牌形象管理，还要注重品牌形象结构的层次设计，确保项目品牌形象结构更加合理。在对品牌相关因素进行研究分析的基础上，构建项目品牌形象层次结构，并将其作为形象培育和传播的参考指标。在完成项目形象定位后，还要在明确要素构成和细化定位结果的基础上建立层次化的项目形象结构。首先，应确定项目的主副品牌形象，在多样化发展子品牌形象的同时，塑造出核心一致的主品牌形象。同时，要结合核心品牌形象设定副品牌形象。其次，要对品牌形象进行分类，例如，特色街道、历史遗迹等属于项目有形品牌，而项目开放程度、行政等级和文化氛围等属于无形品牌形象，对不同类别的品牌形象要采取不同的管理方式。

4）品牌形象的传播

品牌形象传播主要媒介为人际传播、大众传媒、物质环境等，需要结合品牌形象建设需要选择传播媒介，以便获得最佳传播效果，提升无形资产实际效益。在城市竞争不断加剧的背景下，塑造再生利用项目品牌形象是突出竞争优势的重要手段，因而要发掘项目品牌形象内涵，增强传播效果。在开放的网络环境中存在着海量信息，这增加了受众区分信息的难度，因此要注重多种传播方式的综合使用，打破单一传播方式的局限性，不断扩大传播范围和质量。例如西安某钢厂创意产业园通过博物馆参观学习及举办城市复兴论坛的方式进行品牌形象传播，如图 7.14 所示。

图 7.14　西安某钢厂创意产业园

5）品牌形象维护及发展

为了持续地发挥旧工业建筑再生利用在城市发展中的品牌形象，重要任务是对项目品牌形象进行维护和发展，避免工业建筑在城市竞争中被淘汰的命运。品牌形象效益不能始终保持强劲态势，当发展到一定阶段后会转向衰退，如果不能及时进行维护和再塑造，将导致竞争力下滑。造成项目出现周期性衰退的原因主要包括：缺乏发展动机，不能在创新思维驱动下形成新的竞争力增长点；当特有品牌形象被其他城市模仿时，会导致城市发展受阻。新的品牌化的形成，会加剧城市间的竞争，从而造成处于弱势地位城市的衰退。因此，再生利用项目要注重品牌形象的维护和再塑造，通过加大受众对工业建筑再生利用形象的认可程度来提高维护效果，同时还可通过提高品牌形象宣传推广力度，来维护品牌形象。

(4) 品牌管理的优化与创新策略

1）建立服务平台

①公共服务平台

提供定制式物业服务、常规企业供需品、财务管理服务、法律咨询服务等。

②信息交流平台

官方信息、活动信息、国家政策、行业信息、企业信息的发布，微信公众服务平台、微博等自媒体信息的发布，使入驻企业能够共享信息成果。例如老钢厂设计创意产业园有相关的信息发布平台（图 7.15），更有效地对自己的品牌进行宣传。

③企业交流平台

成立企业家联合会、业务推广，通过不定期组织会议对企业公共资源进行交流互动，实现资源共享，互利共赢。

④学术交流平台

举办各种文化活动与企业自发组织的相关活动为契机，实现内外的交流。

⑤投融资平台

组织建立专门从事此业务的财务公司，为中小企业搭建投融资渠道，对需要资金支持的企业提供低息贷款，通过投融资平台降低企业成本，增强企业凝聚力。

图 7.15　西安某钢厂创意产业园信息发布平台

2）设计合理的品牌发展规划

品牌是旧工业建筑再生利用项目的灵魂，是长远发展的动力与指南针，是宝贵的无形资产。旧工业建筑再生利用项目的品牌管理通过合理、科学的规划，结合市场情况与品牌战略，为未来的发展制定路线。品牌管理的规划要关注消费者的切实需求、切身利益，以求吸引消费者的消费需求。有效的品牌管理，通过重视对品牌管理的规划，从而形成符合定位的规模。品牌资产是无形资产中最重要的组成部分，设计合理的品牌发展规划，是旧工业建筑再生利用项目品牌壮大的关键。

3）传达明确的品牌定位

品牌管理中对于品牌的定位事关旧工业建筑再生利用项目各部门的合理配置，并影响着项目在公众心中的形象。品牌定位一般包括定位利益相关者、判断公众需求、品牌的定位传播三部分，传达出明确的品牌定位后，品牌在市场得到肯定后就应保持品牌定位的稳定性。而在市场与公众需求的变化下，应对定位做出适当的调整，经过缓冲期，慢慢积累形成自身品牌定位。品牌定位一经确立切不可随意改换，以避免不必要的问题出现。

4）创造品牌良好形象

良好的品牌形象有利于旧工业建筑再生利用项目品牌整体形象的创造。完善品牌的良好形象是一个循序渐进的过程。首先，要通过形成自身优势建立公众对品牌的信任。其次，通过独特的广告宣传以增强品牌在人群中的印象。最后，为公众提供良好贴心的服务以得到公众对品牌的认可。良好的品牌形象一经建立，通过不断的运营维护，项目将成为公众心中独特的存在。

7.4　旧工业建筑再生利用项目申遗管理

旧工业建筑是中国历史发展的宝贵财富，是传播与继承工业文化的精神源泉和根基。近年来，旧工业建筑再生利用成为工业建筑保护的重点，再生利用项目的经济性、文化价值日益凸显。本节基于旧工业建筑申遗这一契机，从申遗评定文件和标准出发，结合调查实践，研究我国旧工业建筑再生利用项目申遗的问题及对策，探寻运维阶段申遗的可能性，以及分析申遗的有效措施与途径，力求全方位展现旧工业建筑再生利用项目申遗所带来的影响与价值。

7.4.1　遗产评定文件和标准

（1）国外评定文件和标准

国外对工业遗产的研究自 20 世纪 50 年代发展至今，世界遗产委员会等国际组织举办了一系列会议，并发布一系列文件，英、美、加三国建立起较为系统的标准体系，相关内容梳理详见表 7.9 和表 7.10。

国际组织文件　表 7.9

文件名称	相关内容梳理	发文单位	时间
威尼斯宪章	①提出文物建筑的保护和修复应遵循真实性和完整性原则。 ②真实性体现在作公益使用时应保持原有部分的平面布局、装饰、体形关系和颜色关系等；修复部分应可识别和区分；详细记录修复过程，建立修复档案。 ③完整性体现在修复部分与建筑整体保持和谐一致，保护建筑与所处环境组成的整体	第二届历史古迹建筑师及技师国际会议	1964
世界遗产公约	①提出从社会、艺术、科学、审美、人种学或人类学角度看文化遗产价值。 ②“突出的普遍价值”描述了文化遗产的定性标准	联合国教科文组织	1972
奈良真实性文件	①提出尊重文化多样性与遗产多样性。 ②强调价值与真实性有关，了解价值的能力部分取决于价值的资讯来源是否可信和真实	奈良真实性会议	1994
下塔吉尔宪章	①首次明确了工业遗产的定义，指出工业遗产具有历史的、科技的、社会的、建筑的、科学的价值和美学价值。 ②提出特殊生产过程、稀缺性、早期性和开创性使工业遗产具有特殊价值	国际工业遗产保护联合会	2003
实施世界遗产公约操作指南	①制定“突出的普遍价值”评估标准。若符合十条标准中的一项或多项标准，且同时满足符合完整性和 / 或真实性的条件，并有足够的保护和管理机制确保其得到保护，可认定为文化遗产。 ②详细解释了真实性和完整性的含义和条件，并说明真实性和完整性具体如何与十条标准同步配合使用	联合国教科文组织	2005
都柏林原则	①丰富和深化了工业遗产的定义。强调工业遗产类型的多样性，除了有形更加关注无形遗产以及生产的全过程性。 ②在价值评价中要充分考虑凝结在其中的人类的知识技能。 ③提出价值认知要放置在区域和国家的工业史、经济史及其与世界的交流背景下，并进行对比性研究。 ④强调遗产及其功能的完整性对遗产价值的重要性	国际工业遗产保护联合会	2011
亚洲工业遗产宣言	①指出亚洲工业遗产的定义在时间维度上包含了前工业革命时期及工业革命之后。 ②指出亚洲地区工业遗产的形成大都与西方殖民有关，具有殖民性。 ③具备当地建筑史、营建史或设备史的美学与科技价值。 ④强调工业遗产的文化价值，如操作技术、企业文化、居民生活等非物质文化遗产。 ⑤强调保护对象的整体性，包括劳工住宅、原料产地及交通运输等物质文化遗产及如操作技术和知识等无形文化遗产	国际工业遗产保护联合会	2012

英美加三国标准 **表 7.10**

文件名称	相关内容梳理	国家	时间
管理政策 2006：国家公园系统管理导则 美国国家历史地标标准 美国历史场所国家登录标准	年代、代表性、独特性、完整性、真实性、历史价值、艺术价值、科技价值、群体价值、公众价值、潜力	美国	2006
保护准则：历史环境可持续管理的政策与导则	①将文化遗产的价值构成划分为物证价值、历史价值、美学价值、共有价值四项基本价值。 ②提出了年代、选择性、代表性、完整性、真实性、群体价值、脆弱性、多样性认定标准	英国	2008
标准，通用导则和专门导则——评估具有国家历史意义潜力的对象 考古资源的管理导则 文化资源管理政策	①对文化遗产价值的基本理解为对过去、现在和未来的人们有美学、历史、科学、文化、社会或精神上的重要性或意义。 ②文化资源的遗产价值体现在其定义的特征元素上，定义特征元素是指体现文化资源遗产价值的材料、形式、地点、空间布局、使用和文化联想或意义必须被保留下来以保护遗产价值的元素。 ③年代、代表性、稀缺性、独特性、完整性、群体价值、纪念性	加拿大	2015

（2）国内评定文件和标准

过去十多年间，我国政府、行业组织和学术界均积极研究工业遗产，取得一定的成果。表 7.11 和表 7.12 对国家及地方政策法规相关内容进行了系统梳理。

国家法规和规范性文件 **表 7.11**

名称	相关内容梳理	制定机构	时间
中华人民共和国文物保护法	①性质是法律，具有强制性和普适性，是各类文物保护工作必须遵循的文件。 ②划定的历史价值、艺术价值和科学价值构成了我国各类文物三大基本价值体系	全国人民代表大会	1982 通过，2017 第五次修订
工业遗产保护和利用导则（试行稿）	《工业遗产保护和利用导则（试行稿）》提出真实性、完整性、可利用性以及稀缺性、濒危性等价值影响因素	中国文物局、中国文化遗产研究院	2014
关于开展国家工业遗产认定试点申报工作的通知	明确国家工业遗产时间维度是 1980 年以前，并从历史、科技、文化、艺术和保护再利用工作基础五个方面规定申报国家工业遗产需同时满足的五个条件	工业和信息化部	2017
国家工业遗产管理暂行办法			2018

地方法规和规范性文件 **表 7.12**

名称	认定准则特点	制定机构	时间
《无锡市工业遗产普查及认定办法（试行）》	贯彻《无锡建议》的精神，故将建筑价值单列	无锡市政府	2007

续表

名称	认定准则特点	制定机构	时间
《北京市工业遗产保护与再利用工作导则》	致力于工业遗传的保护与再利用，提出经济利用价值	北京市工业促进局、市文物局等	2009
《黄石市工业遗产保护条例》	法律层次和效力最高，指出工业遗产是具有历史、科技、文化、艺术、社会等价值的工业文化遗存，与国际最新认知一致，最具适用性、权威性和指导性	黄石市第十三届人民代表大会常务委员会	2016
《株洲市清水塘老工业区工业文化遗产认定的 12 条标准（征求意见稿）》	顺应工业文化旅游开发，故提出旅游开发价值	株洲清水塘搬迁改造指挥部	2017

7.4.2　再生利用项目价值分析及保存状况

分析表明法规、政策及学界就遗产价值划分基本达成共识，形成历史价值、科技价值、艺术价值、社会文化价值四项基本价值，具有普适性。以上价值是由历史事实赋予的既有价值，用于工业建筑遗产的评价认定。精神情感价值、环境生态价值等价值属于特殊价值，包含在广义的社会文化等基本价值之内；经济和再利用价值是面向未来的价值，受再利用的主体、环境和手段等因素影响，是遗产衍生价值，故不纳入遗产认定的价值体系。根据遗产完整性原则，将保存状况分为建筑状况和环境状况。

（1）价值分析

1）历史价值

工业建筑遗产作为历史载体，见证了工业发展历史和社会发展历史。历史价值细分为工业历史价值和社会历史价值，社会历史指与中国历史上重要的历史事件、人物、团体机构等相关联。从价值与物质实体关系密切程度看，历史价值是工业企业在发展过程中形成的信息价值，与特定建筑实体联系小，因此属于厂区建筑公共价值。被评价建筑作为厂区组成部分，不仅具有自身建筑历史，而且见证工业发展历史。

2）科技价值

工业建筑遗产的科技价值主要表现：一是工业科技，分为生产设备、操作技术、工艺流程等；二是建筑科技，分为建筑材料、建筑设计和建造技术等。非生产性建筑由于不具备工业生产功能，科技价值主要体现在后者。从价值与物质实体关系密切程度看，科技价值依附建筑及设备实体，属于实体价值、个体价值，因此科技价值主要体现在被评价建筑本身。

3）艺术价值

艺术价值是指工业建筑遗产实体在审美趣味、艺术表现方面的价值。细分为建筑风格、形式美学和工业风貌，其中，工业风貌主要体现在生产性建筑中。从价值与物质实体关系密切程度看，艺术价值依附建筑及设备实体，属于实体价值、个体价值，因此艺术价值主要体现在被评价建筑本身。

4）社会文化价值

工业企业在发展过程中与职工、民众构成紧密的联系。一些工业建筑遗产成为地区归属感、认同感和城市记忆的重要元素，具有社会文化价值。社会文化价值细分为社会发展和工业文化两个层面。工业文化如民族精神、企业文化、发展理念、创新精神等。考虑到文化是抽象概念，寄托在社会生活的方方面面，故与社会价值同列。

5）建筑状况

考虑到建筑遗产的外观和实用性，将建筑状况分为建筑残损率和结构安全性。

6）环境状况

从有形和无形角度将环境状况分为自然环境和人文环境。

（2）保存状况

1964年发布的《威尼斯宪章》首次提出遗产保护真实性的概念，在1994年的《奈良真实性文件》以及其他世界准则中得到继承。1972年发布的《世界遗产公约》不仅发扬了遗产真实性保护的精神，也提出遗产完整性保护的理念。此后，遗产的真实性和完整性成为衡量文化遗产保存状态两块基石。2016年版《世界遗产公约操作指南》对于真实性的表述是：真实性依据文化遗产类别及其文化背景，如果遗产的文化价值的下列特征真实可信，则被认为具有真实性：①外形和设计；②材料和实质；③用途和功能；④传统技术和管理体系；⑤位置和环境；⑥语言和其他形式的非物质遗产；⑦精神和感觉；⑧其他内外因素。

完整性：用来衡量自然和/或文化遗产及其特征的整体性和无缺憾性。因而，审查遗产完整性需要评估遗产符合以下特征的程度：①包括所有表现其突出的普遍价值的必要因素；②面积足够大，确保能完整地代表体现遗产价值的特色和过程；③受到发展的负面影响和/或缺乏维护。

为全方位、多角度衡量各指标价值量，在该标准的原意基础上进一步将其扩大和推广。

1）真实性：真实性的核心含义一方面在于“真”，真实的、非伪造的，另一方面在于“原”，原初的、未经改变的。对于工业建筑遗产，真实性就是指其材料、工艺和设计等物质构成及生存环境和其所承载的历史、科技、社会等相关信息都是真实的。

2）多样性：多样性原指文化与遗产类型的多样性，体现对文化的包容和尊重。本书在此基础上，推广和细化至遗产实体和其见证信息的多样性。

3）完整性：指的是工业建筑遗产物质实体及其承载的信息的整体性和无缺憾性，完整性要求用动态的、复合的、多维的整体性思维看待工业建筑遗产。

4）代表性：代表性指在现存同时期同行业同建筑类型的工业遗存中，工业建筑遗产实体及其所见证的信息具有典型性和权威性。能够广泛覆盖同类个体，充分代表遗产和信息的普遍价值和显著特征。

5）稀缺性：稀缺性是经济学的基本概念，在效用价值理论中，稀缺性是影响价值的重要因素。这里的稀缺性指在现存同时期同行业同建筑类型的工业遗存中，工业建筑遗产实体及其见证信息是罕见的。

6）早期性：早期性指在现存同时期同行业同建筑类型的工业遗存中，工业建筑遗产建厂时间、建筑建成时间或开始具备某种属性和特征时间比较早。

7）先进性：先进性指在现存同时期同行业同建筑类型的工业遗存中，工业建筑遗产在工业技术、建筑技术等方面更加先进。

8）濒危性：濒危性指工业建筑遗产实体或其见证的信息面临消亡的威胁，强调处境危险。

9）唯一性：工业建筑遗产实体或其见证的信息是孤例。

7.4.3　再生利用项目申遗

（1）工业遗产申报工作

1）申报范围和条件

国家工业遗产申报范围主要包括：1980 年前建成的厂房、车间、矿区等生产和储运设施，以及其他与工业相关的社会活动场所。申请国家工业遗产需工业特色鲜明、工业文化价值突出、遗产主体保存状况良好、产权关系明晰，并满足如图 7.16 所示条件。

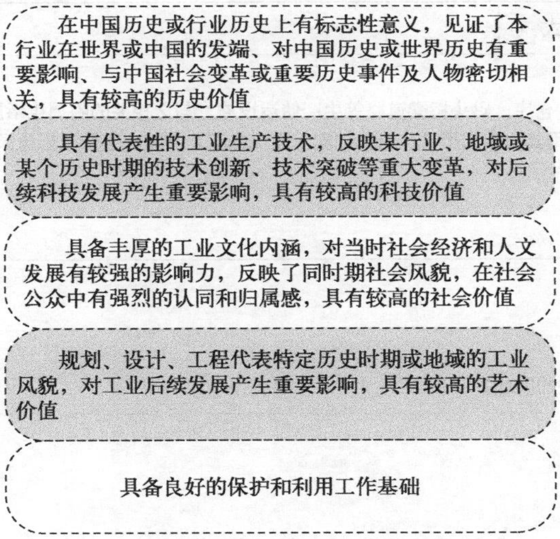

在中国历史或行业历史上有标志性意义，见证了本行业在世界或中国的发端、对中国历史或世界历史有重要影响、与中国社会变革或重要历史事件及人物密切相关，具有较高的历史价值

具有代表性的工业生产技术，反映某行业、地域或某个历史时期的技术创新、技术突破等重大变革，对后续科技发展产生重要影响，具有较高的科技价值

具备丰厚的工业文化内涵，对当时社会经济和人文发展有较强的影响力，反映了同时期社会风貌，在社会公众中有强烈的认同和归属感，具有较高的社会价值

规划、设计、工程代表特定历史时期或地域的工业风貌，对工业后续发展产生重要影响，具有较高的艺术价值

具备良好的保护和利用工作基础

图 7.16　工业遗产申报条件

2）申报程序

工业遗产的申报过程既是梳理、完善、提升工业形象的过程，也是有效保护工业遗存建筑的过程。除了保留再生项目的价值外，申报过程中的各个步骤也很重要。

①遗产项目价值描述如表 7.13 所示。

项目价值描述　　表 7.13

历史价值	遗产项目的建成年代、发展历程；在中国工业发展进程或行业发展中的地位和作用；与特定人物及事件的关系等
科技价值	遗产项目在当时社会生产条件下的行业影响力、技术水平等典型特征；推动技术变革、行业发展进程中的重要性、创新性及独特性；对当时形成崇尚科学技术的人文社会环境的贡献等
社会价值	遗产项目当时的管理制度及管理模式的主要特点和创新性；对当时社会经济发展的影响力；所反映的时代特性和社会风貌；对当时就业或社会福利的贡献和作用；社区或企业对其具有的社会认同和归属感
艺术价值	遗产项目生产、生活设施与周边环境所构成的工业景观的体量、造型、材质、色彩等工业美学品质；规划、设计、工程对特定时期工业风貌的影响；对工业审美发展的贡献等

②国家工业遗产申报项目推荐表如表 7.14 所示。

国家工业遗产申报项目推荐表　　表 7.14

申请单位			
遗产名称			
遗产地址			
工业类别		主体建成年代	
申请单位遗产相关管理部门情况	部门名称		
	负责人		
	联系方式		
遗产核心物项 (1. 车间、作坊、厂房、矿场、仓库、码头桥梁道路等生产储运设施，与之相关的附属生活服务设施及其他构筑物等； 2. 机器设备、生产工具、办公用具、生活用具、历史档案、商标徽章及文献、手稿、影像录音、图书资料等。) (以上内容需附相关影视材料)			
区域范围 (遗产本体及周围划定实施保护的区域)			
遗产所在地人民政府意见 (加盖公章) 年　月　日			
省级或计划单列市工业和信息化主管部门、有关中央企业集团公司总部意见 (加盖公章) 年　月　日			
备注			

3）遗产项目保护利用工作基础

①遗产项目保存现状：包括历次维修、改造情况；核心物项的完整程度，重建、修复及保存状况；相关档案记录。

②遗产项目管理制度：包括本地政府、相关部门及申报单位已出台的涉及工业遗产保护的有关法律法规、政策、标准以及资金、项目支持等情况。

③保护利用工作成效：包括相关工作机制情况；相关保护利用政策措施执行情况及效果；保护利用的社会和经济效益。

④遗产项目保护利用工作计划：申报国家工业遗产需编制保护利用工作计划。计划应包括但不限于以下内容：3 ～ 5 年内工业遗产项目保护利用的指导思想、主要原则、目标和任务、工作机制、相关保障措施等。

(2) 再生项目申遗策略

1)申遗是为了更好地保护。在运维期相关管理部门应加强日常结构鉴定工作，从人防、物防和技防进行安全防范，对再生利用项目的结构定期检查、鉴定，并及时对结构进行修复与加固，对失去承载力的结构进行置换；同时可采取构建物内植入检测芯片的技术，对结构的损坏情况及程度、基础承载力进行检测，并实时反馈信息。建立动态、长效的结构安全检测机制以保护再生利用项目。

2）目前针对工业遗产的评价体系仍然因袭传统文化遗产来评价。再生利用项目运维阶段进行申遗时，建议更多突出工业特色，在对其保护的基础上，发挥产业优势，继承性地利用工业建筑，把握好工业建筑的文化特征和属性，通过再生利用完成工业文化产业的转型升级。

3）我们需要使再生利用项目的价值评价和保存状况满足现有申遗条件，紧紧抓住国家工业遗产预备名录的机会，编制完成申遗保护管理规划。另外，目前评价体系并未引入稀缺性和独特性这两个因子，这两个因子对遗产的价值有着较大的影响，在未来的改造实践中，可适当考虑加以应用。

参考文献

[1] 刘宇 . 面向创意产业园的旧工业建筑的 LOFT 方式改造研究 [D]. 天津：天津大学，2009.

[2] 钟关虎 . 文化产业集群公共管理平台建设研究 [D]. 南京：南京农业大学，2010.

[3] 张好 . 工业遗产型文化创意产业园地域传承及空间改造设计研究 [D]. 西安：西安理工大学，2018.

[4] 鞠叶辛，梅洪元，费腾 . 从旧厂房到博物馆——工业遗产保护与再生的新途径 [J]. 建筑科学，2010，26（06）：14-17.

[5] 张希晨，郝靖欣．从无锡工业遗产再利用看城市文化的复兴 [J]. 工业建筑，2010，40（01）：31-34+20.

[6] 牛静华．招商引资档案管理与信息资源共享刍议 [J]. 办公室业务，2019（04）：123.

[7] 贾楠．探究基于客户价值的企业客户关系管理策略 [J]. 商场现代化，2018（20）：99-100.

[8] 张月圆，信志强，韩雪．大数据时代客户档案信息化管理 [J]. 数字通信世界，2019(05)：280.

[9] 陈启凡．企业技术档案管理信息化建设问题分析及创新思路 [J]. 中小企业管理与科技（下旬刊），2018（10）：132-133.

[10] 徐通林．物业经济管理中存在的问题和对策分析 [J]. 现代商贸工业，2019，40（24）：106.

[11] 张旭．陕西工业建筑遗产分级评定研究 [D]. 西安：西安建筑科技大学，2019.

[12] 李慧民，张扬，李勤．旧工业建筑再生利用文化解析 [M]. 北京：中国建筑工业出版社，2018.

[13] 旧工业建筑再生利用价值评定标准：T/CMCA 3004—2019[S]. 北京：冶金工业出版社，2019.

第 8 章　旧工业建筑再生利用项目智慧运维技术与应用

8.1　智慧运维技术背景

智能化是未来建筑行业发展的主要方向。当前各国都在建设先进的网络、信息系统，而智能建筑作为网络、信息系统的重要载体和组成部分，不仅能够为人们带来舒适、安全、高效的生产生活空间，也提供了良好的设备、设施体验。旧工业建筑再生利用项目运维阶段参与主体和利益主体多，结构复杂且维护困难，通过智慧运维管理手段可以有效地避免资源浪费，提高运营维护管理的经济效益。所以，在此过程中不仅需要各种智慧技术的支持，也需要不断地发展创新相关技术以应对时代的发展革新。因此人们必须充分利用现有资源，采用规范化、标准化、集约化的方式开发，使旧工业建筑再生利用项目向绿色、节能、智能化的方向发展，实现智能建筑体系与行业的可持续发展。

8.1.1　智慧运维关键技术

旧工业建筑再生利用项目智慧运维的研究也在不断创新，监控技术、故障管理、容量管理、成本优化、数据库管理和平台化的开发等工作的顺利进行对其可持续化发展发挥着关键的作用。运维平台和工具包括：Web 服务器、监控、自动部署、配置管理、负载均衡、传输工具、备份工具、数据库、虚拟化等，通过移动终端、RFID、传感器等智慧化模块的末端设施，实现互联网与物联网的技术融合，将结构、系统、控制、管理、信息统一形成建筑智慧化综合运维管理平台，采用物联网一体化集成的模式实现建筑使用中的智慧化功能，提高旧工业建筑再生利用项目运维的质量和效率，满足其规模化与复杂化的发展需要。

（1）可视化技术

自可视化运维管理中用到的关键技术——BIM 技术引入我国以来，在旧工业建筑再生利用项目中的普及率远低于推广的力度。通过利用 Revit API 外部功能扩展方式实现二次开发，以及使用网格模型简化算法从内外两方面分别对建筑运维阶段信息模型进行轻量化处理，降低使用时对硬件的要求，使 BIM 全生命周期模型更加具有普适性，对 BIM 在国内的发展具有良好的意义。根据实验结果，运用方法转化 BIM 模型，能够在不影响使用的情况下，实现建筑信息模型的轻量化 [1]。

BIM 模型的三维几何数据贯穿于旧工业建筑再生利用项目生命期。这些数据在建筑生命期的不同阶段被创建和利用，例如运营阶段主要是对三维几何数据的展现，表面模型更加适合。三维模型的应用可精准地显示整个建筑物组成部分的位置、材料、形状、大小、内部构造等虚拟现实情况，实现建筑物的可视化管理。例如，整合消防系统、照明系统、监控系统等都可以在建筑可视化三维模型中直观显示。除此之外，也可用于隐蔽工程的管理，一般来说，运维期间物业管理人员依据纸质蓝图或者其直觉、实践经验来确定基础工程、钢筋工程、给水排水工程、暖通工程、电气工程等隐蔽工程的位置，传统的隐蔽工程定位工作是重复、耗时耗力且低效的工作。而建立建筑可视化三维模型后，隐蔽工程具体情况可以准确地显示，这样就能在建筑物中精确定位，避开现有专业工程位置，方便进行日常监督、维修、改建、扩建等工作。

(2) 智能监控

物联网技术是智能监控的核心部分，采用先进的计算机网络通信技术、视频数字压缩处理技术和视频监控技术，加强旧工业建筑再生利用项目的安全防护管理，实时监测其安全措施的落实情况。如扬尘、噪声可视化远程监管系统是针对项目运维时扬尘、噪声污染而研发生产的一种科技监管新利器，对项目各安全要素实施有效监控、消除安全隐患、加强和改善项目的安全与质量管理，实现项目监管模式的创新，增强运维区域的治安管理。“物联网 +”智慧运维系统的构建，无论是对监管部门还是管理部门，都有着非同一般的意义。监管部门、企业通过智能终端、云平台智能提醒分析达到智能监控的作用，见图 8.1、图 8.2。因此，合理有序地推进再生利用项目智慧运维已成为共识。同时，人工智能识别系统，采用窄带物联网和高清摄像头进行立体感知，使用人工智能进行思考理解，使用大数据分析进行行为预测。智慧工地管理系统计划采用的“窄带物联网 + 人工智能 + 大数据”技术融合方案，在运维管理领域内具有领先性。

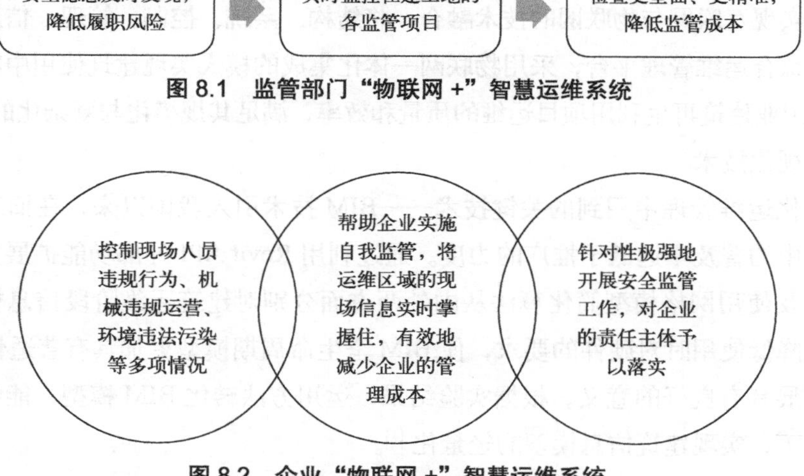

图 8.1　监管部门“物联网 +”智慧运维系统

图 8.2　企业“物联网 +”智慧运维系统

(3) 管理平台

5G 时代正在引发新一轮科技革命和产业变革，数据智能处理和交互方式的内源智能体系构建作为城市与智能建筑新蓝图，将成为推动现代建筑工程发展的重要引擎。建筑智慧运维是智能建筑的技术升级和产业升级，随着云计算、物联网、BIM、GIS 技术的成熟和逐步应用，基于数据链接和大数据分析的建筑智慧运维将迎来巨大的发展机遇。当前，互联网、物联网、大数据正成为现阶段的主流 ICT 技术，对建筑物之间的互联互通、建筑物内各子系统之间的资源共享以及基于复杂多源建筑大数据的智能挖掘分析将是智慧建筑的主流方向。物联网技术的成熟和应用将全面推动建筑业技术升级，大规模大体量建筑将不得不依赖智慧建筑的系统，帮助相关人员了解项目何时开始、工作流程、人员配置、设备设施信息及状态、能源消耗与节能减排的关系等，通过数字化、数据化的解决方案来提升建设、运维水平。

在新一代建筑智慧运维技术及产业发展中，由 BIM+GIS+IOT 技术构建的智慧建筑基础平台（也可以认为是 OS）是其核心部分，也是建筑信息化、智能化最重要的功能延展。新一代的建筑智慧运维系统必将围绕建筑物内外的各类数据链接展开，比如内外部环境、能源能耗、建筑系统、运营模式、人与技术、智能未来的链接，从而形成物联化、数字化、可视化的智慧建筑。

除此之外，监管云平台也是旧工业建筑再生利用项目智慧运维项目建设的核心之一，是信息数据汇总分析的神经中枢。建设的最终目标是打造一个共建共享、互联互通、综合应用的监管生态系统。在此基础上，不断并入涉及人员、机械、环境等监管监控子系统，打破人员之间、物体之间、人与物之间、部门之间的各种信息壁垒，联动、整合、共享、融合是云平台建设的关键词，也是确保智慧运维项目顺利运转的标志。

8.1.2　智慧运维技术困境

(1) 大数据平台困境

大数据在发展全周期面临着的众多挑战主要分为采集类问题与存储类问题。采集类问题指的是如何精细化大数据，如何有效处理数据，如何从单一的数据库中提取多元化知识与应用数据。由于大数据的信息量巨大，数据的更新速度较快，如果进行存储和分析，则需要将非结构数据转换为结构数据，这存在一定的难度，所以导致工作效率下降。存储类问题是指由于信息与服务较多，信息技术存储过程中可能出现磁盘损坏情况。因此大数据平台的运维管理人员必须保证做好监控工作，及时有效地发现并反馈大数据硬件与软件设备问题。

(2) 信息难以集成共享

由于在收集信息的时候收集方式不尽相同，导致信息无法集成，使得运维管理的难度加大、效率降低，同时收集的信息纷繁复杂，在有应急需要的时候无法快速地查找到需要的资料信息，也不能满足在这样的时代背景下人们的需要。此外，运维管理所需的信息量非常庞大，并且多样化，传统的运维管理模式很难将这么多的信息数据进行整理收集，而且无法保证信息的准确性。

(3) 运维系统瓶颈

目前运维系统还处于初级阶段，不够成熟。运维系统是以BIM模型为核心，依靠多种应用模块实现对运维阶段的全面管理，在模块对接等方面还有许多问题需要解决，一套完整的运维系统研究还需要更多的探索研究，才能广泛应用于实践中。基于BIM技术的运维需要不同的模块应对不同的功能，而每一个模块都需要单独购买，在前期的投资巨大，对于小型项目价值较低，所以实现软件的本土化、系统化，才能实现BIM运维的全面应用。

8.2 智慧运维技术功能

8.2.1 空间管理

为有效管理空间，保证空间的利用率，结合建筑信息模型对旧工业建筑再生利用项目进行的建筑空间管理，包括空间规划、空间分配、空间可视化等，具体操作见表8.1。

空间管理介绍 表8.1

内容	具体操作
空间规划	根据再生利用项目建筑类别及应用需求，设置空间租赁或购买等空间信息，对空间空置率、人均空间、空间运营成本、共享空间、专用空间等数据指标统计，制定满足发展需求的空间规划
空间分配	在运维平台的空间管理系统中，统计各类空间信息，如再生利用项目面积、高度，根据房间信息合理分配功能空间，动态记录分配信息，提高空间利用率。对于已经分配好的建筑，对不同空间进行颜色标示，使管理人员直观地看到空间的使用状况，对不合理的空间布局修改调整，优化空间利用
空间可视化	空间数据搜集后，通过采用高亮颜色对不同功能的空间加以标注，实现在浏览界面直观地查看空间的分布状况，对于控制房间亦可以直观查看，杜绝空间浪费，确保空间资源最大利用率
租赁管理	再生利用项目中租赁给他人使用的空间，基于BIM技术的运维平台对空间的需求、成本分析，实现收益发展趋势的预测，提高项目的投资回报率。在运维平台中的租赁模块定位到商户空间，查看如租户名称、建筑面积、租赁合同等有关信息；业主在运维系统中设置租约管理，当租户信息发生变更时，依据运维系统的参数性特点在系统中对数据实时调整和更新，打造高效的租赁管理平台[2]

8.2.2 安全管理

在建筑物的安全管理中，主要包括监控系统与应急系统。

(1) 监控系统

通过运维平台与监控系统的对接，对再生利用建筑内部的空间、设备综合监控管理，包括楼宇自控系统（BAS）、消防系统、视频监控系统、地下停车系统、门禁系统等。结合楼宇自控系统，可以对建筑内的空调通风、给水排水、供配电、消防报警等设施设备运行状态进行实时监控，设立预警机制；结合消防系统可以应对火灾突发险情，通过监控体系与 BIM 模型集成而成的安防系统，在 BIM 模型中模拟查看摄像机的监控区域，并根据情况调整监控布局，防止监控死角的产生，实现建筑内外部空间的全面监管，通过运维平台的视频监控模块对整个建筑的视频监控系统进行操作；我们可以在系统中选择任意一处的监控设备，点取设备获得该设备的所有视频图像；结合 RFID 技术加强安保系统，通过将无线射频芯片植入工卡，利用无线终端来定位安保人员的具体方位。尤其对于商业综合体、学校、医院等人流量大、场地面积大、突发情况多的环境中，管理人员可以加强对安保工作的指挥管理，当发生险情时，能够及时调动人员应对突发状况；将门禁系统接入 BIM 运维平台中，对每一处门禁的人员来往的信息进行查阅，当发生意外状况时第一时间获取人流信息，还可以通过平台与其他子系统协作进行突发事件的管理。

(2) 应急系统

建筑的使用过程中可能会发生火灾、地震等突发灾害，给生命财产带来巨大的损失。在灾害应急方面，利用 BIM 模型的可视性特点，在运维系统中进行灾害演练，设定灾害的发生位置，拟定受灾人员的逃跑路线，制定合理的灾害逃生计划。当发生灾害时，利用模型指挥受灾人员按照安全路线疏散，也可以帮助救援人员进行灾害救援，提供受灾人员的具体位置信息和最佳救援路径，减少人员伤亡和财产损失；当灾害发生后，结合机器学习人工智能，由系统检测出灾害的发生，并报警处理，提高灾害处理能力。管理人员通过数字化的现场指挥系统、信息平台及 BIM 模型，建立联合的数据库，并配合可携带的信息设备，提升现场指挥人员的查询效率及指挥效益，大大缩短沟通时间，减少错误的判读，为施救提供良好的判断与指挥。将灾害原因调查流程通过 BIM 模型所建立的数据平台转换成灾害原因调查记录分析系统，大幅提高灾害原因调查的效率，降低同等错误出现概率。灾害原因调查流程可分为受灾阶段和灾后恢复阶段，如图 8.3 所示。

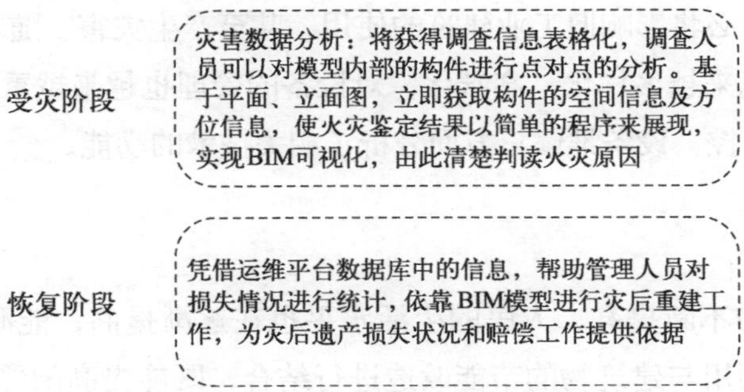

阶段	内容
受灾阶段	灾害数据分析：将获得调查信息表格化，调查人员可以对模型内部的构件进行点对点的分析。基于平面、立面图，立即获取构件的空间信息及方位信息，使火灾鉴定结果以简单的程序来展现，实现BIM可视化，由此清楚判读火灾原因
恢复阶段	凭借运维平台数据库中的信息，帮助管理人员对损失情况进行统计，依靠BIM模型进行灾后重建工作，为灾后遗产损失状况和赔偿工作提供依据

图 8.3　灾害原因调查流程

以 2018 年 9 月 2 日巴西博物馆发生火灾为例，在灾害的数据统计中，纸质资料损毁，只能以全世界游客的记忆、照片等进行统计。如果有相对应的 BIM 模型，灾害管理工作效果将大大改善。

8.2.3 信息管理

目前运维过程中信息管理主要存在以下问题：一是由于信息管理人员流动、工作遗漏、文件损坏丢失等原因，造成初始资料的缺失；二是采用纸质档案或者简易电子档案，导致绝大部分文件之间不能兼容，信息无法互相采集和利用，导致信息获取速度慢，无法提供实时资讯。针对以上问题，可以在运维系统中对资产进行信息化管理，将BIM与RFID技术集成应用，在资产管理系统中通过计算机、一体机、移动硬盘、打印机、传真机、桌椅等资产信息录入系统并分配RFID标签，对资产所属部门、领用人进行登记，并将数据写入对应的标签内。全面有效对资产的入库、申领、盘点使用寿命周期进行管理，详细记录资产的申购、领用、维护、报废等全过程，通过手持阅读器或手机APP扫描即可实现快速资产管理与盘点工作，大大节约了人力物力，提高了资产管理效率。在成本方面，通过数据集成与财务软件对接，形成财务报表，可简化固定资产折旧等工作。为提高运维过程中其他方面信息管理工作效率，可运用BIM技术实现完备高效的信息数据库构建，实现旧工业再生利用建筑模型档案信息存储，方便档案资料的搜索、查阅、定位、调动和管理；对档案信息进行分层处理，从数据和业务的角度进行分层，使不同职位的管理人员查看不同的信息，为各层面用户提供相应的管理界面，满足用户的不同管理需求；信息可以实现逻辑关联，比如建筑、结构专业模型与相关日常建筑物使用手册、保养周期、维修安排等关联，应急工单与应急人员和物资联动，保修、保险外包合同等管理资料与固定资产关联等。

8.2.4 设备管理

旧工业建筑再生利用建筑物的运行使用以建筑内设备的正常运维为前提，当建筑内的设备发生问题时，必将影响旧工业建筑的使用，甚至产生灾害。随着智能建筑的推进，建筑内涉及的设备越来越多样化、高端化，对设备的管理也越来越重要。如图8.4所示，从设备信息、设备监控、设备维修三方面分析了相关技术的功能。

8.2.5 能耗分析

随着经济水平的不断提高，人民的生活水平也在逐渐提高，能源消耗量持续增长。将旧工业建筑再生利用与建筑物的节能改造进行结合，既能提高闲置旧工业厂房的利用率，解决资源闲置的问题，也能改善城市环境，提高城市发展质量。因此，将旧工业建筑再生利用与节能改造结合起来研究是必然趋势。而目前对旧工业建筑再生利用建筑节能改造的研究，大多围绕经济效益、社会效益、环境效益和节能效果等方面进行评价研究。但人们对室内办公环境质量的要求随着生活水平的提升而提高，在实现低成本低能耗目

设备信息	• 在运维平台的设备管理模块中就可以实现对设备的搜索、查阅、定位。依据 BIM 的可视化特点，可以在 BIM 三维模型中查看设备的位置，通过点击模型中的设备，可以显示系统中收录设备的信息，如设备制造商、供应商、使用说明书、保修说明等；并将设备安装、使用手册等保存在系统中，给管理人员、维修人员查阅设备信息带来了极大的便利
设备监控	• 通过管理系统可以实现对设备的从安装到报废的全生命周期的管理，在设备运行的过程中，在 BIM 模型上可以直观地查看设备的运行状况，并通过不同的颜色进行标注，例如以绿色表示设备正常运行，用红色表示设备出现故障。每一个设备的历史数据都保存在系统中；还可以实现设备的远程控制，例如通过系统控制某一空调的开启关闭，减少人力劳动
设备维修	• 设备在使用的过程中只有定期对其进行检测维护，才能确保设备的正常运行。基于 BIM 的设备管理体系，将维护人员定制的设备维护计划录入系统中，保证设备得到及时的检测、维修、更换。维护人员在维修之后将维护日志录入系统中，使总台对设备的维护状况有全面的了解。对于寿命即将到期的设备可以通过系统平台对管理人员发送相应的警示，确保设备及时更换，保证系统的正常运行，从多个方面降低在设备维护中的成本

图 8.4　旧工业建筑再生利用建筑物的设备管理

标的同时还应注重室内环境的舒适感，如何以较低的能耗创造较为舒适的室内环境也应作为旧厂房节能改造研究的重点。

旧工业建筑再生利用建筑能耗产生的成本在建筑运维阶段占据了很大的比例，为了保证建筑物的日常运行，在水、电、气的消耗上花费巨大，尤其是商业综合体、医院、学校等建筑。因此有效的能耗管理可以实现资源的节约，降低成本，也符合目前我国建筑绿色化的目标。能耗数据可以通过建筑中各类传感器、探测器、仪表等工具搜集，并与 BIM 模型构件相关联。将各类传感器、智能仪表采集到的能耗数据接入 BIM 模型，形成柱状图、饼状图等图表文件，直观展示获取到的能耗数据（水、电、燃气等），对于能源的使用状况做到动态监测；获得的不同时期的数据，可以形成能耗的分析报表，按区域进行统计分析，更直观地发现能耗数据异常区域，对相应的部位调整优化。在能耗分析的基础上，根据 BIM 模型获得的温度、湿度等数据对建筑内部环境进行智能化管理，在保证能耗的前提下，为工作者提供最舒适的工作环境。

8.2.6　虚拟演示

虚拟演示，即在旧工业建筑再生利用区域内建设虚拟现实安全教育体验馆，通过在可交互的三维空间中提供沉浸感觉的前沿技术，配备精良优质的硬件产品（VR 头盔/眼镜、手柄、基站、电脑等），充分考量各阶段多种安全隐患，以纯三维动态的形式逼真模拟出

VR 应用场景，使用虚拟元素创造现实世界的完美安全教育沉浸体验，以实现运维安全“从意识转变到知识点普及”的核心目标。

由于许多建筑物并没有运用 BIM 技术，只能根据图纸、资料、建筑实体建立模型，但是往往有很多数据文件面临着丢失或缺少的问题，而且难以测量建筑实体，因此可以结合 3D 激光扫描技术进行数据的搜集。3D 激光扫描是集光、机、电和计算机技术于一体的高新技术，通过扫描分析现实世界中物体或环境的形状（几何构造）与外观数据（如颜色、表面反射率等性质），具有测量快速、精确度高、应用便捷等优点，通过测量获得的结果数据可直接与多种软件接口，应用广泛。当在现有建筑基础上建立 BIM 运维系统需要的模型时，可以利用 3D 扫描技术采集建筑物和管线立体空间的点云数据，然后将数据转化生成 BIM 模型，依靠其高精度的特效，生成的 BIM 模型可以达到 LOD500 精度，对扫描物体做到 1 : 1 的还原，尤其是很多复杂的结构，利用人工测量很难保证测量结果的准确。因此，三维激光扫描技术成为旧工业建筑建立三维模型最好的工具。

8.3 智慧运维技术应用

8.3.1 BIM 技术

BIM 技术具有可视化、参数化、数字化、模拟化、集成化等特点。在建筑全生命周期中，从设计阶段到运维阶段会不断深化，数据被不断地循环利用和增量附加，不同阶段 BIM 数据应用的场景也不同，每一阶段都有其关键的要素和特征。与设计施工阶段相比，运维阶段的 BIM 数据更加关注空间、系统拓扑及运维数据的关联。其中运维阶段数据的提取和模型视图的应用非常重要，运维阶段的 BIM 数据关键要素如表 8.2 所示。作为项目信息的集合体，BIM 在运维阶段的运用具有很大的价值，未来 BIM 将在旧工业建筑再生利用项目建设及运营管理方面发挥重要作用。

BIM 数据的关键要素　　表 8.2

关键要素	介绍
设施对象	“设施”是运维管理中的基础元素，一个设施对象，可能是由 BIM 模型中几个模型对象组合而成的整体，也可能是一个模型中某一部分。以电梯系统为例，整个系统可以设定为一个设施对象进行管理，但在 BIM 模型中却由管线、轿厢等多个模型组成。因此，在运维管理中无法直接应用由 BIM 软件建立的模型，需根据运维目标对模型二次加工和运维平台的二次组织
空间对象	空间管理作为运维管理的重要内容，但在目前的 BIM 软件中，并没有“空间”对象相关的模块，因此，需要在运维阶段依据空间管理的内容对 BIM 模型和数据结构进行相应的优化
属性数据	BIM 中包含的完整数据是其核心价值所在，对模型中的属性数据进行提取、分析、整理和再利用，是运维平台中数据处理的第一步，也是最关键的一环。BIM 模型创建过程中产生的原始数据可以在模型中直接查看检索，BIM 模型的价值在运维阶段可以得到充分发挥

续表

关键要素	介绍
实时运维数据	实时数据是指建筑物在使用过程中实时产生的数据信息，一般从楼宇设备自控系统中获得，比如水电气能耗、建筑内部温湿度、外部环境的空气数据等
视图	在传统的运维管理中所有的数据都是以二维的画面呈现，尤其是查看建筑形体结构时，很多复杂的结构只能靠想象，非常不便。而 BIM 依据其三维可视性在运维阶段具有广泛的应用价值，使建筑结构的查看更加直观和准确，而不仅仅是依靠文字描述和想象，在 BIM 模型创造的直观、形象的交互环境中，可以帮助运维管理变得更加容易且高效
元数据	运维阶段需要大量的数据支撑，才能保证高效的管理，只有结构的属性数据、实时运维数据、建筑视图数据是远远不够的，还需要更多的外部数据，如设备的使用说明、厂商信息、维修记录、二维图纸等。获得这些数据后还需将这些数据组织整合形成结构体系，与元数据结合，形成全面的运维管理数据体系
系统结构	在获得设施、空间等基础对象、运维数据、元数据等数据信息后，需要进一步地将信息系统化、结构化，才能保证运维管理的高效性。建立统一的编码体系及标准，以保证不同系统之间可以实现数据关联，而系统结构是运维平台数据组织的核心。另外，BIM 平台软件将数据直接导出并不能直接用于运维系统，必须要进行二次组织优化，BIM 数据应用于运维管理的过程，就是一个将数据再组织后优化利用的过程

（1）建立 BIM 运维模型

通常用于运维阶段的 BIM 模型有两个途径获得，一是以设计、施工阶段的 BIM 模型为基础，按照运维需求进行转换，BIM 模型的转换需要数据重组和构建，这一过程可划分为三个环节，分别是：BIM 模型二次深化设计、基础 BIM 运维模型创建、运维 BIM 模型创建；二是对运营中的建筑基于 BIM 平台按照运维需要创建新模型，在建立模型的过程中需要考虑模型的精度等级，通常为 LOD 500 级别。BIM 运营管理平台（图 8.5）能够实现运维阶段与其他各阶段的信息集成与共享，便于提取空间信息、设备信息、设计信息、成本信息等支持运营阶段的管理需求，监控建筑物内的空间应用情况，统计分析资产情况。

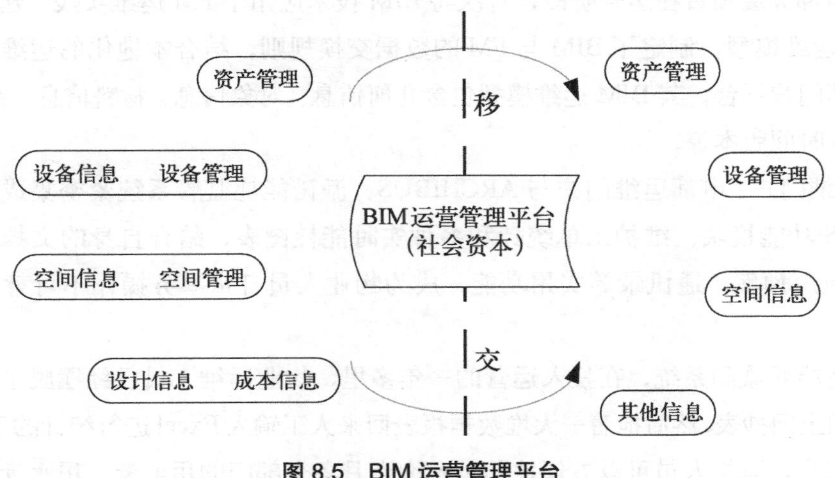

图 8.5　BIM 运营管理平台

运维管理的内容包括空间管理、安全管理、设备管理、资产管理、能耗管理等多个方面。将BIM引入运维中可以克服传统的运维管理方法存在的抽象管理的缺点，能够让用户清晰、直观地了解运维的对象[4]。模型信息及运营平台可以弥补政府管理方运营前期参与不足及管理经验不足的缺陷，政府借助该运营管理平台实现接收信息的透明与完整，降低政府的移交风险。同时由于BIM模型中包含的全生命周期的数据信息和提供的3D视角可以很好地帮助管理方改善运维流程，降低运维成本，提升运维的效率。

（2）BIM运维模型的数据交换

在复杂的需求背景下，可靠的数据交换标准是实现BIM协同工作的基础。项目运维最重要的核心为各个专业数据整合，项目最终交付给运维方的BIM模型应包括建筑有效运行的各种数据。BIM数据标准规范IFC是一个开放的、供应商中立的格式，以方便在建筑行业的数据交互操作；COBie是建筑项目数据交付的标准，可以保证设计、建造过程的BIM数据有效传递给运维过程；OmniClass是描述建筑环境全生命周期的信息分析系统，定义了一系列的信息分类原则。

BIM的信息完备性保证了BIM模型中构件信息的完整，通过BIM模型将信息传递到运维阶段。BIM在日常运维管理中能够用来训练运维管理人员应对紧急情况的能力，还能获取紧急情况进行模拟演习给出突发事件造成的损失数据。在设备维护的过程中，BIM运维平台使维修人员对构件的组成属性有快速的了解，给维修工作带来极大的便利。利用BIM模型的参数化特点，当项目发生改变时，在原有模型的基础上修改，科学地储存运维产生的新数据。通过检测分析识别出潜在的突发事件，可及时地预判风险并对设备的维护给出指导意见。在紧急情况下识别疏散路线与发生危险的环境之间的关系，给出最优的疏散路线、降低应急情况下决策的不确定性。

（3）案例：上海申都大厦

上海申都大厦项目在运营阶段，首次将BIM技术应用于FM运维实践，建立了申都大厦BIM运维模型，制定了BIM与FM的数据交换规则，结合本地化的运维需求开发出运维管理门户平台。其BIM运维模型包含几何信息、对象信息、材料信息、系统信息、型号信息、时间版本等。

1）运维门户：申都运维门户与ARCHIBUS、派诺能耗监管系统紧密集成，提供的ARCHIBUS功能模块、维护工单统计和多种实时能耗图表，结合自身的文档管理、自助报修、应急预案、通讯录等实用功能，成为物业人员日常事务操作不可替代的运维手段。

特别是能耗监测系统，在投入运营的一年多里，物业运维人员已经摆脱了一到月底就到各部门上门抄表，然后抱着一大堆数据报表回来人工输入Excel进行统计的工作形式。通过运维门户，运维人员可以方便地即时查询当月各个部门的用电量、用水量，并可按楼层、月份进行数据统计，从而找到用电用水大户，制定出合理的节电节能措施。

2）空间管理：入驻申都大厦的是拥有 20 多个部门的大型企业，由于部门众多且成员人数不同，企业内部在如何分配各个部门的楼层空间、执行成本分摊、控制非经营性成本的问题上往往是笔糊涂账，不能做到精细化管理。运维平台的空间管理模块满足了申都项目在空间管理方面的各种需求。通过平台，能统计各个楼层当前的实际入驻部门及尚可供分配的楼层面积，并显示各部门在不同楼层上的分配情况，以便及时调整空间的分配关系，既确保不影响部门间的协作关系，又能使空间利用率最高。如申都一层、屋顶层尚无入驻公司，物业可以根据情况出租代售；二层至六层主要入驻现代建设咨询各部门单位，571.67m^2 是占用面积最大的现代建筑咨询主体单位，主要分布在二层至四层；工程管理中心、办公室、工程总承包部由于人数少，合并安排在四层。

3）运维管理：运维管理模块便于申都的设施管理部门更科学合理地配置人员、工作时间与频次；能快速、轻松地对应急维修设备数据进行访问，低成本、高效率地管理工作；跟踪所有的维修作业。由于预先定义了维护请求的问题类型，系统在近一年的运行过程中搜集了相关运维工单数据，可以按照时间维度对产生的各类问题进行统计分析（图 8.6），有利于及时发现故障频发点，预先采取措施避免故障，优化设施的健康状态。每次维护工作都详细记录在案，包括维护内容、维护人员、保修时间、维修时间、当前状态，甚至可以通过这些数据了解到不同维修人员的相应速度、服务满意度，从而考核具体人员的工作业绩[3]。

记录名称	报修人	报修时间
2073、2092 两门电话不通 0571	鲁曙亮	2014/8/13
女厕所两个马桶盖松 0569	鲁曙亮	2014/8/13
女厕所两个马桶盖松 0570	鲁曙亮	2014/8/13
跳电 0572	鲁曙亮	2014/8/13
茶水间跳电 0573	鲁曙亮	2014/8/13
会议室落地玻璃自爆 0574	鲁曙亮	2014/8/13

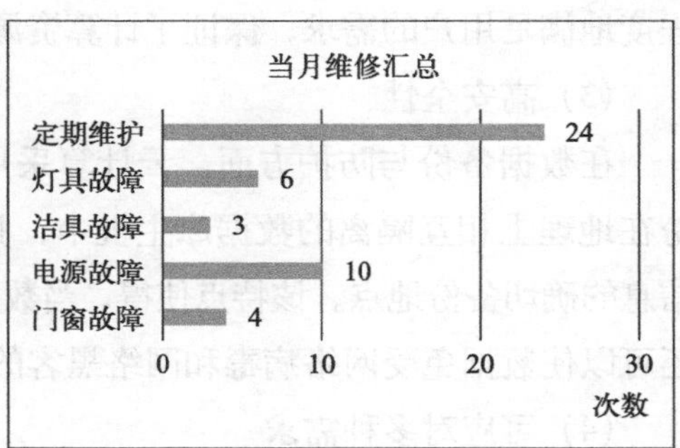

图 8.6　维护工作分析表

8.3.2　云计算技术

云计算是一种基于网络的计算服务供给方式，它以跨越异构、动态分配的资源池为基础，为用户提供可自治的服务，实现资源的按需分配和按量计费。云计算推动了信息资源的规模化、集中化，促进了 IT 产业的进一步分工，IT 系统的建设和运维集中到了云运营商侧，使企业可以专注于自身的业务，从而提高信息化建设的效率和弹性，提升企业的集约化水平，主要有以下四个特征（图 8.7）。

(1) 为用户提供多元化的应用服务

云计算可以将大量资源集中在一个公共资源池中。用户主要以租用的方式获取需要的资源，所有用户均可以使用这些资源，因此将提供的资源网络称为云。运用云计算技术，用户可以对资源随时进行获取与储存操作，依靠庞大的计算机群组和数据的深度挖掘，不仅可以为用户提供精准的数据服务，还保证了服务结果的多元化与高效性。

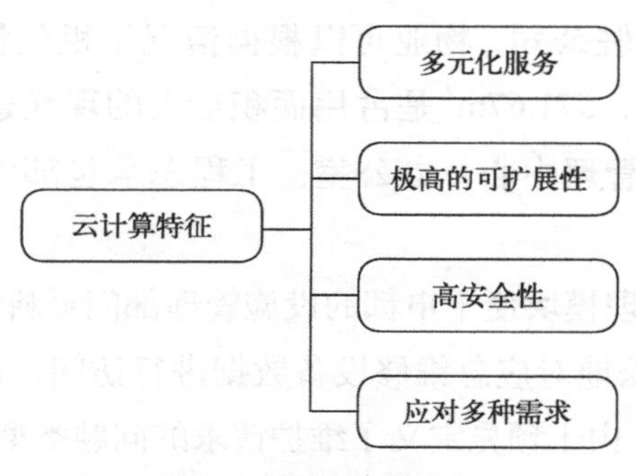

图 8.7 云计算的特征

(2) 极高的可扩展性

云计算平台的架构方式主要为 SPI 架构，即在各层中集成功能各异的软硬件设备与中间件软件。用户可以依靠其中的通用接口对本层的设备进行拓展，满足更多的需求，还可以通过云与云之间的接口在不同云之间进行数据转移。云计算的拓展功能可以最大程度地满足用户的需求，保证了计算资源的有效集成应用。

(3) 高安全性

在数据备份与防护方面，云计算采用分布式的数据中心备份数据，由于数据信息备份在地理上相互隔离的数据库主机中，具有较高的保密性，甚至连用户本身也无法得知信息的确切备份地点。该特点使得，当数据发生损毁时，既能可以保证数据恢复的可能性，还可以使数据免受网络病毒和网络黑客的攻击，大大提高系统服务的安全性与容灾能力。

(4) 可应对多种需求

云计算管理软件可以将整合的计算资源根据应用访问的具体状况进行动态调整，可以良好地应对需求波动很大以及阶段性的需求等非恒定需求的应用。旧工业建筑再生利用运维管理的需求尤为迫切，国外的一些运营商看到了基于云平台下的运维管理系统的规范化的优势，著名的典型案例主要有：IBMTivoli、HPOpenView 和 BMCRemedy 等。目前来说，我国基于云平台运维管理系统的相关产品主要有：游龙 Sitview、优利普华 UNIPER、广通 Broadview、摩卡 MochaBSM 以及北塔 BTNM。

旧工业建筑再生利用运维的原始特征即降低系统运维工作的经济投入，简单的系统操作能够自动运行，这在一定程度上能够减轻运维人员工作压力，减少工作量。常见运维体系特征具体表示为：集群运维工作在云计算环境下应尽可能地满足运维要求。数据中心为了实现统一化管理，将控制技术、资源调用技术、能源监控技术以及配置技术应用到实际操作中来，进而有利于实现 7×24h 的远程管理。与此同时，还构建了相对安全的网络预防体系，以及云计算平台，这既能满足集群刚性需要，又能促进系统稳定运行、优化系统管理效果；X86 服务器在节点构成方面发挥着重要作用，能够借助云计算所具备的各种特性提供相应保障，并通过集群单位完成基本运维任务。

云计算对 IT 技术架构进行了变革，将资源池转化为基础设施即服务（Infrastructure asa Service，IaaS）、平台即服务（Platform asa Service，PaaS）和软件即服务（Software asa Service，SaaS），并新增了基础设施虚拟化层、云管理层和服务调度层。云计算数据中心的核心优势在于“先聚合、后分割”，实现更加灵活高效、低成本地使用资源。因此，运维对象由独立的设备转变为基础设施资源池，由各种监控管理工具转变为云管理平台、云运营平台和云监控平台，同时也对运维人员的经验提出了更高要求。

8.3.3　大数据技术

智慧运维的顶层设计是建立一套完整的基于旧工业建筑再生利用项目大数据的运营与管理体系。安全、环境、能耗、经济、人员及系统化的大数据分析将成为此体系建筑智慧运维的核心，构建一套内生数据模型的大数据分析平台是智慧运维的核心。在构建大数据分析平台时，首先要将“人”作为智慧建筑的主要要素。建筑的价值体现在能为人提供何种服务，而对于建筑，人扮演的角色归根到底就是管理。智慧运维的设计，必须充分契合人对建筑管理的方式、手段和程度。其次，“安全”和“经济”是建筑存续、好用的关键要素，建筑的目的就是为人们的生活、工作营造一个舒适、便利、安全的环境，但仅有优美的环境或别致的建筑是不够的，只有将自然环境、人工环境、人文环境与安全、经济性融为一体，才能营造出理想的建筑。此外，不可忽略建筑智慧运维中的“能耗”，部分新建筑规模体量巨大，建筑中能源的消耗占比也是居高不下，必须在保证建筑物管理功能和环境质量的前提下，降低建筑能源能耗，合理、有效地利用能源，为自然环境的持续改善做出必要的贡献。

8.3.4　物联网技术

物联网是指通过信息传感设备，按照约定的协议，把任何物品与互联网连接起来，进行信息交换和通信，以实现智能化识别、定位、跟踪、监控和管理的一种网络。物联网已经表现为信息技术和通信技术的发展融合，是信息社会发展的趋势。运维管控域是实现物联网运行维护和法规符合性监管的软硬件系统的实体集合。运维管控域可保障物联网的设备和系统的安全、可靠、高效运行，及保障物联网系统中实体及其行为与相关法律规则等的符合性。

物联网技术在电力设备中的应用可以解决现场遇见的一些问题，但从旧工业建筑再生利用管理角度来看，还有许多应用与管理的实际问题需要解决。最大的难题还是来源于各个环节、各个系统间数据对应问题，由于各个工作环节管理部门不同、信息化系统不同，造成设备管理的标准也不同，为设备的统一标签化管理形成了一系列障碍。通过Handle技术的应用，为解决这一问题提供了良好的思路，但是还存在诸如安全隔离、编码统一等实际应用问题，需要在实际工作中一一解决。

目前，车辆管理是运维过程中物业管理的重难点，尤其是对于未实现人车分流的建筑环境。主要问题包括大部分车辆管理系统只能显示空余车位数量、无法显示其位置；车主随机寻找车位停车，缺乏明确的路线，造成车道堵塞和资源浪费。因此，基于原有的车辆管理系统，应用无线射频识别技术（RFID）建立智慧车辆管理系统。物业用户持有车载射频卡和用户射频卡，用来加载和匹配信息，定位车辆位置。出入口分别安装控制转换模块，用来获取车辆的RFID的信息和控制门禁系统，实现自动识别车辆，统计车位使用数量，获取车辆停泊位置等车辆智能管理功能。

8.3.5 智能化技术

随着时间推移，任何旧工业建筑再生利用建筑都需要定期的清洗、检查和修复。面对琳琅满目的高楼，采用传统人工维护，不仅维护费用过高，也无法保证维护的质量。维护建筑机器人是将机器人技术和建筑行业进行交叉融合而产生的一个新领域，其应用范围涉及项目生命周期各个阶段。

可重构模块化外墙体清洗机器人（图8.8）由清洗装置、双足模块和控制模块三部分组成，利用基于逆运动学和第五次多项式插值的顺序控制，生成所需要的阶跃性步态。其最主要优势在于模块化设计，这不但可实现其功能性的扩展，而且节省成本。实验已证明，该机器人可实现以155s为周期循环清洗外墙表面。Rise-Rover型机器人（图8.9）用于检测混凝土质量，该机器人为了能够实现在墙面上稳定地移动，在原有的动力传动系统基础上，更换带孔履带和安装吸力装置，采用基于PID控制技术的吸力装置控制器，实现压力控制和鲁棒控制快速响应。同时，将扩展卡尔曼滤波器应用到动力传动控制系统中，提高电机转速估计精度；在立体视觉测量装置上结合冲击传感器技术，实现图像实时捕捉和检测。经过一系列测试，与以往手工检测相比，该机器人检测混凝土质量的检测数据误差在10%左右。

为了实现未来维护建筑机器人健康发展，需要体现出以下几个特征：

1）高精度：在优化结构设计和定位控制的轨迹基础上，融合多个传感器和算法以弥补或完善其功能的缺陷，节约成本，提高作业的精确度，如Michael Albert等改变原有的定位技术，运用激光标记的方法，融合多个激光传感器，形成较完善的激光传感器系统，实现机器人精确定位且成本较低。

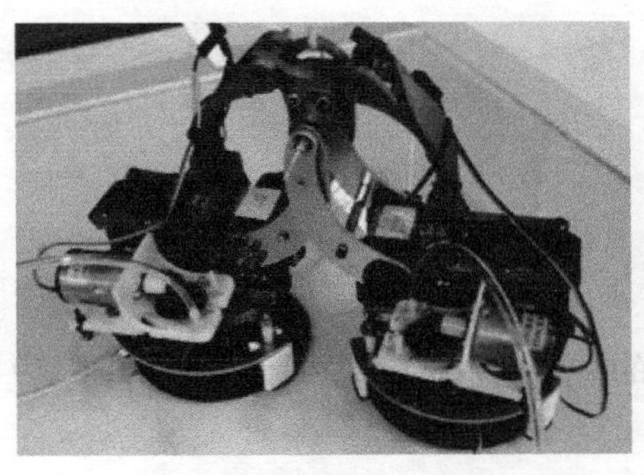

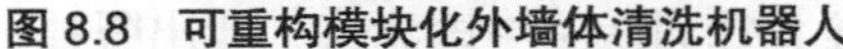

图 8.8　可重构模块化外墙体清洗机器人

图 8.9　Rise-Rover 型机器人

2）轻量化：机器人重量显著影响其作业功能，可通过优化结构设计和选用轻质合金等材料，体现机器人轻量化特征，如 Yutan Li 等基于加筋板最大应力公式，优化设计 CMRR 救援机器人外壳。

3）智能化：将仿脑技术、大数据技术、传感技术、运动学和动力学等理论与建筑行业相结合，研发具有多功能的维护建筑机器人。

旧工业建筑再生利用项目智慧运维管理相比于传统管理方式，具有以下优点：

1）实现了信息化管理。由于旧工业建筑建设年代久远，初始资料大多以纸质的形式存在，信息难以保存且容易丢失遗漏，运维管理基于 BIM 技术的运维管理体系可以将旧工业建筑再生利用项目在整个使用过程中的所有数据搜集整合存储，结合云计算技术，极大程度地避免了运维资料丢失遗漏的问题，推进了办公的无纸化，信息检索查询更加快捷方便，提高了管理效率。在数据搜集方面，运用计算机技术搜集，结果更加准确，更加高效；在信息传递方面，保证了信息传递的完整性。

2）提升了管理的主动性和应变性。在传统的运维管理中，很多事情只能依靠管理人员想象进行，无法进行模拟研究，导致在管理过程中的准备工作与实际情况会有偏差，运用计算机的管理平台，可以对新建筑和原有工业建筑节点等问题提前进行模拟，帮助管理人员制定对策方案。在设备维护方面，都是出于被动管理，只有当工作人员发现设备出现问题后才能进行下一步的维修维护。基于 BIM 的管理可以进行预防性管理，对设备实现实时跟踪监测，做到提前发现问题，提前解决问题。

3）提高了管理效率。以往的管理中管理人员的能力对管理的结果影响很大，而运维阶段的建筑涉及许多方面的专业问题，需要多专业人员的共同管理。在运用智慧技术后，许多运维工作可以由计算机处理，形成简单明了的分析报告，再由管理人员根据结果采取行动，减少了人工方面的支出，少量的人员即可完成运维管理工作。

4）获得了良好的经济效益。人工成本方面，可以优化管理人员；能源管理方面，可以随时监控能源消耗问题，实现建筑绿色化运维，降低能耗成本；设备设施的维修维护方面，可以确保其使用年限，减少设备更换；资产统计方面，可加强对资产的统计管理；

空间成本方面，可以减少空间浪费。

参考文献

[1] 武乾，冯弥 . BIM 模型项目管理应用 [M]. 西安：西安交通大学出版社，2017.

[2] 郭思怡，陈永锋 . 建筑运维阶段信息模型的轻量化方法 [J]. 图学学报，2018，39（1）：123-128.

[3] 田炜，夏麟等 . 申都大厦绿色化改造与运维 [M]. 北京：中国建筑工业出版社，2016.

[4] 张楹弘 . BIM 技术在建筑运维管理中的应用研究 [D]. 长春：长春工程学院，2019.